"十二五"职业教育国家规划教材 修订版
国家级精品资源共享课配套教材

# 通信网络与综合布线

## 第 2 版

U0358497

主　编　陈　红

副主编　周韵玲　齐向阳

参　编　贾晓宝　高　熹

机械工业出版社

本书为理实一体化教材，包括基础知识分册和实训任务分册。本书结合智能建筑信息设施系统应用实际，着重阐述计算机局域网知识与组网技术、综合布线系统设计知识与施工技术、卫星有线电视系统知识与系统安装维护技术。本书基础知识部分包含6章，分别为智能建筑概述、通信技术基础、计算机网络基础、计算机网络工程、综合布线系统与工程设计、卫星通信与有线电视系统；配套实训任务包含3篇，分别是局域网组网训练任务、综合布线系统施工任务、卫星电视系统施工任务。

本书可作为高等职业教育专科和本科层次建筑智能化工程技术及其相关专业教材，也可作为"智能楼宇管理员"专项能力培训鉴定参考资料，还可作为智能建筑一线工程技术人员的参考资料。

为方便教学，本书配有电子教案、**PPT** 课件、视频、动画以及智能建筑信息设施系统设计规范、工程案例图集等，凡选用本书作为授课教材的教师，均可来电（电话：**010-88379375**）索取或登录机械工业出版社教育服务网（www.cmpedu.com）注册下载。

## 图书在版编目（CIP）数据

通信网络与综合布线/陈红主编 . —2 版 . —北京：机械工业出版社，2023.6（2024.7 重印）

"十二五"职业教育国家规划教材：修订版 . 国家级精品资源共享课配套教材

ISBN 978-7-111-73229-7

Ⅰ. ①通…　Ⅱ. ①陈…　Ⅲ. ①通信网-布线-高等职业教育-教材　Ⅳ. ①TM915

中国国家版本馆 CIP 数据核字（2023）第 093713 号

机械工业出版社（北京市百万庄大街 22 号　邮政编码 100037）
策划编辑：王宗锋　　　　　　责任编辑：王宗锋
责任校对：潘　蕊　张　薇　　责任印制：邬　敏
中煤（北京）印务有限公司印刷
2024 年 7 月第 2 版第 2 次印刷
184mm×260mm · 18.5 印张 · 469 千字
标准书号：ISBN 978-7-111-73229-7
定价：55.00 元（含实训任务）

电话服务　　　　　　　　　　网络服务
客服电话：010-88361066　　　机　工　官　网：www.cmpbook.com
　　　　　010-88379833　　　机　工　官　博：weibo. com/cmp1952
　　　　　010-68326294　　　金　书　网：www.golden-book.com
**封底无防伪标均为盗版**　　机工教育服务网：www.cmpedu.com

# 前　言

本书是在国家级精品资源共享课程"通信网络与综合布线"教学实践的基础上，按照建筑智能化工程技术专业国家教学标准及其课程标准要求，融合智能建筑国家标准，以电视、电话和计算机网络为主的智能建筑信息设施系统的内容编写而成的。

本书主要有三大特色：

1. 以工程应用为前提，深入浅出、大跨度综合通信网络基础技术知识。本书从智能建筑信息设施系统应用实际出发，内容上综合数字通信技术基础、计算机网络、综合布线系统和卫星有线电视系统的基本理论与技术知识，保障信息设施系统设计必备知识，便于自学。

2. 以能力培养为目标、凝结专业"课证"融合人才培养模式的课程改革成果。本书内容注重学生智能建筑信息设施系统工程设计与施工能力培养；其中局域网组网训练任务、综合布线系统施工任务和卫星电视系统施工任务是编者十多年来，基于职业岗位典型工作任务分析、理实一体化课程教学改革实践成果结晶。基于训练任务组织教学，实现在"做中学"技术知识、在"做中悟"系统工作原理，培养学生科学严谨、精益求精的匠心精神，严格落实立德树人根本任务。

3. 配套信息化教学资源丰富、在智慧职教平台开放共享。本书浓缩国家精品课程"通信网络与综合布线"（2007）精华，2016 年"通信网络与综合布线"课程通过国家首批精品资源共享课程验收，课程教学电子教案、PPT 课件、视频、动画、试题题库以及智能建筑信息设施系统设计规范、工程案例图集等资源已面向全国开放。

参加本书编写的有深圳职业技术学院陈红（第 1、2、5 章和实训任务第 2 篇）、周韵玲（第 3、4 章）、贾晓宝（实训任务第 1 篇）、齐向阳和高熹（第 6 章和实训任务第 3 篇）。

由于编者水平有限，书中缺点、错误在所难免，恳请读者批评指正。

编　者

# 二维码索引

| 名称 | 图形 | 页码 | 名称 | 图形 | 页码 |
|------|------|------|------|------|------|
| 路由器工作过程 | | 69 | 数据点跳线管理 | | SX67 |
| 双绞线制作 | | SX1 | 铜缆系统测试—信道测试 | | SX74 |
| 管槽安装 | | SX60 | 铜缆系统测试—永久链路测试 | | SX75 |
| 线缆敷设 | | SX60 | 同轴电缆系统测试 | | SX81 |
| 水平配线系统端接—信息模块端接 | | SX60 | 光纤熔接操作 | | SX83 |
| 水平配线系统端接—配线架端接 | | SX61 | 光纤连接器制作 | | SX88 |
| 大对数铜缆端接 | | SX62 | 光纤系统测试 | | SX93 |
| 语音点跳线管理 | | SX65 | | | |

注：表中页码前带 SX 的表示是"实训任务"部分的页码。

# 目　录

# 第1章

# 智能建筑概述

智能建筑（Intelligent Building）的概念在 20 世纪末诞生于美国。第一幢智能大厦于 1984 年在美国哈特福德（Hartford）市建成，是将一座旧金融大厦进行改造，命名为都市大厦（City Building），这座大楼高 38 层，以当时最先进的技术控制空调、照明、电梯、防火和防盗系统，实现了通信自动化（Communication Automation）和办公自动化（Office Automation）。美国联合科技集团公司在他们的广告宣传资料中首次使用了"Intelligent Building（智能建筑）"一词，它的出现引起了各国的重视与仿效。20 世纪 90 年代，美国实施信息高速公路（Information Super Highway，I-WAY）计划，作为信息高速公路"节点"的智能建筑更受重视。智能建筑是信息时代的必然产物，建筑物智能化程度随科学技术的发展而逐步提高。

智能建筑按照"美国智能建筑协会"的体系可以概括为"对建筑的结构、系统、服务和管理这四个基本要素进行优化，使其为用户提供一个高效且具有经济效益的环境"。按照我国《智能建筑设计标准》，智能建筑定义是"以建筑物为平台，基于对各类智能化信息的综合应用，集架构、系统、应用、管理及优化组合为一体，具有感知、传输、记忆、推理、判断和决策的综合智慧能力，形成以人、建筑、环境互为协调的整合体，为人们提供安全、高效、便利及可持续发展功能环境的建筑"。智能建筑能够帮助业主和物业管理者在费用开支、生活舒适、商务活动和人身安全等方面得到最大利益的回报。由此可以看出，智能建筑包括两层含义：一是智能建筑对使用者的承诺，提供全面、高质量、安全舒适、高效快捷、灵活方便的综合服务；二是智能建筑采用当今世界最新科学技术（4C 技术，即 Computer Technology、Control Technology、Communication Technology、CRT Technology），进行多种信息的传输、处理、监控和管理，实现信息、资源和任务的共享，达到优化投资、降低运营成本和提高效益的目的。

智能建筑是一个具有广泛内涵的概念，随着社会经济和技术的发展而发展。智能建筑由于其功用不同，区分为智能大厦和智能小区，二者之间的关系可以用图 1-1 表示。

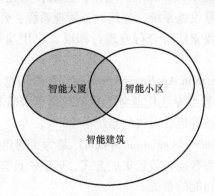

图 1-1　智能建筑分类

## 1.1 智能大厦

智能大厦是智能建筑中的一大类，是智能建筑新技术应用面既广又深的一种形式，包括智能化的商业办公楼、金融机构办公楼、政府机构办公楼、写字楼、医院、体育馆、机场等商业和公共建筑。智能大厦一般都装备有 3A 系统，即楼宇自动化系统（Building Automation System，BAS）、办公自动化系统（Office Automation System，OAS）和通信自动化系统（Communication Automation System，CAS）。某智能大厦集成系统组成示意图如图 1-2 所示，其中楼宇自动化系统已经发展成为集楼宇自控、消防报警、门禁、闭路监视和停车场管理等于一体的楼宇设备集成管理系统。

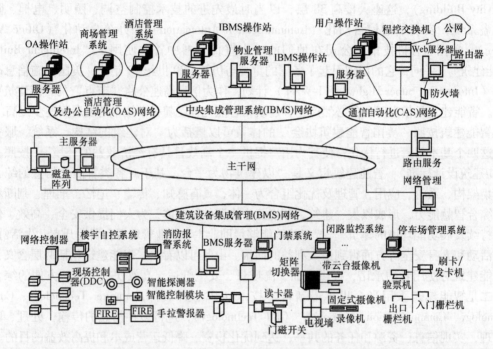

图 1-2    某智能大厦集成系统组成示意图

GB 50314—2015《智能建筑设计标准》规定，建筑智能化系统配置应包含信息化应用系统、智能化集成系统、信息设施系统、建筑设备管理系统、公共安全系统、机房工程等要素。智能化系统工程的设计要素应符合行业现行标准《民用建筑电气设计规范》JGJ 16 等的有关规定。

信息化应用系统（Information Application System）是以信息设施系统和建筑设备管理系统为基础，为满足建筑物的各类专业化业务、规范化运营及管理的需要，由多种类信息设施、操作程序和相关应用设备等组合而成的系统。

智能化集成系统（Intelligent Integration System）是为实现建筑物的运营及管理目标，基于统一的信息平台，以多种类智能化信息集成方式，形成的具有信息汇聚、资源共享、协同运行、优化管理等综合应用功能的系统。

信息设施系统（Information Facility System）是为满足建筑物的应用与管理对信息通信的需求，将各类具有接收、交换、传输、处理、存储和显示等功能的信息系统整合，形成建筑物公共通信服务综合基础条件的系统。

建筑设备管理系统（Building Management System）是对建筑设备监控系统和公共安全系统等实施综合管理的系统。

公共安全系统（Public Security System）是为维护公共安全，运用现代科学技术，具有以应对危害社会安全的各类突发事件而构建的综合技术防范或安全保障体系综合功能的系统。

应急响应系统（Emergency Response System）是为应对各类突发公共安全事件，提高应急响应速度和决策指挥能力，有效预防、控制和消除突发公共安全事件的危害，具有应急技术体系和响应处置功能的应急响应保障机制或履行协调指挥职能的系统。

机房工程（Engineering of Electronic Equipment Plant）是为提供机房内各智能化系统设备及装置的安置和运行条件，以确保各智能化系统安全、可靠和高效地运行与便于维护的建筑功能环境而实施的综合工程。

## 1.2 智能小区

智能小区（Intelligent Home）是智能建筑的新成员。20世纪80年代末，由于通信与信息技术的发展，出现了对住宅中各种通信、家电、保安设备通过总线技术进行监视、控制与管理的商用系统，产生了住宅自动化（Home Automation）的概念，美国称之为智慧屋（Wise House），欧洲称之为时髦屋（Smart House）。美国电子工业协会（EIA）于1988年编制了第一个适用于家庭住宅的电气设计标准《家庭自动化系统与通信标准》。日本在推进智能建筑概念时，提出了家庭总线系统（Home Bus System，HBS）概念，并于1988年9月制定了HBS标准，提出对所有住宅信息管理采用超级家庭总线技术（Super Home Bus System，S-HBS），其一般模型如图1-3所示。

我国1997年初开始制定《小康型住宅电气设计（标准）导则》（讨论稿）。该导则规定了小康型住宅电气设计五个方面总体要求：高度的安全性、舒适的生活环境、便利的生活方式、综合信息服务和家庭智能化系统；同时对小康住宅与小区建设在安全防范、家庭设备自动化和通信与网络配置等方面提出了三级设计标准，第一级为"理想目标"，第二级为"普及目标"，第三级为"最低目标"。1999年12月，出台了我国第一部关于智能小区建设的具体技术标准《全国住宅小区智能化系统示范工程建设要点与技术导则（试行稿）》。GB 50314—2015《智能建筑设计标准》规定住宅建筑智能化应配置以下6个系统，并应符合行业现行标准 JGJ 242《住宅建筑电气设计规范》。

1）信息设施系统。应配置信息接入系统、布线系统、移动通信室内信号覆盖系统、信息网络系统及有线电视系统。宜配置无线对讲系统、公共广播系统、信息导引及发布系统。超高层住宅建筑应设置消防应急广播（可与公共广播系统合用，但应满足消防应急广播的要求）。

2）公共安全系统。按照国家现行有关标准配置火灾自动报警系统和安全技术防范系统（如配置入侵报警系统、视频安防监控系统、出入口控制系统、电子巡查系统及访客对讲系统、停车场管理系统）。

3）机房工程。应配置信息接入机房、有线电视前端机房、信息设施系统总配线机房、

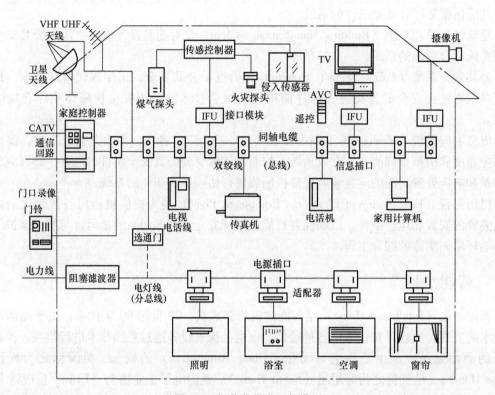

图 1-3　智能化住宅一般模型

消防控制室（超高层—高 100m 以上或 35 层以上）、智能化总控室、安防监控中心及智能化设备间。

4）信息化应用系统。配置应满足住宅物业管理信息化应用需求，宜配置公共服务系统及智能卡应用系统。

5）智能化集成系统。宜为住宅物业提供完善的服务功能，宜配置智能化信息集成（平台）系统及集成信息应用系统。

6）建筑设备管理系统。当住宅建筑设有物业管理系统时，宜配置建筑设备监控系统，可配置建筑能效监管系统。

## 1.3　我国智能建筑的发展

在 20 世纪 80 年代末原建设部编制的《民用建筑电气设计规范》中，就已经提出了楼宇自动化和办公自动化，对智能建筑理念和各种系统有了比较全面的涉及。这个时候人们对建筑智能化理解主要是将电话、有线电视系统接到建筑中来，同时利用计算机对建筑中机电设备进行控制和管理。各个系统是独立的，相互没有联系，与建筑结合也不密切。

20 世纪 90 年代初，我国智能建筑开始起步，随着改革开放的深入，国民经济持续发展，建筑规模不断扩大，人们对工作和生活环境的要求也不断提高，一个安全、高效和舒适的工作和生活环境已成为人们的迫切需要；同时科学技术飞速发展，特别是以微电子技术为基础的计算机技术、通信技术和控制技术的迅猛发展，为满足人们这些需要提供了技术基础。这一时期智能建筑主要是一些涉外的酒店和特殊需要的工业建筑，采用的技术和设备主要是从国外引进的。虽然普及程度不高，但得到设计单位、产品供应商以及业内专家的积极响应。

把综合布线技术引入智能建筑，吸引了一大批通信网络和 IT 行业的公司进入智能建筑领域，促进了信息技术行业对智能建筑发展的关注；同时由于综合布线系统对语音通信和数据通信的模块化结构，为建筑内部语音和数据的传输提供了一个开放的平台，加强了信息技术与建筑功能的结合，对智能建筑的发展和普及产生了巨大的作用。1995 年，中国工程建设标准化协会通信工程委员会发布了《建筑与建筑综合布线系统和设计规范》，原建设部 1997 年颁布了《建筑智能化系统工程设计管理暂行规定》，在 1998 年 10 月又颁布了《建筑智能化系统工程设计和系统集成专项资质管理暂行办法》以及与之相应的《执业资质标准》两个法令，规范智能建筑市场，到 2001 年年底，全国获得批准颁布的建筑智能化专项资质证书的单位共有 905 家（含国外独资企业）。2000 年，国家标准《智能建筑设计标准》颁布，该标准充分体现了智能建筑系统集成应该以楼宇自控系统为主进行系统集成和利用开放标准进行系统集成的观点。同年，信息产业部颁布了《建筑与建筑群综合布线工程设计规范》和《建筑与建筑群综合布线工程验收规范》，这些国家标准规范的制定，为我国智能建筑健康有序的发展提供了保证。2006 年/2015 年先后两次更新《智能建筑设计标准》，2007 年/2016 年先后发布/更新《综合布线系统工程设计规范》和《综合布线工程验收规范》国家标准，我国智能建筑工程设计和施工建设趋于规范成熟。

在住宅小区应用信息技术主要是为住宅提供先进的管理手段、安全的居住环境和便捷的通信娱乐工具。这和以公共建筑如酒店、写字楼、医院、体育馆等为主的智能大厦有很大的不同，智能小区的提出正是信息化社会人们改变生活方式的一个重要体现。2012 年党的十八大报告中所提到的"新型城镇化时代"的到来，给日臻成熟的智能建筑市场带来了一个新的发展机遇。我国既有建筑总量 600 多亿 $m^2$，建筑智能化市场以每年 15% ~20% 速度增长。其中住宅建筑领域智能化规模占比最高，超过 50%；其次是公共建筑，占比接近 30%；同时工业建筑智能化市场占比接近 20%。

2020 年，我国提出了"2030 年碳达峰，2060 年碳中和"的奋斗目标。建筑智能化系统参与建筑运维和管理，能够实现建筑节能 30% 左右。

随着大数据、人工智能、5G、物联网等技术的快速发展，建筑作为人类活动最为密切的空间单元，正在从"智能"向"智慧"稳步迈进，建筑智能化的发展融入了新生命力。科技和需求的融合推动建筑绿色化、智能化水平持续提高，为人们带来更加安全、舒适、便捷和智慧的生活。

城市信息模型（City Information Modeling，CIM）以建筑信息模型（BIM）、地理信息系统（GIS）、物联网（IOT）等技术为基础，整合城市地下地上、室内室外、历史现状未来等多维多尺度信息模型和城市感知数据，构建起三维数字空间的城市信息有机综合体。

思考与练习

1-1　什么是智能建筑？

1-2 GB 50314—2015《智能建筑设计标准》规定建筑智能化系统配置应包含哪些要素？

1-3 GB 50314—2015《智能建筑设计标准》规定住宅建筑智能化宜配置哪六大系统？

1-4 GB 50314—2015《智能建筑设计标准》规定智能小区"信息设施系统"应配置哪些子系统？

1-5 智能建筑与通信、网络和综合布线有何关系？

# 第2章

# 通信技术基础

信息的传递方法就是通信。信息的表达方式有语言、文字、图像及数据等。实现通信的方式很多，随着现代科学技术的发展，目前使用最广泛的方式是电通信方式，用电信号控制携带所要传递的信息，然后经过各种媒体也就是信道进行传输，达到通信的目的。

通信技术是信息技术时代的主要技术之一，尤其是数字通信技术、光纤传输技术、卫星通信技术等新技术发展迅速，并在工业和生活领域得以广泛应用。本章从通信技术在智能建筑中应用的角度出发，着重介绍通信技术基本概念、基础原理，模拟信号与数字信号传输技术基础。

## 2.1 通信基本概念

电信号的传递与处理由通信系统完成，如图 2-1 所示，通信系统由信源、变换器、信道、反变换器、信宿、噪声源等构成。信源指产生各种信号的信息源，可以是人，也可以是机器，如计算机等。变换器将信源发出的信号进行适当的处理，如进行放大、调制等，使其适合在信道中传输。信道是信号的传输媒介，分有线信道和无线信道。反变换器的作用是将收到的信号恢复成信息接收者可以接受的信息。信宿是信息接收者，可以是人或机器。噪声源是系统内各种干扰影响的等效结果。

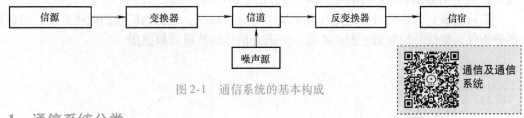

图 2-1　通信系统的基本构成

### 2.1.1 通信系统分类

通信系统按信道传输信号的形式划分，可以分成模拟通信系统与数字通信系统。

模拟通信系统模型如图 2-2 所示。变换器一般来说应该包括调制器、放大器、天线等，这里只画了一个调制器，目的是为了突出调制的重要性。同样反变换器也只画了一个解调器。

数字通信系统模型如图 2-3 所示。这里的变换器包括信源编码、信道编码和调制器三个部分。信源编码是对模拟信号进行编码，得到相应的数字信号；而信道编码则是对数字信号进行再次编码，使之具有自动检错或纠错的能力，数字信号对载波进行调制形成数字调制信号。但要指出的是：高质量的数字通信系统才有信道编码部分。

图 2-1～图 2-3 所表示的均为单向通信系统，但在绝大多数场合，通信的双方要互通信

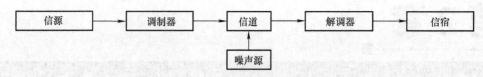

图 2-2　模拟通信系统模型

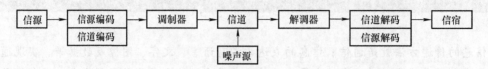

图 2-3　数字通信系统模型

息，因而要求双向通信；而且要实现多用户间的通信，则需要将多个通信系统有机地组成一个整体，使它们能协同工作。多用户间的相互通信，最简单的方法是在任意两用户之间均有线路相连，但由于用户众多，这种方法不但会造成线路的巨大浪费，而且是不可能实现的。为了解决这个问题，引入了交换机，即每个用户都通过用户线与交换机相连，任何用户间的通信都要经过交换机的转接交换，由此可见，一般使用的通信系统应该是由多级交换机构成的通信网提供信道。

### 2.1.2　信号

通信信号专指控制、携带、传递信息的电信号，对电信号的描述可以有两种方法，即时域法和频域法。

时域法研究的是信号的电量（电压、电流或功率）随时间变化的情况，通常以观察波形的方法进行，单一频率信号可用式（2-1）表达，多频率信号则用式（2-2）表达。

$$s(t) = A_s \cos(pt + \theta) \tag{2-1}$$

$$u(t) = A_1 \cos(p_1 t + \theta_1) + A_2 \cos(p_2 t + \theta_2) + \cdots + A_n \cos(p_n t + \theta_n) \tag{2-2}$$

式中，$A_i$ 为信号幅值；$p_i$ 为信号频率；$\theta_i$ 为信号初始角。

频域法研究的是信号的电量在频率域中的分布情况，也称为信号的频谱分析，可以用频谱分析仪观察信号的频谱。图 2-4 是一个语音信号的波形和频谱图。

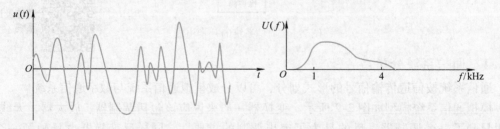

图 2-4　语音信号的波形和频谱图

对于数字信号，也常用逻辑分析的方法来比较信号的状态变化情况，有的资料将其称为信号的数据域分析。

电信号可以有多种分类方法。若以频率划分，可分为基带信号与频带信号；若以信号参数的状态划分，则可以分为模拟信号与数字信号、周期信号与非周期信号、确定信号与随机信号、能量信号与功率信号等。

（1）基带信号与频带信号　基带信号是指含有低频成分甚至直流成分的信号，通常原始模拟或数字信号是基带信号。基带信号所占据的频带宽度相对于它的中心频率而言很宽，不适合于较长距离传输。语音信号是一种典型的基带信号，它由人的声音经传声器转换而成，其频率在十几赫兹到几十赫兹范围内。计算机数据也是一种基带信号。

频带信号的中心频率相对较高，而带宽又窄。基带信号经过各种正弦调制即转换成频带信号。

（2）数字信号与模拟信号　自然界存在的信号大多是模拟信号，其主要特征有两个：一是时间上连续，任意时刻的信号值都是它的一部分；二是状态连续，任意时刻的值和与其相邻时刻的值相关，从数学角度上讲，模拟信号的值对时间的导数（$\mathrm{d}v/\mathrm{d}t$）总是存在

信号及其分类—模拟信号与数字信号

的。常见的模拟信号有语音信号、电视图像信号以及来自各种传感器的检测信号等。

数字信号是另一种形式的信号，它具有离散且有限的状态。目前常见的数字信号多为二进制信号，其两个状态分别用 1 和 0 表示。相对而言，模拟信号比较适合传输，数字信号则比较适合处理。

模拟信号与数字信号是可以相互转换的。模拟信号可以通过 A-D 转换（数字编码）变为数字信号，而数字信号通过 D-A 转换（解码）可以变为模拟信号。注意：当数字信号需要在模拟信道中传输时，数字基带信号必须进行正弦调制，将基带信号转换成频带信号，以适应模拟信道的传输特性。例如计算机数据要通过模拟电话信道传输时，必须使用调制解调器（Modem），有些资料把这种方式称为数字信号的模拟传输。

（3）周期信号与非周期信号　周期信号是每隔固定的时间又重现本身的信号，固定的时间称为周期。非周期信号则是无此固定时间长度、不重复的信号。通信系统中常用于测试的正（余）弦信号、雷达中的矩形脉冲系列都是周期信号，而语音信号、开关启闭形成的瞬态信号则是非周期信号。

（4）确定信号与随机信号　可以用明确的数字表达的信号称为确定信号。但有些信号在发生之前无法预知信号的取值，即写不出确定的数字表达式，通常只知道它取某一数值的概率，这种信号称为随机信号。

信号及其分类—周期信号与非周期信号

（5）能量信号与功率信号　在（$-T/2$，$T/2$）时间内，信号在 $1\Omega$ 电阻上消耗的能量用 $E$ 表示，平均功率用 $P$ 表示，则

$$E = \int_{-T/2}^{T/2} |f(t)|^2 \, \mathrm{d}t \tag{2-3}$$

$$P = \lim_{T \to \infty} \int_{-T/2}^{T/2} |f(t)|^2 \, \mathrm{d}t \tag{2-4}$$

能量信号指能量有限的信号，即 $E < \infty$ 时，$f(t)$ 为能量信号，通常它是一个脉冲式的信号，只存在有限的时间间隔内。当 $T \to \infty$ 时，若 $P$ 是大于零的有限值，则 $f(t)$ 为功率信号。

前面提到的周期信号，虽然能量随着时间的增加可以趋于无限，但功率是有限值，因此周期信号是功率信号。非周期信号可以是功率信号，也可以是能量信号。

## 2.1.3　信道

信道是信号传输的媒介。现有的信道有两大类：一类是有线信道，它由有形的介质构

成，如双绞线、同轴电缆、光导纤维等，市内电话、有线电视和海底电缆通信都属于有线信道通信；另一类是无线信道，包含了从发送端到接收端之间的无线空间，以天线作为信道的接口设备，无线电广播、电视、卫星通信、移动通信等都属于无线信道通信。无线信道的频率范围很宽，从极低频率一直到微波波段，其中根据频率的不同和传播方式的不同又可以分为很多种信道，如中波地表面波传播信道、直射波信道、短波电离层反射信道等。

从信道的时间特性看，信道可以分为恒参信道和随参信道两类。有线信道是恒参信道，其传输特性恒定不变，信号在传输过程中受干扰的影响也比较小。无线信道由于信号传播方式的不同，有的是恒参信道，有些则是随参信道。

可以用以下数学模型来描述信道对输入信号的作用：

$$e_{o}(t) = k(t)e_{i}(t) + n(t) \tag{2-5}$$

式中，$e_i(t)$ 是信道的输入信号，也是发送设备的输出信号；$e_o(t)$ 是信道的输出信号，也是接收设备的输入信号；$k(t)$ 是信道的衰减系数，对恒参信道而言它是一个常数；$n(t)$ 代表信道中叠加的噪声，也称为加性噪声。

这个数学模型的物理含义是：在一个通信系统中，接收端所接收到的信号与发送端所发送的信号有比例关系，发送的信号越强，接收的信号也越大；信道使信号在传输过程中衰减，并且衰减量可能会随时间变化；无论发送端是否发送信号，接收端都会收到加性干扰。

## 2.2　模拟通信

模拟信号的传输方式有 3 种：一种是以基带形式在通信线路上的传输，如用户电话机与电信局的端局交换机之间（称为接入网）的电话信号的传递，视频设备之间短距离的连接等，这种方式称为模拟信号的基带传输；第二种是经过调制后（如调幅、角度调制），以频带信号的形式在有线或无线信道中的传输，如电缆电话、调频广播、无线电话等，这种方式称为模拟信号的频带传输；第三种是经过 A-D 转换后（如脉冲编码调制 Pulse Code Modulation，PCM），以数字信号形式在数字通信系统中进行传输，这种方式称为模拟信号的数字传输。这里主要介绍前两种形式下信号的传输，模拟信号的 A-D 转换以及数字信号的传输将在数字通信中介绍。

### 2.2.1　模拟信号的基带传输

通信中最常见的模拟基带信号是电话信号，或称语音（voice）信号。人耳所能感觉的声波频率范围（音频）为 20Hz～20kHz，对 300～4000Hz 范围内语音感觉比较灵敏；人讲话声音的频率范围为几十赫兹到几万赫兹，并且主要的能量集中在 250～600Hz。尽量压缩语音信号的频带宽度，不仅可以提高通信系统的利用率，而且能降低通信设备的复杂性。国际电报电话咨询委员会（Consultative Committee on International Telephone and Telegraph，CCITT）依据语音的能量分布和人耳的频率特性，认为只要保留语音信号中的 300～3400Hz 部分就能够保证语音有足够的清晰度（以测试者对语音所表示的字或词能听懂的数目与总数之比表示）。因此，在电话通信中一般传送的语音信号的频率范围被限制在 300～3400Hz，FM 广播由于要考虑听众对音质有较高的要求，其调制信号的频率范围取 50Hz～15kHz。

与频率特性相比，语音信号的相位特性对清晰度的影响要小得多，因此在语音传输时，往往很少考虑信号的相移。语音信号的幅度反映了声音的大小。如果将音量（语音信号的功率）增加 4 倍，感觉的声音只大了 1 倍，人耳所感觉的声音大小与 1mW 单位功率语音信

号放大后的功率的对数成正比，因此音量大小通常用分贝表示为

$$[P_V] = 10\lg\frac{P_x}{1} \tag{2-6}$$

分贝（decibel）是度量两个相同单位数量比例的计量单位，常用 dB 表示。分贝最初用于度量声音强度的计测，后被广泛应用在电工、无线电、力学、冲击振动、机械功率和声学等领域，表示功率量之比（等于功率强度之比的常用对数的 10 倍），表示场量之比（等于场强幅值之比的常用对数的 20 倍）。

### 2.2.2 模拟信号调制方式

各种传输系统都有一定的工作频率范围，例如，调频广播的频率范围是 88 ~ 108MHz，短波通信的频率范围是 3 ~ 30MHz。而这些系统所要传输的信号则往往是基带信号，频率范围是 300 ~ 3400Hz（语音信号），为了有效利用信道的频率资源，必须将基带信号的频率搬移至适合于信道传输的其他频率范围，而在接收之后再搬移至原来的频率范围。对正弦载波的调制可以使基带信号的频率范围得到搬移，调制（Modulation）是正弦波的某个参数随调制波（基带信号）变化的过程，用于调制的正弦波称为载波（Carrier），原始波是基带信号波，调制后的信号称为已调波。在通信系统的接收端，通常要将原始的基带信号或调制波恢复，这个过程称为解调（Demodulation）。作为载波的正弦波有三个参数：振幅、频率和相位，因此相对应的正弦波的调制有幅度调制（AM）、频率调制（FM）和相位调制（PM）三种。

#### 1. 幅度调制

幅度调制（Amplitude Modulation，AM）简称调幅，就是根据信号波大小变化载波信号的幅度。为了简单，设定信号波 $s(t)$ 是以单一的角频率 $p$ 变化的正弦波，载波 $f(t)$ 具有比信号波的角频率高得多的角频率 $\omega_c( = 2\pi f_c)$，分别表示为

模拟信号调制—调幅AM

$$s(t) = A_s\cos pt \tag{2-7}$$

$$f(t) = A_c\cos\omega_c t \tag{2-8}$$

在调幅时 $\omega_c \gg p$，载波的振幅与信号波的振幅成比例，调幅波 $f_{AM}(t)$ 可表示为

$$
\begin{aligned}
f_{AM}(t) &= (A_c + A_s\cos pt)\cos\omega_c t \\
&= A_c(1 + A_s\cos pt/A_c)\cos\omega_c t \\
&= A_c(1 + m\cos pt)\cos\omega_c t
\end{aligned}
\tag{2-9}
$$

这里 $m = A_s/A_c$ 称为调制度（或调制指数），一般用% 表示。如果 $m < 1$，可用图 2-5 来表示载波 $f(t)$、信号波 $s(t)$、已调波（AM 波）$f_{AM}(t)$；$A_s = A_c$ 时，$m = 1$，调制度为 100%，AM 波形如图 2-6a 所示；$A_s > A_c$ 时，$m > 1$，如图 2-6b 所示，包络线发生变形，过调制。

下面观察 AM 波的频谱，使用三角函数的积与和的变换公式将式（2-9）变形，则有

$$f_{AM}(t) = A_c\cos\omega_c t + \frac{mA_c}{2}\cos(\omega_c + p)t + \frac{mA_c}{2}\cos(\omega_c - p)t \tag{2-10}$$

可知 AM 波由载波 $A_c\cos\omega_c t$，上边波 $\dfrac{mA_c}{2}\cos(\omega_c + p)t$ 和下边波 $\dfrac{mA_c}{2}\cos(\omega_c - p)t$ 三部分组成，含 3 个角频率 $\omega_c$、$(\omega_c + p)$ 和 $(\omega_c - p)$。它以载波角频率 $\omega_c$ 为中心，形成具有高出信号波角频率 $(\omega_c + p)$ 成分的上边带，和低于信号波角频率 $(\omega_c - p)$ 成分的下边带，是具有两个边带成分的频谱线。

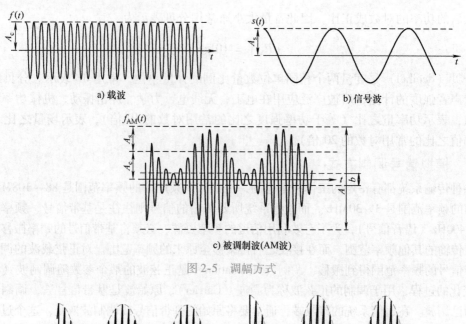

a) 载波

b) 信号波

c) 被调制波(AM波)

图 2-5  调幅方式

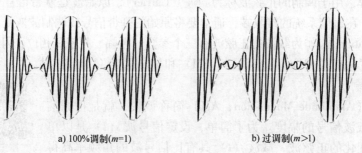

a) 100%调制(m=1)

b) 过调制(m>1)

图 2-6  AM 波的波形

如果信号波像语音信号一样，频率成分具有一定的带宽（从 $\omega_1$ 到 $\omega_2$），则 AM 波频谱（图 2-7 所示）也具有一定的带宽。AM 波的占有带宽是信号波最高频率的两倍，即信号波最高角频率为 $\omega_2$ 时，AM 波的占有带宽为 $2\omega_2$。像这样具有两个边带的传送方式称为双边带（double sideband-DSB 或 both sideband-BSB）调制方式。

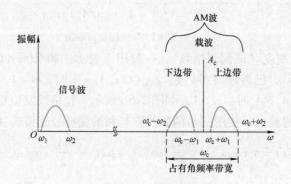

图 2-7  信号波成分具有带宽时 AM 波的频谱

2. 角度调制

角度调制方式是根据信号波大小成比例变化载波信号的相位，即相位角或角频率的调制方式。

起携带信号作用的载波一般包括起始相位在内可以表达为

$$f(t) = A_c \cos(\omega_c t + \theta_c) \tag{2-11}$$

利用式（2-11）的相位角部分（$\omega_c t + \theta_c$）携带信号波的信息：一是利用角频率 $\omega_c$ 与信号波大小成比例变化的方法，称为频率调制（Frequency Modulation，FM）；二是利用相位角 $\theta_c$（或 $\omega_c t + \theta_c$）随信号做相应变化的方法，称为相位调制（Phase Modulation，PM）。两者总称为角度调制。

### 2.2.3 频分复用

多路信息采用不同频率进行调制，使各路信号的频率带错开，以实现在同一信道中传送的通信方法称为频分复用（Frequency Division Multiplex，FDM）。如对于语音线路，能够很好地传达通话内容使用的频带为 0.3 ~ 3.4kHz，称之为基带。传送这种语音信号时，如果使用同轴电缆，可使用频带大约从直流到 1GHz 的频带，4kHz 左右幅宽语音信号占用一个信道，效率很差。那么，根据调制原理知单边带调制占用频带最小，在频率轴上把上述频带互相不重叠地进行排列，在同一信道使用多址传送方式，提高信道效率，称为频分复用。图 2-8 为多路复用频谱图。

对于 0.3 ~ 3.4kHz 的信号载波间隔，可取 4kHz 作为保护间隔，12kHz、16kHz、20kHz 的三个副载波取上边带的 SSB，用 12 ~ 16kHz、16 ~ 20kHz、20 ~ 24kHz 三个带幅间隔避免三个频道的语音信号互相交叠。再把这三个信号合为一个复合的信号（前群），如图 2-8b 所示，根据调制进行④ ~ ⑦的多址化利用。进一步把这个前群看作一个复合信号（基群），在更高频带调制，进行频分复用。这样，就可在频率轴上利用群调制方法达到超多路的频分复用的目的。频分复用多用于如微波和毫米波带宽的高频领域。

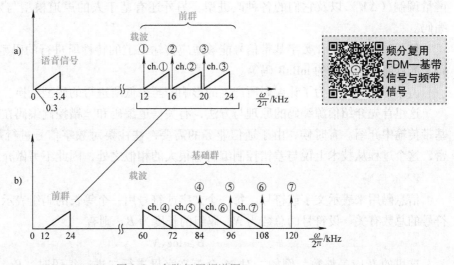

图 2-8　多路复用频谱图

## 2.3　数字通信

数字通信系统模型如图 2-9 所示，与模拟传输系统相比，不难看出，从发送端的调制器到接收端的解调器几乎是相同的。对数字信号的调制与解调，可以采用模拟调制的方式，也可以采用数字调制的方式。采用模拟调制方式进行调制的原理与前面所介绍的调制方法基本相同，只要将数字信号加至模拟调制器的输入端即可。数字调制是利用了数字信号的开关特性，对正弦载波的有关参数（幅度、频率和相位）进行键控的一种调制方式。鉴于数字通信系统对已调信号的处理基本上与模拟系统相同，这里重点介绍信号的数字化技术、数字信号的基带传输技术以及数字信号的载波传输技术。

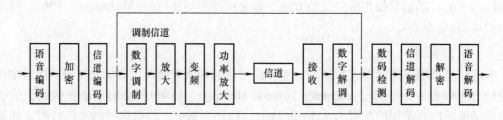

图 2-9　数字通信系统模型

## 2.3.1　信源编码

信号进入数字调制信道之前和离开信道之后必需的一个处理过程是数字编码与解码。数字编码有三种类型：信源编码、信道编码和差错控制编码。

信源编码可以被定义为将信息或信号按一定的规则进行数字化的过程。在自然界中的信号有两种形式：一种本身具有离散的特点，如文字、符号等，对这种信号可以用一组一定长度的二进制代码来表示，这一类码统称为信息码；另一种是连续信号，如语音、图像等，对这种信号的数字编码与解码过程，实际上就是 A-D 转换和 D-A 转换。在通信中，常用语音编码主要有基于时域波形的脉冲编码调制（Pulse Code Modulation，PCM）、增量调制（$\Delta M$）以及它们的各种改进型，另外还有基于人的声道模型与发声机理的参数编码。

信道编码是为了让数字基带信号能够适应传输信道的特性所进行的码型转换，如 $HDB_3$ 码、光纤通信中用到的 mBnB 码等。

差错控制编码是为了让误码所产生的影响降至最低所进行的码型变换。

这里首先介绍信源编码的原理与方法，有关信道编码和差错控制编码在随后的数字信号基带传输中介绍。有时候，由于通信业务的需要，往往要对数字信号进行加密与相应的解密，这个过程从技术上说与差错控制编码有很大的相似之处，因此不另做介绍。

### 1. 信息码

信息码用来表示文字或符号，每一个文字或符号用一个等长的码组表示，码组的长度与符号的总数有关。设符号的总数为 $N$，码组的长度为 $B$，则有

$$B \geqslant \log_2 N \tag{2-12}$$

这里的 $B$ 应是整数。例如，对 26 个英文字母进行二进制编码时，$B_{\min} = \log_2 26 = 4.7$，因此可取 $B = 5$，其编码效率 $\mu = 4.7/5 = 94\%$。在实际使用中，最常用的是 ASCII 码。ASCII 码每个字符有 7 位二进制码，这样就可以表示 128 个不同的字符，除了 26 个英文字母外还允许使用一定量的附加控制字符和图形字符。表 2-1 就是 ASCII 码表。尽管 ASCII 码是一种 7 位码，但是在大多数情况下，编码的每个字符用 8 位即一个字节进行存储和传输。第 8 位的值是 1 还是 0 可以有多种选择规律，在多数情况下，第 8 位作为校验码用来检测错误。

表 2-1 ASCII 码表

| 控制字符 | ASCII 值 | 控制字符 | ASCII 值 | 控制字符 | ASCII 值 | 控制字符 | ASCII 值 | 控制字符 | ASCII 值 |
|---|---|---|---|---|---|---|---|---|---|
| A | 1000001 | Q | 1010001 | g | 1100111 | w | 1110111 | " | 0100010 |
| B | 1000010 | R | 1010010 | h | 1101000 | x | 1111000 | # | 0100011 |
| C | 1000011 | S | 1010011 | i | 1101001 | y | 1111001 | $ | 0100100 |
| D | 1000100 | T | 1010100 | j | 1101010 | z | 1111010 | % | 0100101 |
| E | 1000101 | U | 1010101 | k | 1101011 | 0 | 0110000 | & | 0100110 |
| F | 1000110 | V | 1010110 | l | 1101100 | 1 | 0110001 | ' | 0100111 |
| G | 1000111 | W | 1010111 | m | 1101101 | 2 | 0110010 | ( | 0101000 |
| H | 1001000 | X | 1011000 | n | 1101110 | 3 | 0110011 | ) | 0101001 |
| I | 1001001 | Y | 1011001 | o | 1101111 | 4 | 0110100 | * | 0101010 |
| J | 1001010 | Z | 1011010 | p | 1110000 | 5 | 0110101 | + | 0101011 |
| K | 1001011 | a | 1100001 | q | 1110001 | 6 | 0110110 | , | 0101100 |
| L | 1001100 | b | 1100010 | r | 1110010 | 7 | 0110111 | . | 0101101 |
| M | 1001101 | c | 1100011 | s | 1110011 | 8 | 0111000 | — | 0101110 |
| N | 1001110 | d | 1100100 | t | 1110100 | 9 | 0111001 | / | 0101111 |
| O | 1001111 | e | 1100101 | u | 1110101 | sp | 0100000 | | |
| P | 1010000 | f | 1100110 | v | 1110110 | ! | 0100001 | | |

### 2. 脉冲编码调制（PCM）

脉冲编码调制（PCM）系统的构成和原理框图如图 2-10 所示，它主要包括抽样、量化和编码三种功能单元。首先，模拟语音经防混叠低通滤波器限带（300 ~ 3400Hz），然后以 $f_z$（8kHz）频率将其抽样、量化，编码成二进制数码。对于语音通信，规定每个抽样值编为 8 位码，共有 256 个量化级，这样每路电话数字化的标准速率为 64kbit/s。PCM 的主要波形如图 2-11 所示。

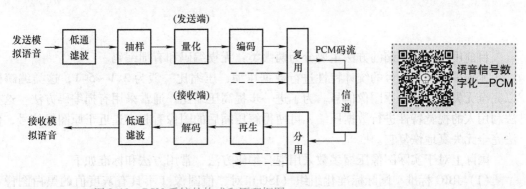

图 2-10 PCM 系统的构成和原理框图

### 3. 图像与视频信号的数字化方法

在现代信息网络和多媒体通信中，对传送数字化图像（或视频）业务的需求日益增长，由于这类可视信号的频带较宽、数据量较大（如一幅分辨率为 1024 × 1024 的真彩色图像，其数据量约为 25Mbit），经数字化后的速率很高，通常超过 100Mbit/s，其中 HDTV 高达 746Mbit/s，因而未经压缩传送时占用的信道容量相当大，为此必须研究和采用高效的压缩编码技术，才能解决数字图像和视频信号的有效传输问题，使其在实际网络和现实系统中得以广泛应用。

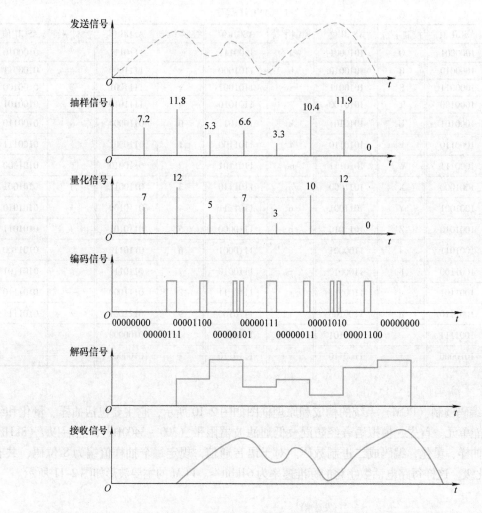

图 2-11　PCM 的主要波形

目前用于图像压缩的方法主要分为两大类：无损编码和有损编码。

无损编码利用信号的统计特性进行数据压缩，压缩比一般为 2∶1~5∶1，这类编解码可以完全无失真地恢复原图像信号。为了进一步提高压缩比，通常采用有损编码方法。这类方法利用人的视觉特性进行数据压缩，可使得解压缩后的图像看起来逼近于原图像信号，但无法完全无失真地恢复它。

国际上对于实际图像压缩多数采用混合编码方法，常用方法和标准如下。

（1）JBIG 标准　国际标准化组织（ISO）对二值图像（不具有灰度值的黑白图像、传真图文等）压缩编码制定了 JBIG（Joint Bilevel Image Group）标准。它利用无损压缩技术，压缩比可达 10∶1。

（2）JPEG 标准　1986—1994 年 ISO 对彩色连续、色调静止图像压缩编码进行研究，并制定了 JPEG（Joint Photographic Experts Group）标准，适于黑白与彩色照片、彩色传真及印刷图片。它包括多种工作模式，对于无损编码方法，采用预测编码和熵编码技术，压缩比约为 4∶1；对于有损编码方法，通常采用离散余弦变换、量化、差分编码和熵编码技术，压缩比为 10∶1~100∶1。

（3）H.261 建议 为了在综合信息网络中提供可视电话和电视会议业务，ITU-T 制定了有关可视电话的 H.261 建议。该建议支持实际活动图像的压缩编解码，采用逐行扫描，每秒 29.97 帧，传输速率为 $P \times 64\text{kbit/s}$（$P = 1, 2, \cdots, 30$）。H.261 建议利用了帧间的相关性，可获得较大的压缩比。它具有帧内和帧外两种工作模式，均利用与 JPEG 十分类似的离散余弦变换、量化和熵编码进行图像压缩。

（4）MPEG 标准 视频图像压缩编码的另一重要标准是 MPEG（Moving Picture Experts Group）。其中 MPEG-1 是 1992 年 ISO 形成的国际标准，用于以 $1 \sim 1.5\text{Mbit/s}$ 的速率传送电视质量的视频信号，帧频小于等于 30（30，29.97，…），编码方法与 H.261 非常类似，主要区别在于它采用了基于有运动补偿的双向预测技术，以达到更高的图像压缩比。MPEG-2 是一种适应性广的图像和声音压缩编码方案，它兼容 MPEG-1，可适应于 $1.5 \sim 60\text{Mbit/s}$ 编码范围，一般图像速率为 $4.5\text{Mbit/s}$ 或更高，可用于通信、存储、广播及高清晰度电视作压缩编码，其部分内容作为 ITU-T 活动图像编码标准 H.262。此外，ITU-T 与 ISO 还研究和制定了 H.263 及 MPEG-4、MPEG-7 等新标准，以提供很低速率图像或多媒体的编码方案。

## 2.3.2 数字信号基带传输技术

在实际的数字通信传输系统内，所传送的对象是二进制数字或数据信号，为便于传输，通常应根据需要，对原始信号进行波形或频谱处理，即传输码型变换或调制，以使信号与传输链路（或信道）特性相匹配。往往按所采用的链路类型和特性的不同，或要求传输数字基带信号，或要求传送数字载波调制信号。对于只进行码型变换而未调制其频谱的数字信号，因所占据的频带大致与原数字脉冲信号相同（一般从直流或低频开始），仍然为数字基带信号。数字信号以基带信号方式在线路或介质中传输即为数字信号基带传输。

在数字基带传输过程中，适合信道传输特性的码型种类很多，目前一般通信系统与网络中常用的码型除二电平归零（RZ）码、非归零（NRZ）码外，还有差分码（相对码）、曼彻斯特（Manchester）码（双相码）、差分曼彻斯特码、传号交替反转（AMI）码、传号反转（CMI）码、三阶高密度双极性（HDB3）码、4B5B 码、5B6B 码、2B1Q 码、N 连零取代双极性（BNZS）码及 4B3T 码、MMS43 码、3B2T（SU32）码等。它们在信息网络和通信系统中经常作为传输码型或接口码型，其典型应用见表 2-2。下面简单介绍几种典型基带信号的波形与特点。

表 2-2 常用的传输与接口码型

| 应用系统 | | 典型速率 | 采用码型 |
| --- | --- | --- | --- |
| PCM 基群 | T1 | 1.544Mbit/s | AMI |
| | E1 | 2.048Mbit/s | HDB3 |
| PCM 二次群 | T2 | 6.312Mbit/s | B6ZS/AMI |
| | E2 | 8.448Mbit/s | HDB3 |
| PCM 三次群 | T3（日） | 32.064Mbit/s | AMI |
| | T3（美） | 44.736Mbit/s | B3ZS |
| | E3 | 34.368Mbit/s | HDB3 |
| PCM 四次群 | E4 | 139.264Mbit/s | CMI |
| 同步数字系列（SDH） | STM-1 | 155.520Mbit/s | CMI |

（续）

| 应用系统 | | 典型速率 | 采用码型 |
|---|---|---|---|
| 局域网（LAN） | 以太网 | 10Mbit/s | Manchester |
| | 令牌环网 | 4.16Mbit/s | 差分 Manchester |
| 光纤分布式数据接口 | FDDI | 100Mbit/s | 4B5B |
| ISDN 基本速率接口（BRI） | S 接口 | 192Mbit/s | AMI |
| | U 接口 | 160Mbit/s | 2B1Q |
| 数字数据网 | G.703 | 2.048Mbit/s | HDB3 |
| | V.35 | 64kbit/s × N | (2B1Q) |

### 1. 差分码（又称相对码）

在差分码中利用电平跳变或不跳变来分别表示数字 1 或 0，即输入数据为 1 时，编码波形相对于前一码电平产生跳变；输入为 0 时，波形不产生跳变，与前一码相同，如图 2-12c 所示。

### 2. 曼彻斯特码

曼彻斯特（Manchester）码又称数字双相（diphase）码或分相（biphase）码、裂相（splitphase）码。它利用一个半占空对称方波（如 01）表示数据 1，而用其反相波（如 10）表示数据 0，如图 2-12d 所示。

若利用差分码的概念和特点，可以构成差分曼彻斯特码，所产生的基带信号中，相邻码元的方波如果同相则代表数据 0，如果反相则代表数据 1，如图 2-12e 所示。这种码有时也称为条件双相码，记作 CDP。

曼彻斯特码和差分曼彻斯特码适于数据终端设备在短距离介质上进行数据传输，前者已用于计算机局域网中的以太网（Ethernet），作为介质上的传输码型；后者用于令牌环（token ring）同作为传输码型。

### 3. 传号交替反转码

在传号交替反转（Alternative Mark Inversive，AMI）码中，原输入数据 0 变换为三电平码序列中的 0；数据 1 则交替地变换为 +1 或 -1 电平。通常 AMI 码为半占空的归零码，即脉宽是码元周期的一半，如图 2-13a 所示。

### 4. 三阶高密度双极性码

三阶高密度双极性（HDB3）码也是三电平码。它与 AMI 码都是将原数据 1 交替地变换为 +1 或 -1 的半占空归零码，不同的是：HDB3 码流中的连 0 个数应保证不多于 3，当信息中出现 4 个连 0 时，就用特定码组（称为取代节）来替代。为保证收端能够正确识别出取代节，人为地在取代节中设置破

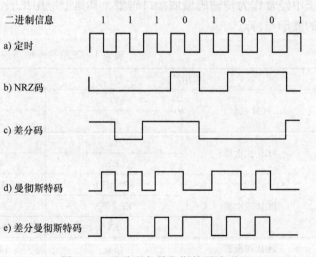

图 2-12　差分码与曼彻斯特码波形

坏点，使之在破坏点处传号极性交替规律受到破坏，以此作为识别标志。

HDB3 码有两种取代节：B00V 与 000V，其中 B 表示符合交替规律的传号；V 是破坏节，表示破坏交替规律的传号。若数据流中出现 4 个连 0，则选择 B00V 或 000V，替代 4 个连 0，半占空情况下 HDB3 码的波形如图 2-13b 所示。它解决了 AMI 码在连 0 过多时提取位定时的困难，也具有内在检错的能力，是一种性能优良、应用广泛的基带传输和接口码型。目前 HDB3 码多用于 PCM E1 ~ E3 通信系统中。

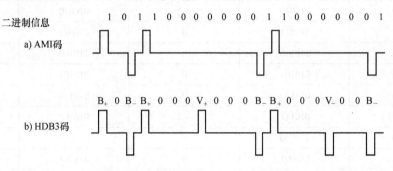

图 2-13　AMI 码与 HDB3 码的波形

### 5. 5B6B 码

在这种码型中，每 5 位二进制输入信息变换为一个 6 位二进制输出码组（5B6B 编码）。由于 5B 只有 32 种组合，而 6B 有 64 种组合，根据尽量使码流中 1、0 等概率，连 1 与连 0 及误码扩散少的原则，从 64 种码组中选择 20 种平衡码组（含 3 个 1 和 3 个 0）与 26 种接近平衡的两组（含 4 个 1 和 2 个 0，或含 4 个 0 和 2 个 1），并构成双模式编码表，见表2-3。

表 2-3　5B6B 编码表

| 输入码组 | 输出码组 | | | |
|---|---|---|---|---|
| | 正模式 | 数字和 | 负模式 | 数字和 |
| 00000 | 110010 | 0 | 110010 | 0 |
| 00001 | 110011 | +2 | 100001 | −2 |
| 00010 | 110110 | +2 | 100010 | −2 |
| 00011 | 100011 | 0 | 100011 | 0 |
| 00100 | 110101 | +2 | 100100 | −2 |
| 00101 | 100101 | 0 | 100101 | 0 |
| 00110 | 100110 | 0 | 100110 | 0 |
| 00111 | 100111 | +2 | 000111 | 0 |
| 01000 | 101011 | +2 | 101000 | −2 |
| 01001 | 101001 | 0 | 101001 | 0 |
| 01010 | 101010 | 0 | 101010 | 0 |
| 01011 | 001011 | 0 | 001011 | 0 |
| 01100 | 101100 | 0 | 101100 | 0 |
| 01101 | 101101 | +2 | 000101 | −2 |
| 01110 | 101110 | +2 | 000110 | −2 |

（续）

| 输入码组 | 输出码组 | | | |
| --- | --- | --- | --- | --- |
| | 正模式 | 数字和 | 负模式 | 数字和 |
| 01111 | 001110 | 0 | 001110 | 0 |
| 10000 | 110001 | 0 | 110001 | 0 |
| 10001 | 111001 | +2 | 010001 | −2 |
| 10010 | 111010 | +2 | 010010 | −2 |
| 10011 | 010011 | 0 | 010011 | 0 |
| 10100 | 110100 | 0 | 110100 | 0 |
| 10101 | 010101 | 0 | 010101 | 0 |
| 10110 | 010110 | 0 | 010110 | 0 |
| 10111 | 010111 | +2 | 010100 | −2 |
| 11000 | 111000 | 0 | 011000 | −2 |
| 11001 | 011001 | 0 | 011001 | 0 |
| 11010 | 011010 | 0 | 011010 | 0 |
| 11011 | 011011 | +2 | 001010 | −2 |
| 11100 | 011100 | 0 | 011100 | 0 |
| 11101 | 011101 | +2 | 001001 | −2 |
| 11110 | 011110 | +2 | 001100 | −2 |
| 11111 | 001101 | 0 | 001101 | 0 |

该5B6B码具有如下特点：连1或连0最大长度是5；相邻码元由1变为0或由0变为1的转移概率为0.5915；误码扩散最大数为5，平均值为1.281；"数字和"变化范围为−3～3，变差值为6，利用这一特性可在正常工作时进行误码监测。

5B6B码虽然增加了20%的码速，但却换取了便于提取定时、低频分量小、可实时监测传输质量和迅速分组同步等优点，因而已广泛应用于PCM高次群光纤数字传输系统中。

同样，按5B6B类似的方法，可以构成4B5B码组，目前在光纤分布式数据接口（FDDI）的网络中采用这种传输码型，经4B5B编码后，FDDI信号传输率提高到125Mbit/s。

一些公司已研制和生产出了很多种码变换专用集成电路，为用户带来极大的方便。

### 2.3.3　数字信号载波传输技术

在信息网络和通信系统中，数字与数据信号除利用基带传输方式外，还常常采用载波传输技术，即将数字或数据进行载波调制，以调制信号方式在线路或介质中传送。

当前应用最为广泛的是通过传统的模拟电话网或载波电话传输系统，方便、灵活地实现计算机用户，特别是分散用户的接入、连网及数据或数字通信。此时，需要将输入的二进制信息加以调制，进行频谱搬移，使所占频率范围与电话信道的频带相匹配，以便在电话系统中传送。显然，数据在这种信道进行的是波形传输，一般说来，所需的数据传输设备（或称数传机）除应完成调制与解调功能外，还需包括定时产生、波形形成、定时与载波恢复、信道特性均衡及差错控制等部分。典型数据通信系统如图2-14所示。

按所用信道的不同，数据传输设备可分为有线与无线数传机；按所占频带的不同，又可

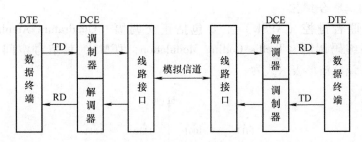

图 2-14　典型数据通信系统

分为话路（300～3400Hz）与群路（如基群 60～108kHz、超群 312～552kHz 等）数传机。除长途载波干线外，一般均采用话路数传机（或简称为数据调制解调器，通常记作 Modem）。Modem 所能采用的调制方式很多，常用的有以下三类。

### 1. 频率键控（FSK）

FSK 方式以两个不同的频率来表示二进制数据的 1 和 0，其调制波形如图 2-15 所示。FSK 方式主要用于低速（≤1200 bit/s）Modem。

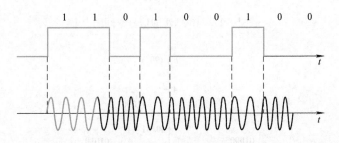

图 2-15　FSK 信号的波形

### 2. 差分相位键控（DPSK）

多用 4 相和 8 相 DPSK（记作 4DPSK，8DPSK），其相对相位变化规则如图 2-16 所示。图 2-16a 中的实线矢量（0°，90°，180°，270°）表示 4DPSK 的 A 类调制方式，虚线矢量（45°，135°，225°，315°）表示 4DPSK 的 B 类调制方式。目前 DPSK 主要应用于中速（1200～4800bit/s）的 Modem。

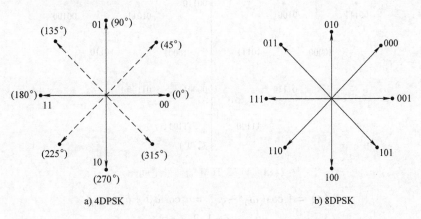

a) 4DPSK　　　　　　　　b) 8DPSK

图 2-16　4DPSK 与 8DPSK 载波相移矢量图

### 3. 幅度相位联合键控

　　幅度相位联合键控（APSK）主要包括正交调幅（Quadrature Amplitude Modulation，QAM）和网格编码调制（Trellis Coding Modulation，TCM），其信号空间图如图2-17和图2-18所示。调制波形表示式为

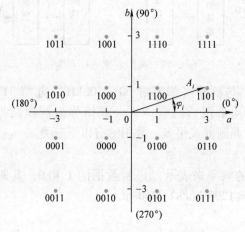

图 2-17　16QAM 的信号空间图

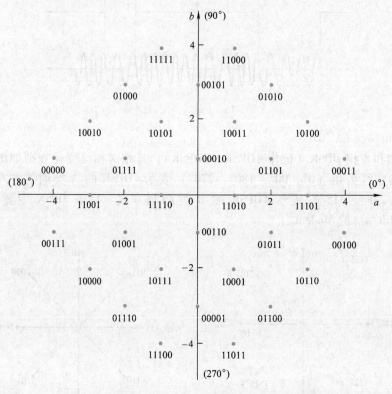

图 2-18　V. 32 TCM 的信号空间图

$$S_i(t) = A_i\cos(\omega_0 t + \varphi_i) = a_i\cos\omega_0 t + b_i\sin\omega_0 t$$

$$i = 1, 2, \cdots, N$$

　　此外，在无线移动通信网络中，还根据其特殊要求，利用诸如最小频移键控（MSK）、快速 FSK（FFSK）或连续相位 FSK（CP-FSK）、高斯滤波 MSK（GMSK）及 OK-4PSK、π/4 偏移差分正交编码 PSK（π/4 DCPSK 或 π/4 DQPSK）等新型数字调制方式。

　　为便于互通，ITU-T 对 Modem 的数据传输率、调制方式、线路工作方式、使用信道及接口性能等进行了标准化，形成了 V 系列建议，有关常用建议的摘要见表 2-4。

表 2-4　ITU-T V 系列 Modem 常用建议

| 建议 | 数据率/（kbit/s） | 调制方式 | 载频/Hz | 工作方式 | 线路 |
|---|---|---|---|---|---|
| V.21 | 0.3 | FSK | 1080/1750 | 双工 | 普通交换电话电路 |
| V.22 | 0.6/1.2 | 4DPSK | 1200/2400 | 双工 | 交换话路、租用电路 |
| V.23 | 0.6/1.2 | FSK | 1300/1700 或 1300/2100 | 半/全双工 | 普通交换电话电路 |
| V.26 | 2.4 | 4DPSK | 1800 | 双工 | 4 线租用话路 |
| V.27 | 4.8 | 8DPSK | 1800 | 半/全双工 | 租用电话电路 |
| V.29 | 9.6/7.2/4.8 | QAM/DPSK | 1700 | 半/全双工 | 4 线租用话路 |
| V.32 | 9.6/4.8 | TCM | 1800 | 双工 | 交换话路，2 线租用话路 |
| V.33 | 14.4/12 | 128/64QAM | 1800 | 双工 | 4 线租用话路 |
| V.35 | 48 | SSB-AM | 1800 | 双工 | 载波基群信道 |
| V.36 | 64 | SSB-AM |  | 双工 | （60~108kHz） |

## 2.3.4　时分复用技术

　　目前在通信系统和信息网络中，将信道共享方式分为频分复用（Frequency Division Multiplex，FDM）、时分复用（Time Division Multiplex，TDM）、空分复用（Space Division Multiplex，SDM）和码分复用（Code Division Multiplex，CDM）。

　　时分复用（Time Division Multiplex，TDM）是指多个用户在不同的时间段（时隙）占用或共享公共资源（如信道、介质等）的方法。它的基本原理是基于时隙的划分和分配，在实际中，时隙的划分有两类：一类是固定划分，即将信道分割成定长、周期性的时间段；另一类是可变划分，即将信道划分为变长的时间段。时隙的分配也可分为两类：一类是固定分配（静态分配），即将信道各时隙固定地或以帧为周期地分给用户；另一类是可变分配（动态分配或按需分配），即按用户的需要将信道时隙动态地分配给各用户。在现实应用中，PCM 复用系统与通常的电话交换、DDN 等属于采用固定划分和固定分配信道时隙工作方式；计算机局域网（LAN）的介质访问控制与通常的分组交换、帧中继（Frame Relay，FR）等属于采用可变划分和可变分配信道时隙工作方式；而对于异步转移模式（ATM）则采用固定划分和可变分配信道时隙的方式。

　　通常人们根据时隙对用户的分配关系，将固定分配归为同步时分复用（Synchronous Time Division Multiplex，STDM）；将可变或按需分配归为异步时分复用（Asynchronous Time Division Multiplex，ATDM），又称统计时分复用或智能时分复用。它们都是用于数字信号传输的复用方式，也是目前数字光纤传输干线上的主要使用方式。

　　1. 同步时分复用

　　STDM 的典型应用是 PCM 基群复用与传输系统。对于这种复用系统，目前国际上有两种制式：30/32 时隙的帧结构（欧洲体制，常简称为 E1 制式）和 24 时隙的帧结构（北美与日本体制，常简称为 T1 制式）。我国采用欧洲体制。

时分复用
TDM—E1
与T1制式1

G. 711 建议对 PCM 基群规定的主要技术参数见表 2-5。

表 2-5　PCM 基群的主要技术参数

| 参数 | 30/32 路制式 | 24 路制式 |
| --- | --- | --- |
| 语音频率/kHz | 300 ~ 3400 | 300 ~ 3400 |
| 抽样率/kHz | 8 | 8 |
| 量化层次 | 256 | 256 |
| 压缩律 | $A$ 律（$A = 87.6$） | $\mu$ 律（$\mu = 255$） |
| 编码位数（抽样） | 8 | 8 |
| 单路编码率/(kbit/s) | 64 | 64 |
| 帧长/$\mu$s | 125 | 125 |
| 时隙（帧） | 32 | 24 |
| 话路（帧） | 30 | 24 |
| 复用码流速/(kbit/s) | 2048 | 1544 |

按 ITU-T G. 732 建议，PCM E1 制式的帧长为 $125\mu s$，帧频为 8kHz，一帧包含 32 个时隙（记作 TS0 ~ TS31），每时隙有 8bit，占 $3.9\mu s$。其中 TS1 ~ TS15，TS17 ~ TS31 时隙固定分配并依次传送第 1 ~ 30 路语音各自的 8 位抽样编码组；TS0 时隙用于传送帧同步（0011011）、帧失步告警（A1）、子复帧差错校验（CRC）与同步码等信息；TS16 时隙传送复帧同步（0000）、复帧失步告警（A2）及各路相应的线路信令等控制信息。显然基群（E1）码流速率为 2.048Mbit/s，每复帧包括 16 帧，每子复帧包括 8 帧。PCM E1 复帧结构图如图 2-19 所示。

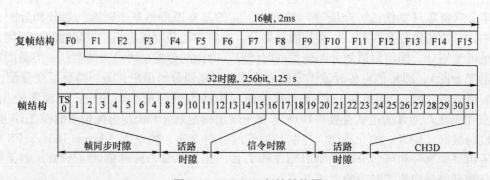

图 2-19　PCM E1 复帧结构图

若需要差错校验，则可利用 TS0 的第 1bit 传送有关信息，其中偶帧的第 1bit 供传送两子复帧的 CRC 余数 $C1 ~ C4$，$C1' ~ C4'$用；奇帧的第 1bit 供传送 CRC 的同步码（001011）与两子复帧差错指示码（E1，E2）用。

若利用同步或准同步复接技术，可将 PCM 低次群复用成高次群码流。对于欧洲和北美体制，PCM 二、三、四次群分别称为 E2、E3、E4 和 T2、T3、T4 制式，其复用关系、速率与路数见表2-6。

表2-6 PCM的复用等级

| 复用等级 | 欧洲、中国体制 | | 北美、日本体制 | |
|---|---|---|---|---|
| | 话路数 | 速率/（Mbit/s） | 话路数 | 速率/（Mbit/s） |
| PCM 基群 | 30 | 2.048 | 24 | 1.544 |
| PCM 二次群 | 120 | 8.448 | 96 | 6.312 |
| PCM 三次群 | 480 | 34.368 | 672（美） | 44.736 |
| | | | 480（日） | 32.064 |
| PCM 四次群 | 1920 | 139.264 | 4032（美） | 274.176 |
| | | | 1440（日） | 97.728 |
| PCM 五次群 | 7680 | 564.992 | | |

为适应大容量光纤数字通信网发展的需要，1985年美国贝尔实验室提出同步光网络（Synchronous Optical Network，SONET）标准，ITU-T也于1988年在SONET基础上形成了同步数字系列（Synchronous Digital Hierarchy，SDH）建议，其后又经修改并陆续推出多种新标准，为高速、大容量数字同步复用体制的广泛应用奠定了基础。这两种复用体制的等级、速率见表2-7。

表2-7 SONET、SDH的数字复用等级、速率

| SONET | | | SDH | |
|---|---|---|---|---|
| 制式（电） | 制式（光） | 速率/（Mbit/s） | 制式 | 速率/（Mbit/s） |
| STS-1 | OC-1 | 51.84 | STM-1 | 155.52 |
| STS-3 | OC-3 | 155.52 | | |
| STS-9 | OC-9 | 466.56 | STM-4 | 622.08 |
| STS-12 | OC-12 | 622.08 | | |
| STS-18 | OC-18 | 933.12 | 5760（日） | 397.200 |
| STS-24 | OC-24 | 1244.16 | | |
| STS-36 | OC-36 | 1866.24 | STM-16 | 2488.32 |
| STS-48 | OC-48 | 2488.32 | | |
| STS-96 | OC-96 | 4976.64 | STM-64 | 9953.28 |
| STS-192 | OC-192 | 9953.28 | | |
| ⋮ | ⋮ | ⋮ | ⋮ | ⋮ |

2. 异步时分复用

同步时分复用要求参与复接的各个支路的信号速率基本相同。如果各信源支路的速率可变，则同步时分复用无法进行。然而在实际应用中各信源支路的实际使用速率是变化的，因为各信源支路的信号速率由各用户信号复接而成。各瞬时的用户数不可能是相同的，因此在同步时分复用中，无用户使用的时隙将造成传输速率的浪费，降低了线路的带宽即频谱利用率。而且很多电信应用是为了进计算机网络查取信息，在这种应用中信息流量基本上是单向的，两个方向间的信息传输速率有很大的差异，此时也应使用异步时分复用（ATDM）。

异步时分复用（ATDM）应根据 ITU 关于异步传输模式（ATM）的相关规定进行。

ATM 复用技术的基本复接单元是具有固定长度的分组，称为 ATM 信元。分组的长度为 53 个字节，每字节含 8 个 bit，如图 2-20 所示。信元的前 5 个字节称为信头，放置与用户信息传送有关的控制信息，其余的 48 个字节放置用户信息。用户网络接口（UNI）和网络节点接口（NNI）处的信头结构稍有不同，图 2-20 中给出了它们的差别。

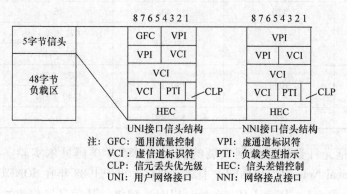

图 2-20　信元结构

UNI 信头第 1 字节的 5~8bit 用作通用流量控制（GFC）域，而 NNI 接口信头将其作为虚通道标识符（VPI）的一部分。虚通道指经呼叫请求后建立的信号传送通道。ATM 复用器的结构如图 2-21 所示，由信源 1，2，…，$P$ 来的 ATM 信元经复接后成为 155.52Mbit/s 数据流。与同步时分复用不同，ATM 不严格要求信元交替地从不同的源到来。从各个源来的信元可以按信元时延或优先级等传送要求任意排列。虽然信源输出的数据流速率不变，但是所含 ATM 信元数可变，间隔由特殊的空闲信元（idle cell）填充，复接输出数据流中也可含有空闲信元。

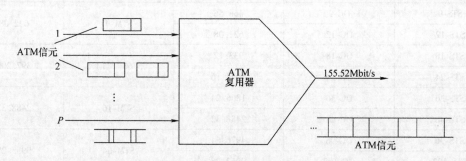

图 2-21　ATM 复用器的结构

相比同步时分复用，ATM 中的虚信道标识对应于同步时分复用中的时隙位置编号，但这两者之间有显著的差异，ATM 采用的是标识复用方式，各标识之间没有固定关系。由于 ATM 复用具有动态分配信道和带宽，兼高、中、低速信息业务于一体，使 ATM 技术成为 BISDN 的核心技术。ATM 技术的缺陷是信元中用于传送控制的信头要占用网络的传送带宽，导致系统频谱和功率利用率下降。

## 2.4　通信系统的性能指标

衡量通信系统性能优劣的基本指标有两个，即系统的有效性和可靠性。有效性指的是传输一定的信息量所消耗的信道资源数（带宽或时间）；而可靠性指的是接收信息的准确程度。有效性和可靠性这两个指标通常是矛盾的，只能根据需要及技术发展水平尽可能取得适当的统一。例如在一定的可靠性指标下，尽量提高信息的传输速度，或在一定的有效性条件下，使信息的传输质量尽可能高。模拟通信和数字通信对这两个指标要求的具体内容有很大差别。

### 2.4.1 模拟通信系统的性能指标

模拟通信系统的有效性用有效传输带宽度量，对于模拟通信系统，频带宽度越窄，则有效性越好。

可靠性用接收端最终输出的信号平均功率与噪声平均功率的比，即信噪比度量。信噪比越大，通信质量越高。如普通电话要求信噪比在 20dB 以上，电视图像则要求信噪比在 40dB 以上。信噪比由信号功率和传输中引入的噪声功率决定。

### 2.4.2 数字通信系统的性能指标

数字通信系统的有效性用传输速率来衡量，可靠性用差错率来衡量。

数字信号的一个主要特点是状态的离散性，这些离散值可以用符号加以表示。在计算机和数字通信中都是采用二进制数（符号）来表示任意一离散值。如离散信号只有两种状态，则用一位二进制符号的 1 和 0 表示，二进制信号是数字通信中最常用的信号。若离散信号的状态多于两种，则可用若干位二进制符号去表示。如 $M$ 进制的信号，指该信号有 $2^M$ 个状态，可以用 $\log_2 M$ 位二进制信号表示，当 $\log_2 M$ 不是整数时则应取大于此值的第一个整数。

单个的数字符号构成数字信号的基本单位，称为码元，数字信号以码元为单位进行传输。码元长度指每个码元延续的时间。码元携带有一定的信息量，一个二进制码元的信息量为 1bit，一个 $M$ 进制码元的信息量为 $\log_2 M$bit。定义单位时间传输的码元数为码元速率 $R_s$，又称波特率（Baud Rate），简记为 Bd。定义单位时间传输的信息量为信息速率 $R_b$，又称比特率（Bit Rate）。码元速率 $R_s$ 与信息速率 $R_b$ 之间的关系为

$$R_b = R_s \log_2 M \tag{2-13}$$

$$R_s = R_b / \log_2 M \tag{2-14}$$

如每秒钟传送 2400 个码元，则码元速率为 2400Baud；当采用二进制时信息速率为 2400bit/s；当采用四进制时信息速率为 4800bit/s。二进制的码元速率和信息速率在数量上相等，有时简称它们为数码率。

数字信号的传输带宽 $B$ 取决于码元速率 $R_s$，而码元速率和信息速率 $R_b$ 有着确定的关系。为了比较不同系统的传输效率，定义频带利用率为

$$\eta_b = R_b / B \tag{2-15}$$

其物理意义为单位频带能传输的信息速率，单位为 bit/(s·Hz)。

差错率用误比特率 $P_b$ 和误码元率 $P_s$ 表示，分别定义为

$$P_b = 错误比特数/传输总比特数 \tag{2-16}$$

$$P_s = 错误码元数/传输总码元数 \tag{2-17}$$

在二进制码中有 $P_b = P_s$，有时将误比特率称为误信率，误码元率称为误符号率，也称误码率。差错率越小，通信的可靠性越高。对 $P_b$ 的要求与所传输的信号有关，如传输数字电话信号时，要求 $P_b$ 在 $10^{-6} \sim 10^{-3}$，而传输计算机数据则要求 $P_b < 10^{-9}$。当信道不能满足要求时，必须加纠错措施。

◀ 思考与练习 ▶

2-1　什么是基带信号？试举出模拟基带信号与数字基带信号的实例。

2-2　什么是模拟信号？什么是数字信号？试举出这两种信号的实例。

2-3　什么是周期信号？什么是非周期信号？试举出这两种信号的实例。

2-4　什么是信道？按照用途划分，无线信道通信有哪些？按照频率范围和传播方式区分，无线信道有哪些？

2-5　在日常生活中所见到的通信系统如有线电视、调频（FM）广播、移动通信、市内电话、卫星电视，哪些利用有线信道通信？哪些利用无线信道通信？

2-6　模拟信号传输方式有哪三种？电话通信中，语音信号的频率限制在什么范围？分贝（dB）的含义是什么？

2-7　什么是载波调制？试述模拟信号的三种调制方式？

2-8　什么是频分复用 FDM？如果用最高频率为 4kHz 的信号波对载波进行调幅，AM 播送局在 400kHz 的带宽内可设置多少局？

2-9　振幅为 60V、频率为 2MHz 的载波，用频率为 2kHz 的信号波进行调幅，调制率为 80% 时，请回答如下问题：

（1）已调制波（AM 波）是用什么样的算式表示的？

（2）上边带、下边带的振幅及频率各为多少？

（3）占有频带幅宽是多少？

2-10　什么是信息码？ASCII 是什么码？

2-11　在数字通信中 PCM 指什么？每路电话数字化的标准速率是多少？

2-12　JPEG、H.261、MPEG 分别是什么标准？

2-13　什么是数字基带信号？试述曼彻斯特码、传号交替反转码（AMI）、5B6B 码型的特点及其典型应用。

2-14　什么是数字信号载波传输？试述常用载波调制方式 FSK、DPSK、APSK 的主要应用特点。

2-15　什么是时分复用 TDM？试述同步时分复用（STDM）与异步时分复用（ATDM）的差别与应用特点。

2-16　什么是通信系统的有效性和可靠性？模拟通信系统的有效性和可靠性分别用什么参数度量？数字通信系统的有效性和可靠性又分别用什么参数度量？

2-17　某二元码序列的信息速率是 2400bit/s，若改用八元码序列传送该消息，试求码元速率是多少？

2-18　某消息用十六元码序列传送时，码元速率是 300Baud。若改用二元码序列传输该消息，其信息速率是多少？

2-19　某消息以 2 Mbit/s 的信息速率通过有噪声的信道，在接收机输出端平均每小时出现 72 bit 差错，试求误比特率。

2-20　一个二元码序列以 $2 \times 10^6$ bit/s 的信息速率通过信道，并已知信道的误比特率为 $5 \times 10^{-9}$，试求出现 1bit 差错的平均时间间隔。

# 第3章

# 计算机网络基础

网络是把存在于不同地点的事物连接在一起的一个系统。在电气时代来临时，最重要的网络就是电网，随着通信技术的发展，电话网络又进入了千家万户。当信息时代悄然降临，伴随着计算机技术和通信技术的飞跃发展，计算机网络在各行各业发挥着令人难以预想的作用。

本章主要介绍计算机网络系统的基本概念、网络体系结构与协议、局域网组网技术。通过本章学习达成以下学习目标：了解通信网络的基本组成，熟悉计算机网络系统的组成与拓扑结构，熟悉网络传输介质，了解计算机网络体系架构与协议，熟悉 IP 地址规范，熟悉以太局域网基本工作原理，熟悉以太网设备及其功能，了解互联网接入方式，熟悉 Windows 网络操作系统，了解网络管理与网络安全的基本知识。

## 3.1 计算机网络概述

### 3.1.1 通信网络

通信网是由一定数量的节点（包括终端设备和交换设备）和连接节点的传输链路相互有机地组合在一起，以实现两个或多个规定点间信息传输的通信体系。为了使全网协调合理地工作，还要有各种规定，如信令方案、各种协议、网络结构、路由方案、编号方案、资费制度与质量标准等，这些均属于软件。即一个完整的通信网除了包括硬件设备以外，如图 3-1 所示，还要有相应的软件。

计算机网络

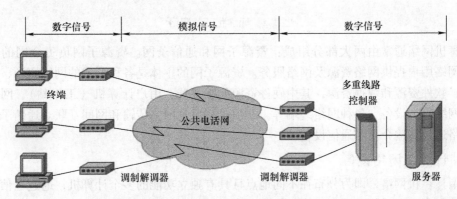

图 3-1　通信网络设备组成示意图

1）终端设备。终端设备是通信网中的源点和终点，不同的通信业务，对应有不同的终端设备。如：电话业务的终端设备就是电话机；数据业务的终端设备就是数据终端，如计算机、服务器等。终端设备有三个功能：一是将待传送的信息和在传输链路上传送的信号进行相互转换；在发送端，将信源产生的信息转换成适合在传输链路上传送的信号；在接收端则完成相反的变换。二是将信号与传输链路相匹配，由信号处理设备完成。三是用来产生和识别网内所需的信令（网络中传输的各种信号），以完成一系列控制作用。

2）交换设备。交换设备是现代通信网的核心。它的基本功能是完成接入交换节点链路的汇集，转接接续和分配，实现一个呼叫终端（用户）和它所要求的另一个或多个用户终端之间的路由选择的连接。目前主要采用的接续方式有电路交换方式，还有类似电报传送的报文交换方式，以及分组交换方式（本节计算机网络分类中详述）。

3）传输链路。传输链路是网络节点间信息和信号的传输通路。它除对应于信道部分连接媒介外，还包括一部分变换和反变换装置。信道有狭义信道和广义信道之分，狭义信道是单纯的传输媒介（如电缆、空间等）；广义信道除了传输媒介以外，还包括相应的变换设备。

### 3.1.2 计算机网络

计算机网络的产生始于 20 世纪 50 年代，源于 CPU、外设、软件、数据等资源共享的需求，大型项目的合作，人与人之间的沟通需求。计算机网络的发展经历了以主机为中心的联机终端网络、以通信子网为中心的主机互联网络和具有层次化体系结构的标准化开放网络三个阶段。

标准化开放网络如图 3-2 所示。计算机网络的主要功能是实现数据通信、资源共享、分布处理。

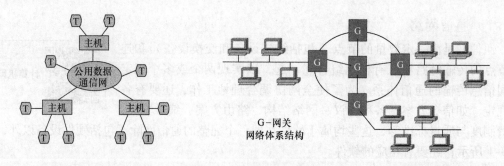

图 3-2 标准化开放网络

计算机网络通常由两大部分组成：资源子网和通信子网。资源子网负责全网的数据处理，向网络用户提供网络资源及网络服务。资源子网的主体是各种形式的网络资源，包括硬件资源、软件资源和数据资源，其中硬件资源如服务器、用户计算机（工作站）、网络存储系统、网络数据设备、各种网络终端等。通信子网负责网络传输和网间互联。通信子网的主体是网络通信传输介质和通信设备。

### 3.1.3 计算机网络设备

所谓计算机网络，即为分布在不同地点且具有独立功能的多个计算机，通过通信设备和线路连接起来，在功能完善的网络软件运行下，以实现网络中资源共享和信息传送为目标的系统网络。

中型计算机局域网如图 3-3 所示，计算机网络中的硬件设备包括网络终端、网络传输介质、网络接口部件、网络互联设备以及网络安全设备。

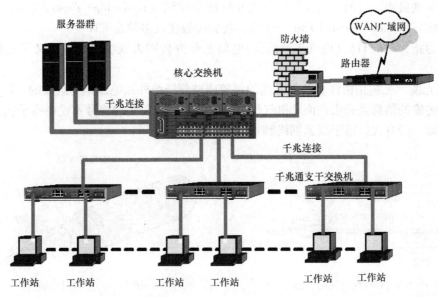

图 3-3 中型计算机局域网

### 1. 网络终端

网络终端指计算机网络的各种计算机、服务器以及打印机、绘图仪等各种硬件资源，可以说是用户直接使用和操作的设备，功能各异，种类繁多，包括现在广泛应用的网络摄像机、网络控制器等。

工作站（Client）是每一台连到网络上的个人计算机（PC）。广义上，工作站是网络上的用户，人机交互界面，支持多种网络协议，通常支持最广泛使用的 TCP/IP。

服务器是网络服务之核心，其实质上是一台或多台规模较大、配置较高的计算机（具备高速处理及快速存取功能的存储器），提供文件服务、打印服务、邮件服务等网络服务。

### 2. 网络传输介质

网络传输介质即为网络数据传输的载体，不同的传输介质带来了不同的网络性能，常用的计算机网络传输介质有同轴电缆、双绞线以及光缆，当不易布线时，可采用无线传输介质。

（1）同轴电缆　同轴电缆由内部导体环绕绝缘层以及绝缘层外的金属屏蔽网和最外层的护套组成，如图 3-4 所示。这种结构的金属屏蔽网可防止内部导体向外辐射电磁场，也可用来防止外界电磁场干扰内部导体的信号，所以同轴电缆具有较高的抗电磁干扰能力。

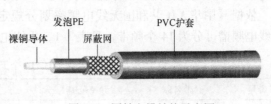

图 3-4 同轴电缆结构示意图

同轴电缆有很好的保密性和抗干扰性。同轴电缆的频带宽度要比双绞线宽得多，其上限频率一般可达到几百兆赫兹以上。衰减与频率的二次方根成正比，因此在远距离传输和宽带工作时仍需要用到均衡器。

（2）双绞线　双绞线（Twisted Pair，TP）是 4 对相互按一定节距绞合在一起的传输媒体，如图 3-5 所示，每根线加绝缘层并有色标来标识。成对线的扭绞旨在使电磁辐射和外部电磁干扰减到最小。目前，双绞线可分为非屏蔽双绞线（Unshielded Twisted Pair，UTP）和屏蔽双绞线（Shielded Twisted Pair，STP）。我们接触比较多的是 UTP。

迄今为止，EIA/TIA（电气工业协会/电信工业协会）为双绞线电缆定义了七种不同质量的型号。

（3）光缆　光缆是由许多细如发丝的塑胶或玻璃纤维外加绝缘护套组成的，如图3-6所示。光纤传输的信息是光束，而非电气信号。因此，光纤传输的信号不受电磁干扰，传输稳定，质量高，带宽大，适于高速网络和骨干网。

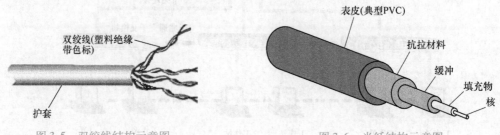

图 3-5　双绞线结构示意图　　　　　图 3-6　光纤结构示意图

根据光束在光纤中传输方式不同，光纤分为多模光纤和单模光纤。单模光纤中由于减少了反射过程中光能量被色层材料的吸收，损耗小，通常能传输更长的距离和达到更高的数据速率；单模光纤较多模光纤更细。

光纤通信系统的基本结构如图3-7所示，利用光缆连接网络，每端必须连接光/电转换器，另外还需要一些其他辅助设备。

图 3-7　光纤通信系统的基本结构

（4）无线传输介质　无线传输介质是指在两个通信设备之间不使用任何物理的连接器，通常这种传输介质通过空气进行信号传输。无线传输介质主要有无线电、微波及红外线。从理论上讲，无线传输介质最好应用于难以布线的场合或远程通信。

依据《中华人民共和国无线电频率划分规定》，无线电波的频率规定在 3000GHz 以下，无线电频谱可分为 14 个频带，见表3-1，无线电频率以 Hz（赫兹）为单位。

表3-1　14 个无线电频带

| 带号 | 频带名称 | 频率范围 | 波段名称 | 波长范围 |
|---|---|---|---|---|
| -1 | 至低频（TLF） | 0.03～0.3Hz | 至长波或千兆米波 | 10000～1000Mm（兆米） |
| 0 | 至低频（TLF） | 0.3～3Hz | 至长波或百兆米波 | 1000～100Mm（兆米） |
| 1 | 极低频（ELF） | 3～30Hz | 极长波 | 100～10Mm（兆米） |
| 2 | 超低频（SLF） | 30～300Hz | 超长波 | 10～1Mm（兆米） |
| 3 | 特低频（ULF） | 300～3000Hz | 特长波 | 1000～100km |
| 4 | 甚低频（VLF） | 3～30kHz | 甚长波 | 100～10km |

（续）

| 带号 | 频带名称 | 频率范围 | 波段名称 | 波长范围 |
|------|----------|----------|----------|----------|
| 5 | 低频（LF） | 30～300kHz | 长波 | 10～1km |
| 6 | 中频（MF） | 300～3000kHz | 中波 | 1000～100m |
| 7 | 高频（HF） | 3～30MHz | 短波 | 100～10m |
| 8 | 甚高频（VHF） | 30～300MHz | 米波 | 10～1m |
| 9 | 特高频（UHF） | 300～3000MHz | 分米波 | 10～1dm |
| 10 | 超高频（SHF） | 3～30GHz | 厘米波 | 10～1cm |
| 11 | 极高频（EHF） | 30～300GHz | 毫米波 | 10～1mm |
| 12 | 至高频（THF） | 300～3000GHz | 丝米波或亚毫米波 | 10～1dmm（丝米） |

使用无线电的时候，需要考虑的一个重要问题是电磁波频率的范围（频谱）是相当有限的。其中大部分都已被电视、广播以及重要的政府和军队系统占用，见表3-2。因此，只有很少一部分留给网络计算机使用，而且这些频率大部分都由国内"无线电管理委员会（无委会）"统一管制。如果设备使用的是未经管制的频率，如 902～925MHz、2.4GHz（全球通用）、5.72～5.85GHz，则功率必须在1W以下。

表3-2 无线电频带用途

| 名称 | 频率范围 | 波长 | 主要传播方式 | 用途 |
|------|----------|------|--------------|------|
| 甚低频 VLF | 3～30kHz | | | 电话 |
| 低频（长波） | 30～300kHz | 1～10km | 地表面波传播 | 导航广播（远距离） |
| 中频（中波） | 300～3000kHz | 0.1～1km | 地表面波传播 | AM广播（船舶、飞行通信） |
| 高频（短波） | 3～30MHz | 10～100m | 地表面波、电离层反射传播 | （民用波段）调幅广播 |
| 甚高频 VHF | 30～300MHz | 1～10m | 直射波传播、对流层散射传播 | TV和FM广播 |
| 特高频 UHF | 300～3000MHz | 1m | 直射波传播 | TV |
| 超高频 SHF | 3～30GHz | | 地面和卫星 | 微波 |
| 极高频 EHF | 30～300GHz | | | 实验 |
| 红外 | >300GHz | | | TV远程控制 |

无线电波可以穿透墙壁，也可以到达普通网络线缆无法到达的地方。利用无线电链路连接的网络，现在已有相当坚实的工业基础，在业界也得到迅速发展。

网络接口部件（网卡）功能

## 3. 网络接口部件

网络接口部件（Network Interface Card，NIC）即通常所说的网卡，对组网来说，网卡是PC上最重要的设备之一。网络上的每台计算机（包括服务器和客户机）都需要一块网卡，是网卡提供了PC与网络物理介质（比如铜线或光缆）之间的连接。

网卡不仅提供了计算机到网络的物理连接，它同时还具有一种重要的数据转换功能，如图3-8所示。数据在PC的总线系统中并行传输，而网络介质要求串行传输，网卡上的收发器能够将并行数据转换为串行数据，或者进行相反的转换。

网卡还提供基本的寻址功能，在网络上把一台计算机上的数据送到另一台计算机上，依

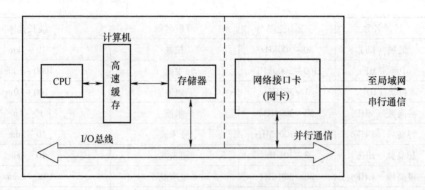

图 3-8　计算机通过网卡和局域网进行通信

据网卡的硬件地址（MAC 地址）。硬件地址在网卡出厂时被烧制在网卡的只读存储器上，并且是唯一的。

网卡能够对信道中的信息进行侦听，并根据自身的 MAC 地址识别自己应该接收的信息。当与网卡连接的计算机或其他设备做好接收信息的准备后，网卡便将从外部接收的信息提交给这些设备；当与网卡连接的计算机或其他设备需要向外界发送信息时，网卡会在信道信息流中寻找间隙，并将信息送上信道。

4. 网络互联设备

网络互联设备为两个网络连接提供基本的物理接口，更重要的是要协调网络之间的通信协议，处理速率与带宽的差别，实现一个网络与另一个网络的互访与通信。网络互联设备包括中继器（Repeater）、集线器（Hub）、交换机（Switch）、路由器（Router）、无线接入设备（Access Point）、调制解调器（Modem）等。网络交换机如图 3-9 所示，路由器如图 3-10 所示，是计算机局域网中大量使用的网络互联设备。网络互联设备的功能在本章第 3 节介绍。

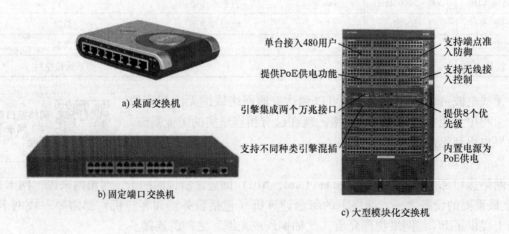

a) 桌面交换机

b) 固定端口交换机

单台接入480用户

提供PoE供电功能

引擎集成两个万兆接口

支持不同种类引擎混插

支持端点准入防御

支持无线接入控制

提供8个优先级

内置电源为PoE供电

c) 大型模块化交换机

图 3-9　常见网络交换机

交换机又称网络开关，交换机通过对信息进行重新生成，并经过内部处理后转发至指定端口；交换机具备自动寻址能力和交换作用。广义的交换机就是一种在通信系统中完成信息交换功能的设备，是专门设计使计算机能够相互高速通信、独享带宽的网络设备。

路由器是一种连接多个网络（局域网和广域网）或网段的网络设备，它能在不同网络或网段之间进行数据信息的"翻译"，以使它们能够相互"读懂"对方的数据，从而构成一个更大的网络。路由器是依赖于协议工作，在使用某种协议进行数据的转发时，它们必须被设计或配置成为能够识别该种协议。

图 3-10 路由器

### 5. 网络安全设备

网络中应用的典型安全设备是防火墙（Firewall），用来保护和维护网络安全。防火墙对网络中流经它的所有通信数据包进行扫描，以期过滤掉一些非法的数据包，避免其在目标计算机上被执行，干扰网络安全。

## 3.1.4 计算机网络的拓扑结构

网络拓扑结构是指用传输媒体互联各种设备的物理布局。将参与网络工作的各种设备用媒体互联在一起有多种方法，但实际上只有几种方式能适合网络的工作。

如果一个网络只连接几台设备，最简单的方法是将它们都直接相连在一起，这种连接称为点对点连接。用这种方式形成的网络称为全互联网络，如图 3-11 所示。

图 3-11 中有 6 个设备，在全互联情况下，需要 15 条传输线路。如果要连的设备有 $n$ 个，所需线路将达到 $n(n-1)/2$ 条。显而易见，这种方式只有在涉及地理范围不大、设备数很少的条件下才有使用的可能。目前大多数网络使用的拓扑结构有三种：星形拓扑结构、环形拓扑结构和总线型拓扑结构。

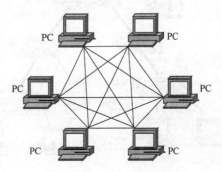

图 3-11 全互联网络拓扑结构

### 1. 星形拓扑结构

星形结构是最古老的一种连接方式，大家每天都使用的电话属于这种结构，如图 3-12 所示。其中，图 3-12a 为电话网的星形结构，图 3-12b 为目前使用最普遍的以太网（Ethernet）星形结构，处于中心位置的网络设备称为集线器，英文名为 Hub。

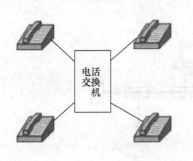

a) 电话网的星形结构

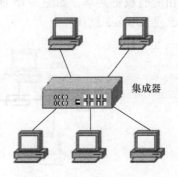

b) 以太网星形结构

图 3-12 星形网络拓扑结构

　　这种结构便于集中控制,因为端用户之间的通信必须经过中心站。由于这一特点,也带来了易于维护和安全等优点。端用户设备因为故障而停机时也不会影响其他端用户间的通信。但这种结构非常不利的一点是,中心系统必须具有极高的可靠性,因为中心系统一旦损坏,整个系统便趋于瘫痪。对此中心系统通常采用双机热备份,以提高系统的可靠性。

　　这种网络拓扑结构的一种扩充便是星形树,即树形网络拓扑结构,如图 3-13 所示。每个 Hub 与端用户的连接仍为星形,Hub 级连而形成树。然而,Hub 级连的个数是有限制的,并随厂商的不同而有变化。另外,以 Hub 构成的网络结构,虽然呈星形布局,但它使用的访问媒体的机制却仍是共享媒体的总线方式。

　　**2. 环形拓扑结构**

　　环形结构在 LAN 中使用较多。这种结构中的传输媒体从一个端用户到另一个端用户,直到将所有端用户连成环形,如图 3-14 所示。这种结构显而易见消除了端用户通信时对中心系统的依赖性。环上传输的任何报文都必须穿过所有端点,因此,如果环的某一点断开,环上所有端间的通信便会终止。双环结构可克服这种网络拓扑结构的脆弱性,每个端点除与一个环相连外,还连接到备用环上,当主环故障时,自动转到备用环上。

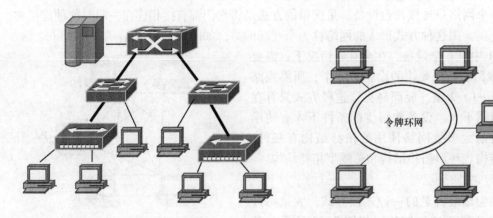

图 3-13　树形网络拓扑结构　　　　　　　　图 3-14　环形网络拓扑结构

　　**3. 总线型拓扑结构**

　　总线结构是使用同一媒体或电缆连接所有端用户的一种方式,也就是说,连接端用户的物理媒体由所有设备共享,如图 3-15 所示。总线网络通常使用粗或细同轴电缆,采用以太网 10Base5 或 10Base2 结构。

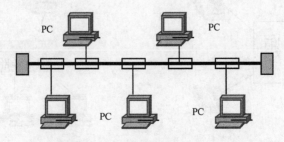

图 3-15　总线型网络拓扑结构

　　在总线网络上,当计算机发送一条消息时,消息到达总线的每台计算机上。每个网络接口卡都会检验消息头，以确定消息是否对应于该计算机地址，如果不是，则废弃这条消息。

总线结构的网络布局非常简单且便于安装，由于它比其他拓扑形式使用的电缆少，所以价格相对较低，通常应用于中小型网络。

### 3.1.5 计算机网络的分类

由于计算机网络的广泛使用，目前在世界上已出现了各种形式的计算机网络，对网络的分类方法也很多。从不同的角度观察网络、划分网络，有利于全面了解网络系统的各种特性。

#### 1. 按网络节点分布分类

计算机网络可分为局域网（Local Area Network，LAN）、广域网（Wide Area Network，WAN）和城域网（Metropolitan Area Network，MAN）。

局域网是一种在小范围内实现的计算机网络，特点是结构简单，布线容易，覆盖的地理范围比较小，不超过几十公里；具有较高的数据传输速率，从最初的 1Mbit/s 到后来的 10Mbit/s、100Mbit/s，近年来已达到 1000Mbit/s、10000Mbit/s；局域网具有较低的延迟和误码率，其误码率一般为 $10^{-11} \sim 10^{-8}$；局域网的经营权和管理权属于某个机构单位所有，实现数据通信和资源共享。局域网距离可在十几公里以内，信道传输速率较高。

广域网范围很广，可以分布在一个省内、一个国家或几个国家。广域网信道传输速率较低，结构比较复杂。广域网适应大容量与突发性通信要求，适应综合业务服务的要求，采用开放的设备接口与规范化协议，具有完善的通信服务与网络管理。互联网（Internet）是目前最大的广域网。

城域网是在一个城市内部组建的计算机信息网络，网络连接距离在 10～100km，提供全市的信息服务。虽然网络连接距离上与广域网相似，但与广域网技术区别较大，因为城域网在传输技术上使用与广域网不一样的通信规则——城域网通信规则。目前，我国许多城市正在建设城域网。

#### 2. 按交换方式分类

计算机网络可分为电路交换网络（Circuit Switching）、报文交换网络（Message Switching）和分组交换网络（Packet Switching）。

电路交换最早出现在电话系统中，早期的计算机网络就是采用此方式来传输数据的，数字信号转换成为模拟信号后才能在线路上传输。电路交换在一对站点之间建立一条实际的物理电路，供本次通信专用。电路交换分为电路建立、数据传输和电路拆除三个阶段。如图 3-16a 所示，A-D 电路的建立过程是，首先用户 A 向节点 4 发出含有源站点和目标站点地址的"呼叫请求"，节点 4 收到"呼叫请求"后启动路由选择算法，选择与之相连的下一个节点……以此类推，直至节点 D，节点 D 收到"呼叫请求"后，反馈信息，电路建立；然后，节点 A 向节点 D 传输数据，数据传输完毕，拆除电路，空出传输链路提供给其他用户使用。

报文交换是数字化网络的一种数据交换技术。当通信开始时，源机将数据、地址与控制信息按一定的格式构成一个数据单元（报文），发送给连接源机的通信网的节点设备（如交换机）；交换机接收报文、进行差错校验和存储，而后根据报文的目的地址选择合适的路径，当所需要的传输线路空闲时，即将报文发送出去，这种数据交换方式称为*存储-转发方式*，如图 3-16b 所示。报文交换不管发送的数据长度是多少，都将其与目标地址、源地址

电路交换

及控制信息按一定的格式打包成一个报文。

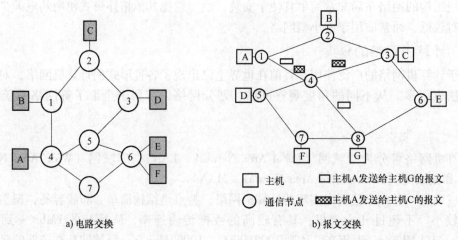

a) 电路交换　　　　　　　　　　　b) 报文交换

图 3-16　交换方式

　　分组交换也采用报文传输，但它不是以不定长的报文做传输的基本单位，而是将一个报文划分为许多定长的报文分组，以分组作为传输的基本单位，如图 3-17 所示。这不仅大大简化了对计算机存储器的管理，而且加速了信息在网络中的传播速度。由于分组交换优于电路交换和报文交换，具有许多优点，因此它已成为计算机网络的主流。

报文交换

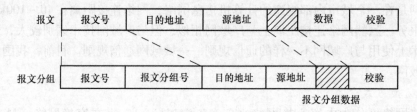

图 3-17　报文分组格式

### 3. 按通信介质分类

　　计算机网络可分为有线网和无线网，有线网采用同轴电缆、双绞线、光纤等物理介质来传输数据，无线网采用卫星、微波、红外、激光等无线方式来进行信息交换。

分组交换

## 3.2　网络体系结构和协议

### 3.2.1　计算机进程通信与协议概念

#### 1. 进程

　　为了提高计算机系统的效率，增强计算机系统内各种硬件的并行操作能力，目前的计算机系统均提供了多任务并行环境。多道程序在执行时，需要共享系统资源，从而导致各程序在执行过程中出现相互制约的关系，程序的执行表现出间断性的特征。这些特征都是在程序的执行过程中发生的，是动态的过程，而传统的程序本身是一组指令的集合，是一个静态的概念，无法描述程序在内存中的执行情况，即我们无法从程序的字面上看出它何时执行，何时停顿，也无法看出它与其他执行程序的关系，因此，程序这个静态概念已不能如实反映程序并发执行过程的特征。为了深刻描述程序动态执行过程的性质，人们引入"进程（Process）"概念。狭义定义"进程"就是一段程序的执行过程。广义定义"进程"是一段具有独立功能的程序，是一次程序及其数据在处理机上顺序执行时所发生的活动。

进程是计算机操作系统结构的基础，是操作系统动态执行的基本单元。进程的概念主要有两点：第一，进程是一个实体。每一个进程都有它自己的地址空间，一般情况下，包括文本区域（text region）、数据区域（data region）和堆栈区域（stack region）。文本区域存储处理器执行的代码；数据区域存储变量和进程执行期间使用的动态分配的内存；堆栈区域存储活动过程调用的指令和本地变量。第二，进程是一个"执行中的程序"。程序是一个没有生命的实体，只有处理器赋予程序生命时，它才能成为一个活动的实体，我们称其为进程。

### 2. 进程通信

由于不同的进程运行在各自不同的内存空间中，不同的进程之间，即使是具有家族联系的父子进程，都具有各自不同的进程映像。一方对于变量的修改另一方是无法感知的。因此，进程之间的信息传递不可能通过变量或其他数据结构直接进行，只能通过进程间通信来完成。进程之间互相交换信息的工作称为进程通信（InterProcess Communication，IPC）。并发进程之间的交互必须满足两个基本要求：同步和通信。

进程同步（互斥）是一种进程通信，通过修改信号量，进程之间可建立起联系，相互协调运行和协同工作。进程协同工作时，需要互相交换信息，有些情况下进程间交换少量信息，有些情况下进程间交换大批数据。根据进程通信时信息量大小的不同，可以将进程通信划分为两大类型：控制信息的通信和大批数据信息的通信。前者称为低级通信，后者称为高级通信。低级通信主要用于进程之间的同步、互斥、终止、挂起等控制信息的传递。低级通信机制适用于集中式操作系统。高级通信机制既适用于集中式操作系统，又适用于分布式操作系统。进程间的通信机制有信号（signal）通信机制、共享存储区（shared memory）通信机制、共享文件（shared file）通信机制、消息传递（message passing）通信机制和套接字（socket）通信机制等。

### 3. 计算机通信

计算机之间的通信是通过通信双方计算机中的进程之间的通信实现的。进程之间的通信是各进程之间相互制约的等待或互通消息。在同一计算机系统中，进程之间的通信可以通过设置共享区的方式实现，如图3-18所示，共享内存，共享系统缓冲区，共享文件。不同计算机系统之间的进程通信，如图3-19所示，需要通过网络，跨越通信线路才能得以实现。首先，在计算机上需要有通信接口和通信线，将计算机连入网络。此外，计算机之间的通信需要通信软件的支持，如图3-20所示，通信软件一般可分为三个部分：通信接口程序、网络控制程序和网络应用程序。

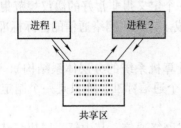

图3-18 计算机内进程之间的通信

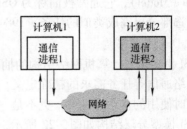

图3-19 不同计算机系统之间的进程通信

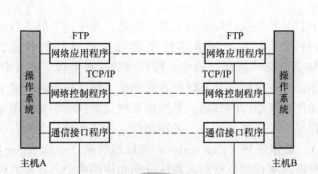

图 3-20　进程通信的软件组成

#### 4. 通信协议

通信协议实际上是一组规定和约定的集合。两台计算机在通信时必须约定好本次通信做什么，是进行文件传输，还是发送电子邮件；怎样通信，什么时间通信等。因此，通信双方要遵从相互可以接受的协议（相同或兼容的协议）才能进行通信。通信协议三要素：语义、语法和时序规则。

1）语义：确定通信双方的通信内容（what to do）。

2）语法：确定通信双方通信时数据报文的格式（how to do）。

3）时序规则：指出通信双方信息交互的顺序（when to do），如建链、数据传输、数据重传、拆链等。

例如：两台计算机之间进行文件传输，主机 A（发送方）发文件给主机 B（接收方）。首先需要定义双方进行通信的协议（双方约定好通信的格式），可以自己定义简单的文件传输协议，如图 3-21 所示。

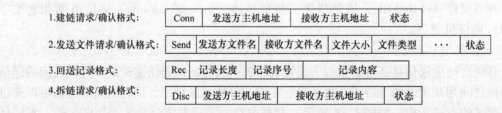

图 3-21　简单的文件传输协议示意图

### 3.2.2　ISO 与 OSI 网络体系结构

20 世纪 70 年代末，国际标准化组织（International Standard Organization，ISO）开始为网络通信开发一种概念性的模型，称为开放系统互联参考模型（Open Systems Interconnection Reference Model），它通常被简称为 OSI 模型。OSI 是一个定义得非常好的协议规范集，并有许多可选部分可完成类似的任务，1984 年，这个模型成了计算机网络通信的国际标准。

#### 1. OSI 分层架构

OSI 模型是对计算机网络结构的抽象描述（参照计算机系统的分层体系结构），是对计算机网络通信等任务需求的精确定义。OSI 模型不是一个通信标准，而只是一个制定网络通信协议时使用的概念性框架，更不是一种网络协议。

OSI 模型分层结构如图 3-22 所示，用 7 个层次描述网络通信，其中每一层执行某一特定任务，该模型的目的是使各种硬件在相同的层次上相互通信。OSI 模型的高层（应用层、表示层、会话层和传输层，即第 7 层、第 6 层、第 5 层和第 4 层）定义了应用程序的功能（资源子网）；下面 3 层（网络层、数据链路层和物理层，即第 3 层、第 2 层和第 1 层）主要定义面向网络的端到端的数据流（通信子网）。下面简单介绍每层的主要功能和常用协议。

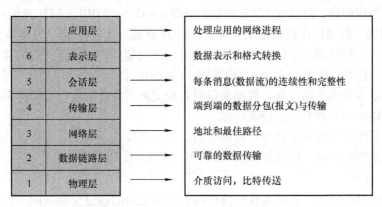

图 3-22　OSI 模型分层结构

（1）应用层　应用层的作用是对应用程序的通信服务，在相同的底层通信协议基础上，采用不同协议满足不同类型的应用要求。协议如 Telnet、HTTP、FTP、WWW、SNMP 等。

（2）表示层　表示层为应用进程之间传输数据提供表示方法。表示层的主要任务是定义数据格式，像 ASCII 文本、二进制数据、BCD 和 JPEG。字符集转换和数据压缩、加密也被 OSI 定义为表示层服务。协议如 ASCII、JPEG、MPEG 等。

（3）会话层　会话层向表示层提供建立和使用连接的方法，该层可以当做用户和网络的接口。会话层定义了如何开始、控制和结束一个交谈（称为会话），包括对多个双向消息的控制和管理，以便在只完成连续消息的一部分时可以通知应用层，从而使得表示层看到的输入数据流是连续的和完整的。协议如 RPC、SQL、NFS、AppleTalk ASP 等。

（4）传输层　它是 OSI 模型中的最核心层，作用是从会话层接收数据，把它们划分为较小的单元（报文），再传给网络层，并确保到达对方的各段信息正确无误。传输层的基本功能一是实现两个系统的无差错的分组传输，二是完成端对端的差错纠正和流量控制；并且，这一层还在同一主机上对不同应用的数据流输入进行分类、编码、排序复用，还具有对收到的顺序不对的数据包进行纠错重新排序、上报会话层的功能。网络层不能提供无差错的报文传输，无法对通信子网加以控制，这些问题都由传输层负责解决。协议如 TCP、UDP、SPX 等。

（5）网络层　网络层负责为异地子网上两个终端用户之间的数据传输选择路径、提供连接通路。网络层是通信子网的最高层，是通信子网和资源子网的接口。网络层定义了能够标志所有端点的逻辑地址；为使包（分组报文）能够正确传输，本层还定义了路由实现方式和路由学习方法。为了适应最大传输数据长度小于包长度的传输要求，网络层还定义了如何将一个包分解成更小包的分段方法（注意：不是所有的网络层协议都有分段功能）。数据链路层只能解决两个相邻节点之间的通信问题。协议如 IP、IPX、AppleTalk DDP 等。

（6）数据链路层　数据链路层对传输操作进行严格的控制和管理，实现真正有效的和可靠的数据传输。数据链路层协议建立在物理层基础之上，通过这些协议能够在不可靠的物理链路上实现可靠的数据传输。数据链路层对物理层传来的原始数据位流进行处理（建立链路、发送、传输、结束、拆除 5 个通信阶段中数据编码、同步方式、传输控制字符、差错控制、传输速率等进行规定），解决两个相邻节点之间的通信问题。物理层只是提供比特流的通道，而不能处理数据传输过程中出现的异常情况，协调通信。在这里，链路是指数据传输中任何两个相邻节点间点到点的物理连接，数据链路是一个数据通道，它由链路与用以控制数据传输的规程构成。协议如 IEEE 802.2、IEEE 802.3、FDDI、ATM 及帧中继等。

（7）物理层    物理层在物理信道实体之间合理地通过中间系统，为比特传输所需要的物理连接的激活、保持和去激活提供机械的、电气的功能特性和规程特性的规定。激活指建立连接，去激活指释放资源。注意：物理层不是指连接计算机的具体物理设备或具体介质。物理层的功能是在数据终端设备、数据通信设备和交换设备之间建立、保持和拆除链路，并向数据链路层提供一个透明的比特流传输。

物理层通常用多个规范完成对所有细节的定义，连接头、电流、编码及光调制等都属于各种物理层规范中的内容。协议如 EIA/TIA 232、V.35 及 RJ45 等。

2. OSI 层间通信

根据 OSI 的分层架构，若要实现网络中两台主机之间的信息交换，同一台计算机中的上下层间以及不同计算机之间的同一层间必然要进行通信。图 3-23 为两台计算机分层通信的示意图，图中示意的是左边的计算机 A 向右边计算机 B 发送数据的过程。数据包在两台计算机间传输时，数据由一台计算机的应用程序生成，然后逐层向下传输，并且逐层加装控制和识别信息数据，直至物理层数据包才传输到第二台计算机，在第二台计算机上，数据包由底层逐渐向顶层传输，并逐层拆装控制和识别信息数据，直到第二台计算机的应用程序层。

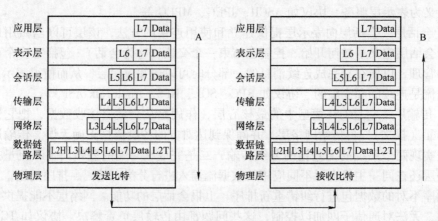

图 3-23    OSI 模型数据传输过程

L#—第#层头    L2H—第 2 层头    L2T—第 2 层尾

（1）同一台计算机中相邻层之间的通信    为了向相邻的高层提供服务，每一层必须知道两层之间定义的标准接口。为了使 N 层获得服务，这些接口应定义 N+1 层必须向 N 层提供哪些信息，以及 N 层应向 N+1 层提供何种返回信息，这些细节都是协议中的一部分。

下面以图 3-23 右边主机 B 接收数据的过程为例，概括每层处理数据的基本过程，并表明每层是怎样向相邻的上层提供服务的。

步骤 1：物理层（第 1 层）保证比特的同步，并将接收的二进制数据放到缓存中，在将接收到的信号解码成比特流后，通知第 2 层数据链路层已经收到一个帧。因此，第 1 层提供传递的比特流。

步骤 2：数据链路层（第 2 层）检查帧尾部的帧校验序列（FCS），判断传输过程中是否有错误产生（差错检测），如果有错误产生便丢弃此帧。检查数据链路层的地址（MAC地址），使主机 B 决定是否需要进一步处理这些数据。如果这个地址是主机 B 的地址，那么将第 2 层的帧头和帧尾之间的数据传递给第 3 层网络层的软件。从而，数据链路层通过该链路实现了数据的传输。

步骤 3：网络层（第 3 层）检查目的地址（如 IP 地址）。如果该地址是主机 B 的地址，处理过程将会继续进行，将第 3 层头部之后的数据传递给第 4 层传输层的软件。从而，第 3 层实现了点到点的数据传输服务。

步骤 4：传输层识别数据帧头的端口地址，确保与主机上不同用户端口进程之间的数据通信。并且传输层接收到的数据帧中，包含标识这段数据的发送序号和确认序号的信息，在对输入数据进行重新排序和差错恢复后，将数据传递给第 5 层会话层，传输层实现了点到点的数据传输服务。

步骤 5：会话层（第 5 层）用来保证一系列消息的完整性。会话层的头部如包含有标识字段，标识一个连续数据链的中间流及结束流。会话层保证所有的数据流接收到后，将把第 5 层头部之后的数据传递给第 6 层表示层。

步骤 6：表示层（第 6 层）定义并维护数据的格式。例如，若数据是二进制数据而不是字符数据，头部会指明这点。在完成了数据格式转换之后，将第 6 层头部后面的数据传递给第 7 层应用层。

步骤 7：应用层（第 7 层）处理最后的头部，然后检查真正的终端用户数据。这个头部指明了主机 A 与主机 B 已协商好的应用程序所使用的运行参数，该头部用于交换所有参数值。因此，通常只在应用程序初始化时才发送和接收这个头部。例如，在文件传输时，会相互传递所传输文件的长度和文件格式。

（2）不同计算机上同等层之间的通信　为了与其他计算机上的同等层进行通信，每一层都定义了一个头部，而且有时还定义了尾部。头部和尾部是附加的数据位，由发送方计算机上的软件或硬件生成，放在由第 $N+1$ 层传给第 $N$ 层的数据的前面或后面。这一层与其他计算机上同等层进行通信所需要的信息就在这些头部或尾部中被编码。接收方计算机的第 $N$ 层软件或硬件解释由发送方计算机第 $N$ 层所生成的头部或尾部，从而得知此时第 $N$ 层的过程应如何处理。

（3）数据封装　"封装"这个术语描述的是在一段数据的前后加上头部和尾部的过程。封装使数据装入正确的格式，这样相邻的层就能提供相应的服务，其他计算机上的同等层也能知道该怎么处理数据。如图 3-24 所示，当每一层生成头部时，将由相邻上一层传递来的数据放到该头部的后面，这样就封装了高一层的数据。对数据链路层（第 2 层）协议而言，第 3 层的数据将放到第 2 层的头部和尾部之间。物理层并不使用封装，因为它是最低层，直接同步传输比特流数据。

由此可知，能实现部分 OSI 分层思想的软件或硬件产品均有两种通用功能：每一层向同台计算机的上一层提供服务；每层都与其他计

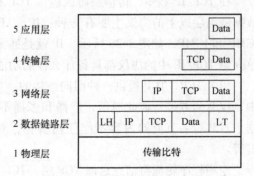

图 3-24　数据"封装"格式

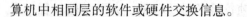

算机中相同层的软件或硬件交换信息。

### 3.2.3 TCP/IP 体系结构及相关协议

传输控制协议/网络互联协议（Transmission Control Protocol/Internet Protocol，TCP/IP）已经成为了网络领域的通用语言，这个协议组（或称协议栈）是 Internet 这个庞大网络的基础。大多数网络操作系统都把 TCP/IP 作为它们的默认网络协议。

TCP/IP 由美国国防部高级研究计划局开发，其之所以流行，部分原因是因为它可以用在各种各样的信道和底层协议（例如以太网、令牌网等）之上。确切地说，TCP/IP 是一组包括 TCP 和 IP、UDP（User Datagram Protocol）、ICMP（Internet Control Message Protocol）和其他一些协议的协议组。

#### 1. TCP/IP 整体构架概述

TCP/IP 并不完全符合 OSI 的七层参考模型，如图 3-25 所示。传统的开放式系统互联参考模型 OSI，是一种 7 层通信协议的抽象参考模型，而 TCP/IP 采用 4 层结构，每一层都呼叫它的下一层所提供的网络来完成自己的需求，这 4 层分别如下：

（1）应用层 这是应用程序间沟通的层，如简单电子邮件传输协议（SMTP）、文件传输协议（FTP）、网络远程访问协议（Telnet）等。

（2）传输层 在此层中它提供了节点间的数据传送服务，如传输控制协议（TCP）、用户数据报协议（UDP）等，TCP 和 UDP 给数据包加入传输数据，并把它传输到下一层中，这一层负责传送数据，并且确定数据已被送达并接收。

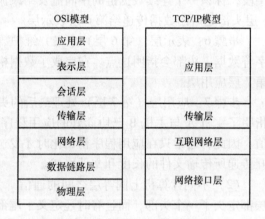

图 3-25  TCP/IP 模型与 OSI 模型关系

（3）互联网络层 该层负责提供基本的 IP 地址数据封装以及包传送功能，让每一块数据包都能够到达目的主机（但不检查是否被正确接收），这是 IP 的工作层。

（4）网络接口层 该层对实际的网络媒体进行管理，定义如何使用实际局域网（如 Ethernet、Token Ring 等）MAC 地址来传送数据。

#### 2. TCP/IP 中的协议

在 TCP/IP 族中，传输层协议包括 TCP 和 UDP，提供端到端的服务（端即端口）；基于数据链路层以上的协议主要有三种：IP、ARP 和 RARP，其中在 IP 数据报中又额外封装了 ICMP 和 IGMP，如图 3-26 所示。IP 就是通常的网络层协议，它提供点到点的服务。下面简单介绍 TCP/IP 中的协议都具备什么样的功能以及都是如何工作的。

（1）TCP TCP 提供一种面向连接的、全双工的、可靠的字节流服务。在一个 TCP 连接中，仅有两方进行彼此通信，广播和多播不能用于 TCP。TCP 的接收端必须丢弃重复的数据。TCP 对字节流的内容不作任何解释，对字节流内容的解释由 TCP 连接双方的应用层解释。

应用程序轮流将信息送回 TCP 层，TCP 层便将它们向下传送到 IP 层、网络接口层（设备驱动程序和物理介质），最后到接收方。面向连接的服务（例如 Telnet、FTP 和 SMTP）需

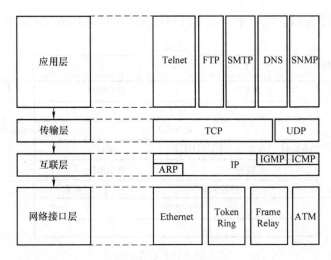

图 3-26　TCP/IP 族

要高度的可靠性，所以它们使用了 TCP。TCP 通过下列方式来提供服务可靠性：①应用数据被分割成 TCP 认为最适合发送的数据块（取决于 IP 数据报大小），称为报文段或段，如图 3-27 所示。②TCP 协议中采用自适应的超时及重传策略。③TCP 可以对收到的数据进行重新排序，将收到的数据以正确的顺序交给应用层。④TCP 的接收端必须丢弃重复的数据。⑤TCP 还能提供流量控制。

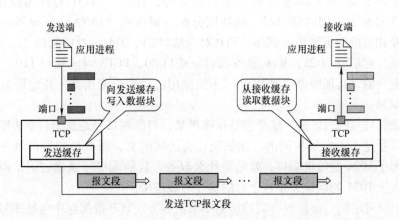

图 3-27　TCP 报文传输

　　TCP 数据包格式如图 3-28 所示，TCP 会话通过三次握手来初始化。三次握手的目标是使数据段的发送和接收同步，同时也向其他主机表明其一次可接收的数据量（窗口大小），并建立逻辑连接。

　　首先：源主机发送一个同步标志位（SYN）置 1 的 TCP 数据段。此段中同时标明初始序号（Initial Sequence Number，ISN）。ISN 是一个随时间变化的随机值。

　　然后：目标主机发回确认数据段，此段中的同步标志位（SYN）同样被置 1，且确认标志位（ACK）也置 1，同时在确认序号字段表明目标主机期待收到源主机下一个数据段的序号（表明前一个数据段已收到并且没有错误）。此外，此段中还包含目标主机的段初始序号。

　　再后：源主机再回送一个数据段，同样带有递增的发送序号和确认序号。至此为止，

TCP 会话的三次握手完成。接下来，源主机和目标主机可以互相收发数据。

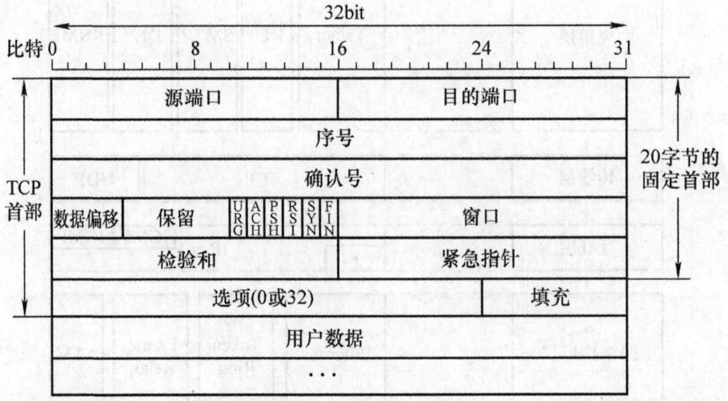

图 3-28　TCP 数据包格式

源、目的端口字段：源端口和目的端口字段各占 2 字节（1 个字节为 8bit）共 16bit。端口是传输层与应用层的服务接口，TCP 通过使用"端口"来标识源端和目标端的应用进程。端口号可以使用 0 ~ 65535 的任何数字。在收到服务请求时，操作系统动态地为客户端的应用程序分配端口号。在服务器端，每种服务在"众所周知的端口"（Well known Port）为用户提供服务。

端口号分为 3 类：0 ~ 1023 号称为知名端口号，1024 ~ 49151 号称为注册的端口号，49152 ~ 65535 号称为专用的端口号。因特网分配号码机构（IANA）公布了一些常用（知名）端口号及相应的服务清单。例如，FTP 对应端口 21，Telnet 对应端口 23，SMTP（电子邮件传输协议）对应端口 25，Web 服务器对应端口 80，POP3 对应端口 110。注意：IANA 对应端口是唯一的，其他服务（或协议）不能使用已经被分配给某一特定服务（或相应的协议）的端口号。

TCP 中源端口号的意思是，这个包是从哪里来，目的端口号是这个包要去哪里。源端口号与目的端口号是不一定要相同的，比如说，去访问网页，那么目的端口号一定是 80 了。源端口号是大于 1024 的随机端口，就是要什么服务，目的端口号就确定了，而源端口就是随机用一个大于 1024 的端口去跟这个目的端口形成连接。

TCP 是一种可靠的、面向虚电路连接的字节流服务。TCP 数据包中包括序号和确认，所以未按照顺序收到的包可以被排序，而损坏的包可以被重传。TCP 将所要传送的报文看成是字节组成的数据流，并使每一个字节对应于一个序号。源主机在传送数据前需要先和目标主机建立连接，在连接建立时，双方要商定初始序号。TCP 每次发送的报文段的首部中的序号字段数值表示该报文段中的数据部分的第一个字节的序号。然后，在此连接上，被编号的数据段按序收发。同时，要求对每个数据段进行确认，保证了可靠性。TCP 的确认是对接收到的数据的最高序号表示确认，接收端返回的确认号是已收到的数据的最高序号加 1，因此确认号表示接收端期望下次收到的数据中的第一个数据字节的序号。为提高效率，TCP 可以累积确认，即在接收多个报文段后，一次确认。如果在指定的时间内没有收到目标主机对所发数据段的确认，源主机将再次发送该数据段。

（2）UDP　UDP 是一种不可靠的、无连接的数据报服务。源主机在传送数据前不需要和目标主机建立连接。数据被冠以源、目的端口号等 UDP 报头字段后直接发往目的主机。

它不提供报文到达确认、排序以及流量控制等功能，因此，报文可能会丢失、重复以及乱序等。这时，每个数据段的可靠性依靠上层协议来保证。在传送数据较少、较小的情况下，UDP 比 TCP 更加高效。图 3-29 为 UDP 数据报格式示意图。

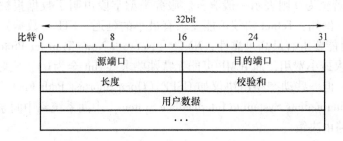

图 3-29  UDP 数据报格式示意图

一般来说，UDP 不被应用于那些使用虚电路的面向连接的服务，而主要用于那些面向查询—应答的服务，例如 DNS，相对于 FTP 或 Telnet，这些服务需要交换的信息量较小。

（3）IP  网络互联协议 IP 是 TCP/IP 的心脏，也是网络层中最重要的协议。IP 层接收由更低层（网络接口层，例如以太网设备驱动程序）发来的数据包，并把该数据包发送到更高层 TCP 或 UDP 层；相反，IP 层也把从 TCP 或 UDP 层接收来的数据包传送到更低层。

数据帧的 IP 部分被称为一个 IP 数据报，IP 数据报如同数据的封面，包含了路由器在子网中传输数据所必需的信息。IP 数据报包括报头和数据，如图 3-30 所示，总长度不能超过65535B。下面描述了 IP 数据报头的各部分。

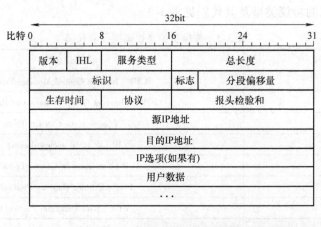

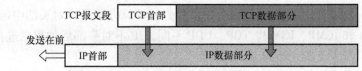

图 3-30  IP 数据报头格式示意图

版本号：IP 协议的版本，当前一般为 IPv4（第四代版本），即 0100。

首部长度（Internet Header Length，IHL）：占 4bit，指出头部占 32bit 的数字（以 4 个字节为单位），包括可选项。普通 IP 数据报（没有任何选项），该字段的值是 5，即 $5 \times 4B = 20B = 160bit$。此字段最大值为 60B，表示头部报文中没有发送可选部分数据。

服务类型（TOS）：其中前3bit为优先权子字段（Precedence，现已被忽略）。第8bit保留未用。第4~7bit分别代表延迟、吞吐量、可靠性和花费。当它们取值为1时分别代表要求最小时延、最大吞吐量、最高可靠性和最小费用。这4bit的服务类型中只能置其中一位为1。可以全为0，若全为0则表示一般服务。服务类型字段声明了数据报被网络系统传输时可以被怎样处理。例如：Telnet协议可能要求有最小的延迟，FTP（数据）可能要求有最大吞吐量，SNMP可能要求有最高可靠性，NNTP（Network News Transfer Protocol，网络新闻传输协议）可能要求最小费用，而ICMP可能无特殊要求（4bit全为0）。实际上，大部分主机会忽略这个字段，但一些动态路由协议如OSPF（Open Shortest Path First，开放式最短路径优先）、IS-IS（Intermediate System to Intermediate System，中间系统到中间系统）可以根据这些字段的值进行路由决策。

总长度：头部及数据项长度，最大长度为65535B。

标识：当IP包较大需要进行分段时，用于标识该段所属的分组。通常每发一份报文，它的值会加1。

标志：占3bit，无分段（DF）或多个分段（MF），标识一个消息是否被分段，其中D为1表示不分段，M为0表示最后分段，M为1表示非最后分段。

分段偏移：如果一份数据报要求分段的话，此字段指明该段偏移距原始数据报开始的位置。

生存时间（TTL）：表示一个IP数据流的生命周期，由发送数据的源主机设置，通常为32、64、128等。每次IP数据报经过一个路由器的时候TTL就减1，当减到0时，这个数据包就消亡了。

协议：传输层的协议类型及其代码见表3-3。

表3-3 传输层的协议类型及其代码

| 协议代码 | 协议名称 |
| --- | --- |
| 1 | ICMP（Internet Control Message Protocol） |
| 2 | IGMP（Internet Group Management Protocol） |
| 3 | GGP（Gateway-to-Gateway Protocol） |
| 4 | IP（IP in IP encapsulation） |
| 6 | TCP（Transmission Control Protocol） |
| 8 | EGP（Exterior Gateway Protocol） |
| 17 | UDP（User Datagram Protocol） |

首部校验和：根据IP头部计算得到的校验和码。计算方法是，对头部中每个16bit进行二进制反码求和（和ICMP、IGMP、TCP、UDP不同，IP不对头部后的数据进行校验）。

源地址：标识源节点的完整的IP地址。

目的地址：标识目的节点的完整的IP地址。

选项：占32bit。用来定义一些任选项，如记录路径、时间戳等。这些选项很少被使用，同时并不是所有主机和路由器都支持这些选项。可选项字段的长度必须是32bit的整数倍，如果不足，则须填充0以达到此长度要求。

填充位：包含填充信息以确保报头是32位的整数倍，该域的大小可变。

数据：包含由源节点发送的原始数据，外加TCP信息。

IP 报文头部实例：45 00 00 30 52 52 40 00 80 06 2c 23 c0 a8 01 01 d8 03 e2 15。

IP 是一种不可靠的、无连接的协议，即意味着它不保证数据的可靠传输。然而，TCP/IP 群中更高层协议可使用 IP 信息确保数据包按正确的地址进行传输。报头校验和仅验证 IP 报头中路由信息的完整性，如果当前数据包的校验和信息不正确，则数据包将被认为已破坏并立刻抛弃。

（4）网际报文协议　网际报文协议包括网际控制报文协议（Internet Control Message Protocol，ICMP）和网际组报文协议（Internet Group Message Protocol，IGMP）。ICMP 和 IGMP 与 IP 位于同一层。ICMP 被用来传送 IP 的控制信息，它主要用来提供有关通向目的地址的路径信息。如 ICMP 的 Redirect 信息通知主机通向其他系统的更准确的路径，而 Unreachable 信息则指出路径有问题。另外，如果路径不可用，ICMP 可使 TCP 连接终止。PING 是最常用的基于 ICMP 的服务。而 IGMP 用于把 UDP 数据报多播到多个主机。

3. IP 地址

所谓 IP 地址，就是给网络上每个主机分配的地址。按照 TCP/IP 规定，IP 地址用 32 位二进制数来表示，即 32bit，也就是 4B。为了表达方便，IP 地址通常被写成四段十进制数的形式，即将 4 个字节转换为对应的 4 个十进制数，中间使用符号"."分开，如"10.0.0.1"，这种表示法也叫做点分十进制表示法。

（1）IP 地址的分类　IP 地址由两部分组成：一部分为网络地址；另一部分为主机地址。根据实际节点所处的网络规模，IP 地址可分为 A、B、C、D、E 五类，不同类型具有不同的网络地址及主机地址，如图 3-31 所示。

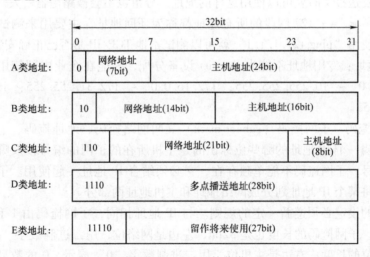

图 3-31　IP 地址的分类

A 类 IP 四段地址中第一段为网络地址，后三段为主机地址，网络地址的最高位必须是"0"，地址范围为 0.0.0.0～127.255.255.255。A 类地址适用于网络较少而主机数量较多的大型网络，每个网络所能容纳的主机数达 1600 多万台。

B 类 IP 四段地址中的前两段为网络地址，后两段为主机地址，网络地址的最高位必须是"10"，地址范围为 128.0.0.0～191.255.255.255。B 类地址适用于中等规模的网络，每个网络所能容纳的主机数为 6 万多台。

C 类 IP 四段地址中的前三段为网络地址，最后一段为主机地址，网络地址的最高位必须是"110"，地址范围为192.0.0.0～223.255.254.0。C类地址适用于小规模的局域网络，每个网络最多只能包含254台计算机。

D类地址用于在IP网络中的组播，地址的前4位恒为1110，地址范围为224.0.0.0～239.255.255.255。

E类地址被定义但却保留作研究之用，地址范围为240.0.0.0～255.255.255.255。

（2）特殊IP地址

1）255.255.255.255：若一个IP地址的二进制数全为1，即IP地址为255.255.255.255，则这个地址用于定义整个互联网。如果设备想使IP数据报被整个Internet所接收，就发送这个目的地址全为1的广播包，但这样会给整个互联网带来灾难性的负担。因此网络上的所有路由器都阻止具有这种类型的分组被转发出去，使这样的广播仅限于本地网段。

2）主机地址全为1：主机使用这种地址把一个IP数据报发送到本地网段的所有设备上，路由器会转发这种数据报到特定网络上的所有主机。

3）0.0.0.0：IP地址在IP数据报中只能用作源IP地址，这发生在当设备起动时但又不知道自己IP地址的情况下。在IP地址动态分配的网络环境中，这样的地址是很常见的。用户为获得一个可用的IP地址，就给动态主机地址配置服务器（DHCP）发送IP分组，并用这样的地址作为源地址，目的地址为255.255.255.255（因为主机这时还不知道DHCP服务器的IP地址）。

4）网络地址全为0：仅表示当前网段，不代表具体主机地址。当某个主机向同一网段上的其他主机发送报文时就可以使用这样的地址，分组也不会被路由器转发。

5）127.*.*.*：127网段的所有地址都称为环回地址，主要用来测试网络协议是否工作正常。如使用"ping 127.1.1.1"就可以测试本地TCP/IP是否已正确安装。

6）专用地址：专用地址不能为Internet设备分配，只能在企业内部使用。这些专有地址是10.0.0.0～10.255.255.255；172.16.0.0～172.31.255.255；192.168.0.0～192.168.255.255。

（3）子网掩码　子网掩码（subnet mask）又叫网络掩码、地址掩码、子网络遮罩，它是一种用来指明一个IP地址的哪些位标识的是主机所在的子网的编号以及哪些位标识的是主机本身的编号。子网掩码不能单独存在，它必须结合IP地址一起使用。子网掩码只有一个作用，就是将某个IP地址划分成网络地址和主机地址两部分。

子网掩码的设定必须遵循一定的规则。与IP地址相同，子网掩码由1和0组成，且1和0分别连续。子网掩码的长度也是32bit，左边是网络位，用二进制数字"1"表示，1的数目等于网络位的长度；右边是主机位，用二进制数字"0"表示，0的数目等于主机位的长度。这样做的目的是为了让掩码与IP地址作逻辑"与"运算时屏蔽主机地址，而只保留网络地址，即子网掩码与IP地址进行逻辑"与"运算后得出的结果即为该子网的网络地址。对于A类地址来说，默认的子网掩码是255.0.0.0；对于B类地址来说，默认的子网掩码是255.255.0.0；对于C类地址来说，默认的子网掩码是255.255.255.0。通常通过在IP地址后加上"/"符号以及1～32的数字来表达子网掩码，其中1～32的数字即表示子网掩码中网络标识位的长度，如192.168.1.1/24，说明IP地址为192.168.1.1，子网掩码为255.255.255.0。

子网掩码是用来判断任意两台计算机的IP地址是否属于同一逻辑子网的根据，两台计算机各自的 IP 地址与子网掩码进行 AND 运算后，若得出结果相同，则说明这两台计算机处于同一逻辑子网。如 192.168.1.1/24 与 192.168.1.3/24 处于同一逻辑子网，而 192.168.1.1/24 与 192.168.2.3/24 则不在同一逻辑子网。

由于能灵活地划分子网，无类 IP 子网得到了广泛的应用。无类的 IP 子网不使用默认子网掩码，而是可以自由划分网络位和主机位，完全打破了 A、B、C 这样的固定类别划分。如 这 样 的 地 址：192.168.10.32/28，它 的 掩 码 是 255.255.255.240，最 后 一 位 组 是 11110000，也就是只剩后 4 位为主机位，前面 28 位为网络位，由于 192.x.x.x 属于 C 类地址，默认 24 位掩码，也就说这里多用了 4 位作为网络位。

（4）IPv6 以上介绍的 32 位 IP 地址为 IP 地址的第四代版本，简写为 IPv4，随着互联网的迅速发展，用户数量的突飞猛进，IPv4 面临着地址枯竭的局面，由此，IPv6 应运而生。IPv6 是 "Internet Protocol Version 6" 的缩写，它是 IETF（Internet Engineering Task Force，互联网工程任务组）设计的用于替代 IPv4 的下一代 IP。

IPv6 地址是 128 位编码，能产生 $2^{128}$ 个 IP 地址，其资源几乎是无穷的。如果说 IPv4 实现的只是人机对话，而 IPv6 则扩展到任意事物之间的对话，它不仅可以为人类服务，还将服务于众多硬件设备，如家用电器、传感器、远程照相机、汽车等，它将是无时不在、无处不在的深入社会每个角落的真正的宽带网（物联网），而且它所带来的经济效益将非常巨大。

### 3.2.4 IEEE 802 标准系列及其体系结构

20 世纪 60 年代末，广域计算机网络迅速发展，网络体系结构也相对成熟，到了 20 世纪 80 年代初，局域计算机网络的标准化工作也迅速发展起来。

国际上开展局域计算机网络标准化研究和制定的机构有：美国电气与电子工程师协会 IEEE 802 委员会；欧洲计算机制造厂商协会 ECMA；国际电工委员会 IEC 等。

其中 IEEE 802 委员会与 ECMA 主要致力于办公自动化与轻工业局域网的标准化研究，而重工业、工业生产过程分布控制方面的局域网标准化工作主要由 IEC 进行。

IEEE 802 委员会于 1980 年开始研究局域网标准，1985 年公布 IEEE 802 标准的五项标准文本。IEEE 802 各标准间的关系如图 3-32 所示，由 IEEE 802 标准内部关系可以看出，IEEE 802 标准实际上是由一系列协议组成的标准体系。随着局域网技术的发展，该体系在不断地增加新的标准和协议。

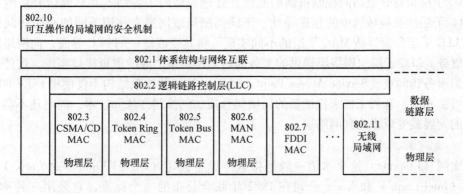

图 3-32 IEEE 802 标准内部关系

**1. IEEE 802 体系结构**

IEEE 802 标准是关于局域网的技术标准，其体系结构与 OSI 模型有相当大的区别，如图 3-33 所示。首先，局域网是一种通信网，只涉及有关的通信功能，因此，IEEE 802 标准至多与 OSI 模型的下面三层有关。其次，由于局域网基本上采用共享信道的技术，所以，可以不设立单独的网络层。就是说，不同局域网技术的区别主要在物理层和数据链路层，当不同技术的局域网需要在网络层实现互联时，可以借助已有的通用网络协议（如 IP）实现。

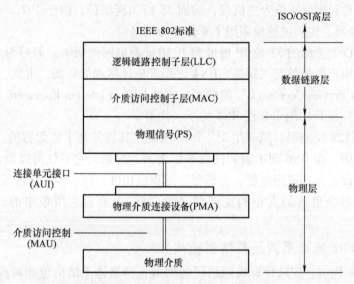

图 3-33　IEEE 802 局域网实现模型

（1）物理层　IEEE 802 局域网实现模型的物理层是和 OSI 参考模型的物理层功能相当的，主要涉及局域网物理链路上原始比特流的传输。物理层由以下 4 个部分组成：①物理介质（PMD），提供与线缆的物理连接；②物理介质连接设备（PMA），生成发送到线路上的信号，并接收线路上的信号；③连接单元接口（AUI）；④物理信号（PS）。

（2）数据链路层　IEEE 802 局域网数据链路层分为逻辑链路控制（Logical Link Control，LLC）和介质访问控制（Medium Access Control，MAC）两个功能子层，共同完成类似于 OSI 模型中的数据链路层的功能，只是考虑到局域网的共享介质环境，在实现上增加了介质访问控制机制。

MAC 子层负责介质访问控制机制的实现，处理局域网中各站点共享通信介质的争用问题，MAC 子层涉及局域网中的物理寻址，不同类型局域网通常使用不同的介质访问控制协议。而 LLC 子层负责屏蔽 MAC 子层的不同实现，将其变成统一的 LLC 界面，向网络层提供一致的服务。LLC 子层向网络层提供的服务通过与网络层之间的逻辑接口实现，这些逻辑接口被称为服务访问点（Service Access Point，SAP）。这样的体系结构不仅使得 IEEE 802 标准更具有可扩充性，有利于将来接纳新的局域网介质访问控制方法和技术，同时还不会使局域网技术的发展或变革影响到网络层。

**2. 以太网数据帧格式**

以太网（Ethernet）这个术语一般是指数字设备公司（Digital Equipment Corp.）、英特尔公司（Intel Corp.）和 Xerox 公司在 1982 年联合公布的一个标准，它采用一种称为 CS-MA/CD（Carrier Sense，Multiple Access with Collision Detection）的媒体接入方法，其意思是

带冲突检测的载波侦听多路接入方法。它是当今 TCP/IP 采用的主要的局域网技术，几年后，IEEE（电子电气工程师协会）802 委员会基于 Ethernet 标准公布了一个稍有不同的标准集，其中 802.3 针对整个 CSMA/CD 网络，802.4 针对令牌总线网络，802.5 针对令牌环网络。这三者的共同特性由 802.2 标准来定义，那就是 802 网络共有的逻辑链路控制（LLC）。不幸的是，802.2 和 802.3 定义了一个与以太网不同的数据帧格式。

在 TCP/IP 世界中，以太网（Ethernet）IP 数据报的封装是在 RFC 894 ［Hornig 1984］中定义的，IEEE 802 局域网中，IP 数据报封装是在 RFC 1042 ［Postel and Reynolds 1988］中定义的。但是，每台 Internet 主机都要求：必须能发送和接收采用 RFC 894（以太网）封装格式的分组；应该能接收与 RFC 894 混合的 RFC 1042（IEEE 802）封装格式的分组；也许能够发送采用 RFC 1042 格式封装的分组。如果主机能同时发送两种类型的分组数据，那么发送的分组必须是可以设置的，而且默认条件下必须是 RFC 894 分组。

TCP/IP 和 IEEE 802 标准体系中以太网的两种不同形式的数据封装格式如图 3-34 所示，图中每个方框下面的数字是它们的字节长度。两种数据封装帧格式都采用 48bit（硬件地址，即 MAC 物理地址）的目的地址和源地址（802.3 允许使用 16bit 地址，但一般是 48bit 地址），接下来的数据在两种帧格式中互不相同。

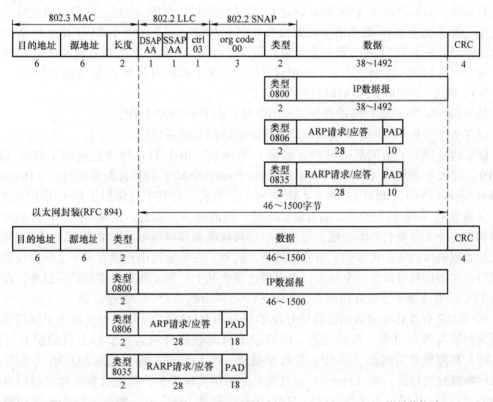

图 3-34 IEEE 802.2/802.3（RFC 1042）和 Ethernet（RFC 894）的封装格式

1）TCP/IP 的以太网标准中，目的地址和源地址字段以后是 2byte 类型字段 +（46 ~ 1500）byte 数据字段 +4byte FCS 校验字段。其中，2 个字节的类型字段定义了后续数据的类型是 IP 数据报，或 ARP 请求/应答，或 RARP 请求/应答。

2）IEEE 802.2/802.3 的以太网标准中，目的地址和源地址字段以后是 2byte 长度字

段 + 3byte 802.2 LLC 字段 + 5byte 802.2 SNAP 字段 + （38 ~ 1492）byte 数据字段 + 4byte FCS 校验字段。其中，2 个字节长度字段定义后续数据字节的长度，但不包括 CRC 检验码；3 字节的 802.2 LLC 中，目的服务访问点 DSAP 和源服务访问点 SSAP 的值都设为 0XAA。ctrl 字段的值设为 3；5 字节的 802.2 SNAP 中，3 个字节 org code 都置为 0，2 个字节类型字段和以太网帧格式类型字段一样。

IEEE 802 定义的数据帧有效长度值与 TCP/IP 以太网定义的有效长度值不相同，802.3 规定数据部分必须至少为 38 字节，而对于 TCP/IP 以太网，则要求最少要有 46 字节。为了保证这一点，必须在不足的空间插入填充（pad）字节。这样，就可以对两种帧格式进行区分，在开始观察线路上的分组时将遇到这种最小长度的情况。TCP/IP 以太网和 802.3 以太网对数据有效长度限制，最大值分别是 1500 字节和 1492 字节，这一特性称为最大传输单元（MTU）。

在 IEEE 802 局域网中有两种地址：第一种为介质访问控制子层的 MAC 地址，该地址规定了主机或节点的网络接口部件的硬件地址；第二种为逻辑链路控制子层的 LLC 地址，即服务访问点 SAP 地址，该地址规定了访问某一进程的地址。

媒体接入控制（Medium Access Control，MAC）子层规范要求接入网络的每一个主机或节点只有唯一的物理地址（即 MAC 地址），即为网络接口部件（NIC，网卡）分配唯一的硬件地址。规范规定 MAC 物理地址长度为 6 个字节 48bit，前 3 个字节 24bit 用于网络硬件制造商的编号，它由 IEEE 802 委员会分配；后 3 个字节 24bit 用于该制造商所制造的网卡编号。每个字节用十六进制数表示，并用冒号隔开，某工作站网卡 MAC 物理地址如下：

MAC 地址：08:00:20:0A:8C:6D。

其中 08:00:20 代表网络硬件制造商的编号，由 IEEE 802 分配。

后 3 个字节 0A:8C:6D 代表该制造商所制造的网卡的系列号。

LLC 地址规定了访问某一进程（服务）的地址。由于 LLC 标准包括两个服务访问点（SAP）：源服务访问点（Source Service Access Point，SSAP）和目标服务访问点（Destination Service Access Point，DSAP）。每个 SAP 只有 1 字节长，而其中仅保留了 6bit 用于标识上层协议（进程），所能标识的协议数有限。因此，新的解决方案是，在 802.2 SAP 的基础上又新添加了一个 2 字节长的类型域，与此同时将目标服务和源服务 SAP 的值置为 AA，使 2 字节长的类型域可以标识更多的上层协议类型。此外，在局域网中允许有多个上层协议进程同时运行，这些进程可以在一个站上，也可以在多个站上。为了向多个进程提供服务，在一个站的 LLC 层可设置多个服务访问点，多个 SAP 可以分时复用一条数据链路。

IEEE 802 标准体系将数据链路层分成了 LLC 和 MAC 两个子层，但这两个子层都参加了数据的封装与拆封过程。在发送方，网络层下来的数据分组首先要加上目的服务访问点（DSAP）和源服务访问点（SSAP）等控制信息，在 LLC 子层被封装成 LLC 帧（见图 3-34 以太网数据封装格式；帧（Frame）是数据链路中的传输单位，指包含数据和控制信息的数据块）；然后，由 LLC 子层将其交给 MAC 子层，加上 MAC 子层相关的目的地址和源地址（MAC 地址）等控制信息后被封装成 MAC 帧；最后，由 MAC 子层将数据帧交物理层完成比特流传输。在接收方，则首先将物理层的原始比特流还原成 MAC 帧，在 MAC 子层完成帧检测和拆封后变成 LLC 帧交给 LLC 子层，LLC 子层完成相应的帧检测和拆封后，将其还原成网络层的分组上交网络层。

MAC 层数据帧格式如图 3-35 所示，它由 5 个字段组成：第一字段为目的地址（MAC 地址）；第二字段为源地址（MAC 地址）；第三字段为数据长度，指示 LLC 帧的长度（LLC 帧是由 LLC 层传送来的）；第四字段为 LLC 帧字段；第五字段为帧校验序列 FCS，它对前 4 个字段进行 CRC 校验，由于对数据字段有一个最小长度的要求，如果 LLC 帧长度不够，则需在填充段内进行数据填充。前同步码为 MAC 帧传到物理层所必须附带的。

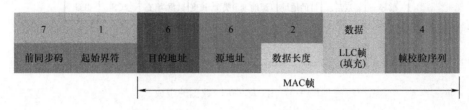

图 3-35　IEEE 802.3 MAC 层数据帧格式

#### 3. ARP

地址解析协议（Address Resolution Protocol，ARP）是一个互联网层协议，它获取主机或节点的硬件地址（MAC 物理地址），并创建一个本地数据表将 48bit 的 MAC 物理地址映射到主机的 32bit 逻辑地址（IP 地址）上。ARP 与 IP 紧密协作，因为 IP 指导发送数据到目标主机之前必须具有目标主机的物理地址。如果主机 A 需要知道在同一子网的另一台逻辑地址为 AA. BB. CC. DD 的主机 B 的物理地址，主机 A 将向本地网络中所有节点发送 ARP 请求消息："IP 地址为 AA. BB. CC. DD 的计算机请求，发送给我你的物理地址"。主机 B 收到该请求后，将发送一条包括主机 B 物理地址的 ARP 响应，这样，通过 ARP，主机 A 和主机 B 之间即可建立进一步的连接，图 3-36 为 ARP 的解析过程。

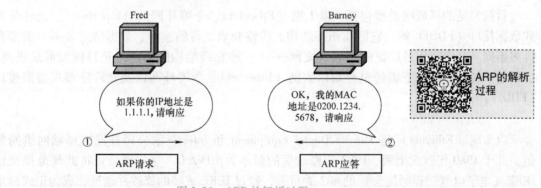

图 3-36　ARP 的解析过程

在 TCP/IP 族中，数据链路层的目的主要有三个：为 IP 模块发送和接收 IP 数据报；为 ARP 模块发送 ARP 请求和接收 ARP 应答；为 RARP 发送 RARP 请求和接收 RARP 应答。TCP/IP 支持多种不同的数据链路层协议，这取决于网络所使用的硬件，如以太网、令牌环网、FDDI（光纤分布式数据接口）及无线网等。

以太网可以支持 TCP/IP、Novell IPX/SPX、Apple Talk Phase I 等协议，其比较常见的类型字段为 0X0800（IP 帧）、0X0806（ARP 请求/应答帧）、0X8035（PARP 请求/应答帧）、0X8137（Novell IPX）、0X809b（Apple Talk）。

以太网数据在网络介质上传输，约定了两帧之间需要等待一个帧间隙时间（IFG 或 IPG），为以太网接口提供帧接收之间的恢复时间，该恢复时间最小值为传输 96bit 所花费的时间，对于 10M 线路，该时间为 9.6μs，100M 线路为 960ns，1G 的线路为 96ns。同时以太网数据帧在传输时还需要有7byte的前导字段和1byte的起始界符。因此以太网数据在传输过程中的组成如图3-37所示。

图3-37    以太网传输数据的组成

## 3.3  局域网组网技术

局域网（Local Area Network，LAN）是计算机网络的重要组成部分。局域网的研究始于20世纪70年代，以太网（Ethernet）是其典型代表。现在，世界上每天都有成千上万个局域网在运行，其数量远远超过广域网。局域网具有其显著特点：通常覆盖的地理范围比较小，不超过几十米，甚至在一个园区、一幢建筑或一个房间内；局域网数据传输的速率比较高，从最初的 1Mbit/s 到后来的 10Mbit/s、100Mbit/s，近年来已达到 1000Mbit/s、10000Mbit/s；局域网具有较低的延迟和误码率，其误码率一般为 $10^{-11}$ ~ $10^{-8}$；局域网的经营权和管理权属于某个机构单位所有，与广域网通常由服务商提供形成鲜明对照。

### 3.3.1  局域网常见类型

目前常见的局域网类型包括：以太网（Ethernet）、令牌环网（Token Ring）、光纤分布式数据接口（FDDI）等，它们在拓扑结构、传输介质、传输速率、数据格式等多方面都有许多不同。其中应用最广泛的当属以太网——一种总线结构的 LAN，是目前发展最迅速、也最经济的局域网。下面简单介绍以太网（Ethernet）、令牌环网以及光纤分布式数据接口（FDDI）。

1. 以太网（Ethernet）

以太网（Ethernet）是 Xerox、Digital Equipment 和 Intel 三家公司开发的局域网组网规范，并于 1980 年首次出版。1982 年修改后的版本为 DIX2.0。这三家公司将此规范提交给 IEEE（电子电气工程师协会）的 802 委员会，经过 IEEE 成员的修改并通过，成为正式标准 IEEE 802.3。Ethernet 和 IEEE 802.3 虽然有不同，但术语 Ethernet 通常认为与 802.3 是兼容的。IEEE 将 802.3 标准提交国际标准化组织（ISO），再次经过修订成为了国际标准 ISO 802.3。

（1）传统以太网  在 IEEE 802.3 标准中，相对快速以太网以及吉比特以太网而言，传统以太网规范有 10Base-5、10Base-2、10Base-T 和10Base-F。其中"10"表示信号传输速率为 10Mbit/s，"Base"表示信道上传输的是基带信号，采用曼彻斯特码作为信号编码。

10Base-5：指采用粗同轴电缆的以太网。"5"表示使用外径 0.4in（约 10mm）、50Ω 的粗同轴电缆，介质附着单元（MAU）最小间隙 2.5m，连接单元接口（AUI）电缆最长 50m，干线段每一端均需有一个 50Ω 终接电阻，其中之一必须接地。网络最多 5 个网段，使用 4 个中继器连接，其中 3 个网段可以连接节点；网段最大长度为 500m，全网最大长度为 2500m；每网段最多 100 个节点，最大网络节点数为 300 个。图 3-38 为 10Base-5 网络示意图。

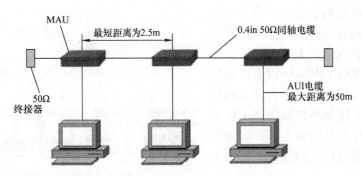

图 3-38 10Base-5 网络示意图

10Base-2：指采用细同轴电缆的以太网络，"2"表示使用外径 0.2in、50Ω 的细同轴电缆。最大网段数为 5 个，最多使用 4 个中继器，其中 3 个网段可以连接节点，其余被用作加长距离；最大网段长度为 185m，最大网络长度为 925m；节点使用 BNC-T 形连接器联网，连接器间最小间隙为 2.5m，每网段最多有 30 个节点（设备），最大网络节点数为 90 个；干线段每一端均需有一个 50Ω 终接电阻，其中之一必须接地。图 3-39 为 10Base-2 网络示意图。

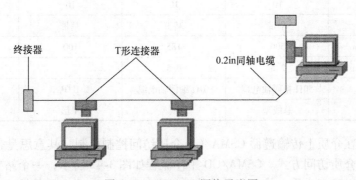

图 3-39 10Base-2 网络示意图

采用细同轴电缆组网，除需要电缆外，还需要 BNC 接头、T 形头及终端匹配器等，如图 3-40 所示。网卡必须带有细缆连接接口（通常在网卡上标有"BNC"字样）。

a) BNC接头　　　　　　b) T形头　　　　　c) 50Ω终端匹配器

图 3-40 细同轴电缆组网配件图

10Base-T：在 1990 年由 IEEE 制定，指采用双绞线的以太网络。"T"是英文 Twisted-pair（双绞线电缆）的缩写，表示使用 24AWG UTP（非屏蔽双绞线），导线直径约为 0.4 ~ 0.6mm 的双绞线作为传输介质。通常使用 RJ 45 连接器，最大收发长度为 100m；最大网段数为 5 个，其中 3 个网段可以连接节点，最大网络节点数为 1024 个。图 3-41 为 10Base-T 网络示意图。

10Base-T 的出现对于以太网技术的发展具有里程碑式的意义。第一体现在首次将星形拓扑结构引入了以太网中；第二是突破了双绞线不能以 10Mbit/s 以上速率传输数据的传统技术限制；第三为以太网后期发展，引入第 2 层交换机取代第 1 层集线器作为网络星形拓扑的核心，使以太网从共享以太网向交换以太网发展，拓展了广阔的前景。

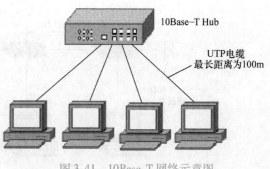

图 3-41　10Base-T 网络示意图

尽管以太网在物理层存在较大差异，但它们在数据链路层都是采用 CSMA/CD 介质访问控制协议技术，并且在 MAC 子层使用统一的以太网帧格式，即 10Base-T 与 10Base-5、10Base-2 是相互兼容的，表 3-4 给出传统以太网物理层标准之间的比较。

表 3-4　IEEE 802.3 以太网的基本特性

| 特性 | 10Base-5 | 10Base-2 | 10Base-T | 10Base-F |
|---|---|---|---|---|
| 速率/(Mbit/s) | 10 | 10 | 10 | 10 |
| 传输方法 | 基带 | 基带 | 基带 | 基带 |
| 最大网段长度/m | 500 | 185 | 100 | 2000 |
| 站间最小距离/m | 2.5 | 0.5 | | |
| 传输介质 | 50Ω 粗同轴电缆 | 50Ω 细同轴电缆 | UTP | 多模光纤 |
| 网络拓扑 | 总线型 | 总线型 | 星形 | 点对点 |

以太网数据在介质上传输遵循 CSMA/CD 介质访问控制机制，其意思是带冲突检测的载波侦听多路接入介质访问方式。CSMA/CD 工作流程如图 3-42 所示，一个站要发送信号，首先需监听总线，以确定介质上是否存在其他站发送的信号；如果介质是忙的，则等待一定间隔后重试。因为电磁波在总线上总是以有限的速率传播的，因此当某个站监听到总线是空闲时，由于传输延迟也可能总线并非是空闲的。为了使每个站都能尽可能早地知道是否发生了碰撞，以太网 CSMA/CD 还采取一种称为强化碰撞的措施，这就是当发送数据的站一旦发现

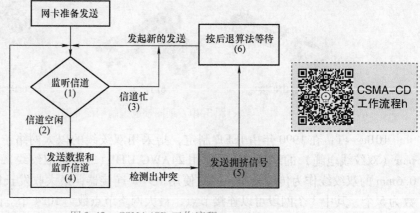

图 3-42　CSMA/CD 工作流程

发生碰撞时，除了立即停止发送数据外，还要再继续发送若干比特的人为干扰信号（jamming signal），强化碰撞，使得冲突的时间足够长，以便让所有用户都知道现在已经发生了碰撞。其他站点收到拥堵信号后，都停止发送数据。等待一个随机产生的时间间隔（回退时间，Backoff Time）后重发。

CSMA/CD 通常用于总线型拓扑结构和星形拓扑结构的局域网中。它的每个站点都能独立决定发送帧，若两个站点同时发送，即产生冲突，每个站点都能判断是否有冲突发生。CSMA/CD 的工作原理可以概括成四句话，即先听后发、边听边发、冲突停止、随机延迟后重发。

为了通信简便，以太网通信采取了两种方法：其一，采用无连接的工作方式，即不必先建立连接就可以直接发送数据（载波监听，广播通信）；其二，不要求收到数据的目的站发回确认。不要求确认的前提条件是局域网信道的质量很好，因信道质量产生差错的概率是很小的。因此，以太网提供的通信服务是不可靠的交付，即尽最大努力的交付。

（2）快速以太网　1995 年 IEEE 制定了 802.3u，即快速以太网标准，快速以太网为在非屏蔽双绞线（UTP）和光纤上传输 100Mbit/s 信息的以太网，快速以太网支持的规范有 100Base-TX、100Base-T4 和 100Base-FX，如图 3-43 所示。

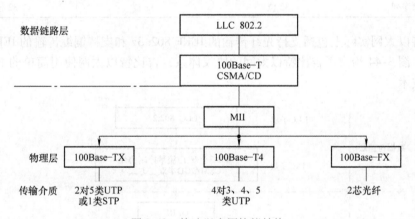

图 3-43　快速以太网协议结构

100Base-TX：规定使用 5 类双绞线，与 10Base-T 相似，快速以太网在 4 对双绞线中只使用两对。如果布线已使用 5 类线，那么升级到快速以太网只需要升级集线器或交换机以及网卡，实现起来非常方便。

100Base-T4：规定在三类 UTP 上支持 100Mbit/s，该标准并没有广泛应用。

100Base-FX：规定在多模、单模光纤上运行，比铜缆传播距离长。

快速以太网标准 IEEE 802.3u 在 MAC 子层仍然采用 CSMA/CD 介质访问控制协议，并保留 IEEE 802.3 以太网标准的帧格式，但是为了实现 100Mbit/s 的传输速率，采用了效率更高的编码方式，如 4B/5B，取代以太网的曼彻斯特编码方式。与 10Base-T 一样可支持共享式与交换式两种使用环境。

（3）吉比特以太网　1995 年下半年，IEEE 802.3 委员会成立了一个高速研究组，对在每秒 1000Mbit 即 1Gbit/s（吉比特/秒）速度以太网的格式传递数据包的手段进行了研究，并且发布了一系列 1Gbit/s 标准，称为吉比特以太网（Gigabit Ethernet），又称为千兆以太网。由于吉比特以太网基本保留原有以太网的帧结构，因而能够完全与 10Base-T 和

100Base-T 兼容，从而使得网络能够从 10Base-T 平稳地升级到快速以太网或吉比特以太网。以太网、快速以太网、吉比特以太网技术比较见表 3-5。

表 3-5　以太网、快速以太网、吉比特以太网技术比较

| 技术/网络 | 以太网 | 快速以太网 | 吉比特以太网 |
|---|---|---|---|
| 编码方式 | 曼彻斯特编码 | 4B/5B、8B/6T | 8B/10B |
| 工作频率 | 20MHz | 31.25MHz | 125MHz |
| 双工方式 | 半双工/全双工 | 半双工/全双工 | 半双工/全双工（半双工不常用） |
| 时间槽 | 512 位时间 | 512 位时间 | 512 字节时间 |
| 帧间间隔 | 9.6μs | 0.96μs | 0.096μs |
| 最大帧长度 | 1518 字节 | 1518 字节 | 1518 字节 |
| 最小帧长度 | 64 字节 | 64 字节 | 512 字节 |
| 重发上限 | 16 次 | 16 次 | 16 次 |
| 后退上限 | 10 次 | 10 次 | 10 次 |
| 阻塞序列 | 32 位 | 32 位 | 32 位 |

吉比特以太网实际上包括支持光纤传输的 IEEE 802.3z 和支持铜缆传输的 IEEE 802.3ab 两大部分，图 3-44 给出了吉比特以太网的协议体系，吉比特以太网使用简单的 NRZ8B/10B 信源编码技术。

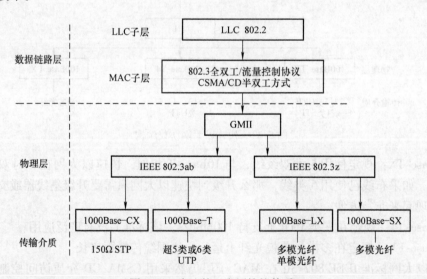

图 3-44　吉比特以太网协议体系

1000Base-LX：IEEE 1000Base-LX 规定在一对光纤（单模光纤）上，使用长波长光（1300mm）传输信号。

1000Base-SX：IEEE 1000Base-SX 规定在一对多模光纤上，使用短波长光（850mm）传输信号。

1000Base-CX：IEEE 1000Base-CX 规定在服务器间使用短铜缆连接，最大长度为 25m。

1000Base-T：规定在五类 UTP 中 4 对双绞线上运行 1000Mbit/s 的以太网标准，最大长

度为100m。我们知道100Base-TX是以125Mbit/s的时钟速率，在4对双绞线上的两对单独进行收发，采用4B/5B编码，因此速率为125Mbit/s×（4/5）=100Mbit/s。1000Base-T采用的时钟速率依旧是125Mbit/s，但是其采用了4对双绞线同时收发数据，达到125Mbit/s×2×4=1000Mbit/s的速率。

（4）10吉比特以太网　　1999年底成立的IEEE 802.3ae工作组进行10吉比特以太网（10Gbit/s）技术的研究，并于2002年正式发布IEEE 802.3ae 10GE标准，10吉比特以太网不仅再度扩展了以太网的带宽和传输距离，更重要的是使得以太网从局域网领域向城域网、广域网领域渗透。

10吉比特以太网（又称为万兆以太网）仍然保留了IEEE 802.3以太网CSMA/CD媒体访问控制协议、以太网帧格式和以太网帧大小。几乎所有的吉比特以太网产品都采用全双工的交换方式，不再支持半双工方式，因而不再采用共享带宽方式。这样，10吉比特以太网对于距离的限制更加放宽了，它不再受CSMA/CD协议的限制，而只受传输媒体本身的物理特性限制。

10吉比特以太网支持5种接口，分别是1550nm LAN接口、1310nm宽频波分复用（WWDM）LAN接口、850nm LAN接口、1550nm WAN接口和1310nm WAN接口。每种接口传输距离不同，最大传输距离分别达到300m、10km以及40km，见表3-6。

表3-6　10吉比特传输物理介质

| 名称 | 描述 | 传输介质 | 传输距离 |
| --- | --- | --- | --- |
| 10GBase-SR | 850nm LAN接口 | 50/125μm光纤 | 65m |
| 10GBase-LR | 1310nm LAN接口 | 62.5/125μm光纤 | 300m |
| 10GBase-ER | 1550nm LAN接口 | 50/125μm光纤 | 240m |
| 10GBase-LW | 1310nm WAN接口 | 单模光纤 | 10km |
| 10GBase-EW | 1550nm WAN接口 | 单模光纤 | 40km |

### 2. 令牌环网

令牌环网最初由IBM开发，是一种非常可靠的网络体系结构。它通常与IBM大型机系统集成在一起。

令牌环网之所以称为环，是因为这种网络的物理结构具有环的形状，环上有多个站逐个与环相连，相邻站之间是一种点对点的链路。IBM令牌环（Token-Ring）与IEEE 802.4标准等同或兼容。令牌环网络，通过环形网上传输令牌的方式实现介质访问控制。如图3-45所示，当环线上各站点都没有帧数据发送时，令牌标记为01111111，称为"空"；当一个站点（如站点A）要发送帧数据时，需要等待令牌通过，站点收到令牌Token才有权将数据附在令牌上传输，同

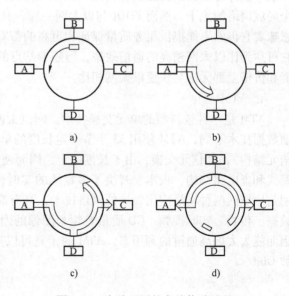

图3-45　令牌环网的令牌传递过程

时令牌标记为 01111110 "忙"符号；由于"忙"标记，环线上其他站点不能发送帧数据，必须等待。站点发送的令牌和帧在环线上单方向传输，当帧抵达接收站（如站点 D）时，接收站将帧携带的目标地址与本站地址比较，若地址相符，接收站将帧复制下来，并在正确接收后，在该帧上载入肯定应答信号（否则，载入否定应答信号）送回环线上随令牌继续传输下去；若地址不符，站点简单地将帧送回环线中继续传输。令牌和帧沿环线循环一周回到原发送站点时，发送站从令牌上移去帧数据，同时将令牌"忙"标识换为"空"标识，释放令牌，令牌在环中继续循环；同时，检查接收站载入帧中的应答信息，若为肯定应答，则说明完成发送任务；若为否定应答，则说明对方未能正确接收所发送帧数据，原发站点需要在带"空"标识的令牌第 2 次到来时，重发此帧数据。

令牌环网与 Ethernet 不同的另一个特点是，即使负载很重，它仍具有确定的响应时间。令牌环 IEEE 802.4 标准规定了三种操作速率：1Mbit/s、4Mbit/s 和 16Mbit/s。

令牌总线（ARCnet/Token-Bus）与 IEEE 802.5 标准兼容。令牌总线访问控制是在物理总线上建立一个逻辑环，如图 3-46 所示，每个站被赋予一个顺序的逻辑位置，其操作原理与令牌环一样，站点只有取得令牌才能发送帧，令牌在逻辑环上依次单向传递。

### 3. FDDI 网络

光纤分布式数据接口（Fiber Distributed Data Interface，FDDI）是一个采用光纤作为传输介质的双令牌环网，FDDI 协议与 IEEE 802.7 相似，采用令牌传递的方式解决共享信道冲突问题。FDDI 采用双环结构，双环上的数据传输以相反的方向访问，双环中有一个作为主环，传输数据，另一个是次环，备用。一般来

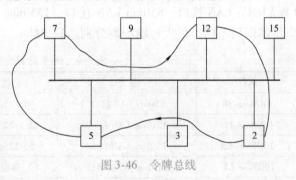

图 3-46 令牌总线

说，传输的信息只在主环上流动，但是如果遇到失效情况，数据会自动以相反方向流动到次环上，这样可以为链路提供容错性。FDDI 还具有链路连接的冗余能力，因而非常适于做多个局域网络的主干。然而 FDDI 与以太网一样，其本质仍是介质共享、无连接的网络，这就意味着它仍然不能提供服务质量保证和更高的带宽利用率。在少量站点通信的网络环境中，它可达到比以太网稍高的通信效率，但随着站点的增多，效率会急剧下降，这时候无论从性能和价格上都无法与快速以太网相比。

### 4. ATM 网络

ATM 是一种较新型的单元交换技术，同以太网、令牌环网、FDDI 网络等使用可变长度帧数据技术不同，ATM 使用 53 字节固定长度的单元进行交换（见第 2 章异步时分复用 ATM 信元结构），即信元交换，由于长度固定，因而便于用硬件实现。采用基于信元的异步传输模式和虚电路结构，根本上解决了多媒体的实时性及带宽问题；ATM 是可同时应用于局域网与广域网两种网络应用领域的网络技术，具有高速数据传输率，可支持多种类型如声音、数据、传真、实时视频、CD 质量音频和图像的通信。ATM 采用了统计时分电路进行复用，因而能大大提高通道的利用率。ATM 的带宽可以达到 25Mbit/s、155Mbit/s、622Mbit/s 甚至数 Gbit/s。

### 5. 无线局域网

无线局域网（Wireless Local Area Network，WLAN）指采用无线传输介质的局域网，在

宾馆、机场候机厅等区域，WLAN 为人们提供无线上网的方便。

（1）无线局域网组网模式　无线局域网有两种组网模式：一种是无固定基站的自组网络，如图 3-47 所示；另一种是有固定基站的基础结构网，如图 3-48 所示。

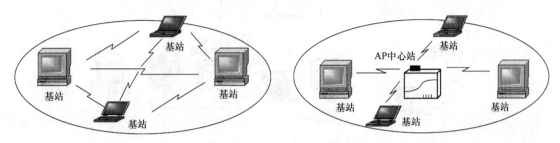

图 3-47　无固定基站的自组网　　　　　图 3-48　有固定基站的基础结构网

1）自组网络 WLAN 是一种对等网络，是最简单的无线局域网，是一种无中心的拓扑结构。它由一组有无线接口卡的无线终端（特别是移动计算机）组成。这些无线终端以相同的工作组名、扩展服务集标识号（SSID）和密码以对等的方式相互直连，在 WLAN 的覆盖范围之内，进行点对点或点对多点之间的通信。它的建立是为了满足暂时需求的服务。

2）基础结构网（infrastructure）WLAN 要求有一个无线固定基站充当无线接入中心站，即 AP（Access Point）中心站，集中发送和接收数据，相当于有线网络中的集线器，所有站点对无线网络的访问，均由 AP 中心站控制。

在具有一定数量的用户或需要建立一个稳定的无线网络平台时，一般采用以 AP 中心站为中心的拓扑结构，AP 中心站使用全向天线（Omni-directional）。AP 中心站可以通过标准的 Ethernet 电缆与传统的有线网络相连，如图 3-49 所示，AP 中心站既是无线接入访问点，又是连接无线局域网与有线局域网的网桥，利用 AP 中心站可以实现高速的有线或无线骨干传输网接入。

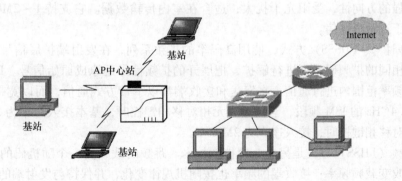

图 3-49　无线与有线网互联

点对点型无线联网方式如图 3-50 所示，AP 中心站采用定向天线（Uni-directional），是一些布线困难、上网设备经常移动和搭建临时性网络的常用方式。采用激光无线传输时，传输距离远，传输速率高，受外界环境影响较小。

通常，一个 AP 中心站能够在几十米至上百米的范围内连接多个无线用户，由于无线电波在传播过程中会不断衰减，导致 AP 中心站的通信范围有限，这个范围称为微单元。如果采用多个 AP 中心站，并使它们的微单元相互有一定范围的重合，则用户可以在整个无线局域网覆盖区域内移动，无线网卡能自动发现附近信号强度最大的 AP 中心站，并通过这个

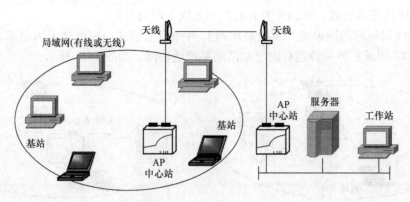

图 3-50　点对点型无线联网方式

AP 中心站收发数据，保持不间断的网络连接，这种方式称为无线漫游。

（2）无线局域网技术　IEEE 802.11 第一代无线局域网标准在 1997 年 6 月发布，它是第一个国际广泛认可的无线局域网协议。IEEE 802.11 覆盖了无线局域网的物理层和 MAC 子层系列规范。

1）在 IEEE 802.11 标准中，定义了三个可选的物理层实现方式，它们分别是红外线（IR）基带物理层和直接序列扩频（Direct Sequence Spread Spectrum，DSSS）与跳频扩频（Frequency Hopping Spread Spectrum，FHSS）两种无线电频率（RF）物理层。射频（RF）是 Radio Frequency 的缩写，表示可以辐射到空间的电磁频率，频率范围为 300kHz ~ 300GHz。电磁信号每秒变化小于 1000 次的称为低频，大于 10000 次的称为高频，而射频就是这样一种高频信号；微波频段（300MHz ~ 300GHz）又是射频的较高频段。目前 IEEE 802.11 规范的实际应用以使用 DSSS 方式为主流。

红外线技术方式（Infra Red）使用波长为 850 ~ 950nm（小于 1μm）的红外线作为传输媒介，有较强的方向性，受阳光干扰大，适合在室内传输数据。它支持 1 ~ 2Mbit/s 的数据速率，适合于近距离通信。

直接序列扩频（DSSS）方式，使用高码率的扩频系列，在发射端扩展信号的频谱，而在接收端用相同的扩频码系列进行解扩，把展开的扩频信号还原成原始信号。DSSS 局域网可在很宽的频率范围内进行通信，在发送和接收端都以窄带方式通信，而以宽带方式传输。DSSS 使用 2.4GHz 的 ISM 频段，当使用二元相对移相键控时，基本接入速率为 1Mbit/s。当使用 4 元相对移相键控时，接入速率为 2Mbit/s。

跳频扩频（FHSS）方式是另外一种扩频技术。跳频的载频受一个随机码的控制，按随机规律不断改变载频频率；接收端的频率也按随机规律变化，并保持与发射端的变化规律一致。跳频的高低直接反映跳频系统的性能，跳频越高，抗干扰的性能越好，军用的跳频系统可以达到上万跳每秒，实际上移动通信 GSM 系统也是跳频系统。FHSS 也使用 2.4GHz 的 ISM 频段（2.4000 ~ 2.4835GHz），共有 79 个信道可供跳频使用。第一个频道的中心频率为 2.402GHz，以后每隔 1MHz 一个信道。

2）IEEE 802.11 标准在 MAC 子层采用"带冲突避免"的载波监听多路访问协议（Cancer Sense Multiple Access With Collision Avoid），简称 CSMA/CA。为了减少无线设备之间同一时刻同时发送数据导致冲突的风险，IEEE 802.11 引入了称为请求发送（RTS）/清除发送（CTS）的机制。即如果发送目的地是无线节点，数据到达 AP 中心站后，该 AP 中心站将会向无线节点发送一个请求发送 RTS 帧，请求一段用来发送数据的专用时间；接收到 RTS 请求帧的无线节点将回应一个 CTS 帧，表示它将中断其他所有的通信，直到该 AP 中心站传输数据结束。其他设备可以监听到传输事件的发生，同时将在此时间段的传输任务向后推迟，这样节点间传输数据时发生冲突的概率就会大大减少。

3）基于 IEEE 802.11 标准的无线网络使用的是开放的 2-4GB 频段，不需要申请。既可作为对有线网络的补充，也可独立组网，从而使网络用户摆脱网线的束缚，实现真正意义上的移动应用。AP 中心站和无线网卡之间的网络通信速率可以针对具体的网络环境动态调整。

IEEE 802.11a 标准的优点是传输速度快，可达 54Mbit/s，完全能满足语音、数据、图像等业务的需要。缺点是无法与 IEEE 802.11b 兼容。

IEEE 802.11b 第二代无线局域网络协议标准带宽最高可达 11Mbit/s。实际的工作速度可以调整为 1Mbit/s、2Mbit/s、5.5Mbit/s 和 11Mbit/s，通常工作速率是 5.5Mbit/s。

IEEE 802.11g 实际可调整工作速度有 54Mbit/s、48Mbit/s、36Mbit/s、24Mbit/s、18Mbit/s、12Mbit/s、11Mbit/s、9Mbit/s、6Mbit/s、5.5Mbit/s、2Mbit/s、1Mbit/s，共 12 个不同速率可动态转换，以发挥相应网络环境下的最佳连接性能。

IEEE 802.11g 标准支持 54Mbit/s 的传输速率，与 IEEE 802.11a 速率上兼容，并且与 IEEE 802.11b 完全兼容。这样通过 IEEE 802.11g 原有的 IEEE 802.11b 和 IEEE 802.11a 两种标准的设备就可以在同一网络中使用。

IEEE 802.11n 增加了多入多出（Multiple Input Multiple Output，MIMO）标准，使用多个天线组成的天线阵列来支持更高的数据传输率，并使用了时空分组码（Alamouti Coding Schemes）来增加传输范围。802.11n 支持在多种标准带宽（20MHz）上的速率，包括（单位为 Mbit/s）：7.2、14.4、21.7、28.9、43.3、57.8、65、72.2（单天线）。使用 4 × MIMO 时速率最高为 300Mbit/s。802.11n 也支持双倍带宽（40MHz），当使用 40MHz 带宽和 4 × MIMO 时，速率最高可达 600Mbit/s。

4）无线网络安全问题。无线网络除了具有有线网络的不安全因素外，还容易遭受窃听、干扰、冒充和欺骗等形式的攻击。WEP 不具备认证、访问控制和完整性校验功能，不能完全保证加密传输的有效性，一旦 WEP 遭到破坏，这类机制的安全也就不复存在。

### 3.3.2 网络的互联设备

网络互联设备首先为两种网络连接提供基本的物理接口，更重要的是要协调网络之间的通信协议，处理速率与带宽的差别，实现一个网络与另一个网络的互访与通信。网络互联设备包括中继器、集线器、交换机、网桥、路由器和网关等。

#### 1. 中继器

中继器（Repeater）是最简单的网络互联设备，工作在 OSI 模型的物理层，主要连接和延伸同类型局域网（协议相同），增加有效传输距离，但传输媒体可以不同。它负责在两个节点的物理层上按位（Bit）传递信息，完成信号的复制、整形、再生，以此来延长网络的长度。由于存在损耗，在线路上传输信号的功率会逐渐衰减，衰减到一定程度时将造成信号失真，导致接收错误，中继器就是为解决这一问题而设计的。按信号整形方式分类，中继器分为两类：一类是直接放大式中继器，信号和噪声同时放大；另一类是信号再生式中继器，信号被放大整形，而噪声被处理降低。

#### 2. 集线器

集线器（Hub）是一种基于星形结构的共享式网络互联设备，作用与中继器类似，对接收信号进行再生放大，以扩大网络传输距离，可视为一个多口中继器，同样工作在 OSI 模型的物理层和数据链路层。集线器是对网络进行集中管理的最小单元，把所有终端设备集中在以它为中心的节点上，同时它又可以是各分支的汇集点，组成树形局域网。

集线器与网卡、网线等一样，属于局域网中的基础设备，采用 CSMA/CD 访问技术。正是因为 Hub 只是一个信号再生和中转的设备，所以它不具备自动寻址能力，即不具备交换作用，所有传到 Hub 的数据均被广播到与之相连的各个端口，容易形成数据堵塞，不能控制广播风暴。因此由 Hub 互联的局域网，虽然物理结构上是星形或树形的，但逻辑上仍是一个总线型的局域网。

#### 3. 交换机

交换机是专门设计使终端设备能够相互高速通信、独享带宽的互联设备。交换机具备自动寻址能力和交换作用，它可以根据数据链路层数据帧，学习 MAC 地址，构建自己的转发表，做出数据帧转发决策，将每一数据帧独立地从源端口送至目的端口，避免了和其他端口发生碰撞。二层交换机工作在 OSI 模型的第二层"数据链路层"，基于 MAC 地址以数据帧的形态转发数据。三层交换机具有 OSI 模型的第三层"网络层"的功能，能解析第三层数据包的 IP 地址，以数据包的形式高速转发数据。这里仅讨论二层交换机的工作原理。

（1）交换机的交换方式　交换机拥有一条高带宽的背板总线，所有的端口都挂接在这条背板总线上，背板总线与端口构成一个内部交换矩阵。交换机基于 MAC 地址的识别，完成数据包转发。交换机进行数据帧交换的方式主要有直通式、存储转发和碎片隔离三种。

交换机的工作过程

1）直通式。直通方式的以太网交换机可以理解为在各端口间是纵横交叉的线路矩阵电话交换机。它在输入端口检测到一个数据帧时，检查该数据帧的数据帧头，获取数据帧的目的地址，启动内部的动态查找表换成相应的输出端口，在输入与输出交叉处接通，把数据帧直通到相应的端口，实现交换功能。由于不需要存储，因此延迟非常小、交换非常快。它的缺点是，因为交换机只要得知了数据帧的目的 MAC 地址，即开始向目的端口转发数据，包括正常帧、残帧和超长帧，数据帧并没有被以太网交换机保存下来，所以无法检查所传送的数据帧是否有误。由于没有缓存，不能将具有不同速率的输入/输出端口直接接通，而且容易丢数据帧。

2）存储转发。存储转发方式是计算机网络领域应用最为广泛的交换方式。当交换机控制电路从某一端口接收到数据帧后，先存储起来，并读取数据帧头中的源 MAC 地址，从而建立源端口与源 MAC 地址的对应关系，并将其添加至地址表；然后，对数据帧进行 CRC（循环冗余码校验）检查，在对错误数据帧处理后才取出数据帧的 MAC 目的地址，查找其内存中的地址对照表，以确定该数据帧发送目的地址连接在交换机的哪一个端口上；如果地址表中存在该目的 MAC 地址对应的端口，则立即将数据帧直接复制到这个端口上；如果在 MAC 地址表中没有找到该 MAC 地址，也就是说，该目的 MAC 地址是首次出现，则将该数据帧发送到所有其他端口（源端口除外），相当于该数据帧是个广播帧，这一过程称为泛洪（flood）。拥有该 MAC 地址的网卡在接收到该广播帧后，将立即做出应答，从而使交换机将"端口号—MAC 地址"对照表添加到地址表。

交换机根据以太网中的源地址来更新地址表。当一台计算机打开电源后，安装在该计算机中的网卡会定期发送空闲数据帧或信号，交换机即可据此得知与其连接的计算机网卡的 MAC 地址。由于交换机能够根据收到的以太网数据帧中的源地址自动更新地址表的内容，所以交换机使用的时间越长，地址表中存储的 MAC 地址就越多。然而，由于交换机的内存地址有限，交换机不会永久性地记住所有端口号的 MAC 地址关系。在交换机内有一个忘却机制，当某一 MAC 地址在一定时间内（该时间由网络工程师设定，默认为300s）不再出现时，交换机自动将该地址从地址表中清除，当下一次该地址重新出现时，交换机将其作为新地址重新记入地址表中。

3）碎片隔离。这是介于前两者之间的一种解决方案，它检查数据帧的长度是否够 64 个字节。如果数据帧长度小于 64 字节，说明是假数据帧，则丢弃该数据帧；如果数据帧长度大于 64 字节，则发送该数据帧。这种方式也不提供数据校验。它的数据处理速度比存储转发方式快，但比直通式慢。由于能够避免残帧的转发，所以被广泛应用于低档交换机中。

（2）交换机的 MAC 地址表　交换机的 MAC 地址表包含了三种类型的地址：动态地址、静态地址、过滤地址。

1）动态地址。交换机通过学习新的地址并老化掉不再使用的地址来不断更新其动态地址表。由于交换机中各端口具有自动学习地址的功能，通过端口发送和接收的帧的源地址（源 MAC 地址—交换机端口号）将存储到地址表中，所以需要维持一个老化时间。老化时间是从一个地址记录加入地址表以后开始计时，如果在老化时间内各端口未收到源地址为该 MAC 地址的帧，那么，这些地址将从动态转发地址表中删除。

2）静态地址。静态地址是不会老化的 MAC 地址，区别于自动由学习得到的动态地址。静态地址一旦被加入，在被删除之前将一直有效，而不受老化时间的限制。这对于某些相对固定的连接来说，是相当有用的，可以提高交换机的效率。可通过管理界面实现交换机静态地址的查看、添加以及删除。

3）过滤地址。过滤地址表记录了交换机要过滤掉的 MAC 地址，交换机将不转发以过滤地址为目的地址的帧。通过修改该地址表，可以过滤不期望的帧达到安全保护的目的。可通过管理界面实现交换机过滤地址的查看、添加以及删除。

（3）交换机的主要功能　交换机是一种基于 MAC 地址记忆与识别，实现数据帧转发的网络互联设备，其实现的主要功能有地址学习、帧过滤与转发、环路避免。

1）地址学习（Address Learning）。交换机自动学习每一端口相连设备的 MAC 地址，并建立端口与 MAC 地址的映射关系，缓存在 MAC 地址表中。交换机每收到一个数据信息都要查看地址表，有映射记录就按照地址表中对应的端口转发；没有映射记录就转发给除自己以外的所有端口。

2）帧过滤与转发。交换机在转发之前必须收到整个完整的帧，并进行检错，如无错误则放入缓存，之后再将这一帧发向目的地址。如果在差错检测过程中发现数据帧出错，则将错误的数据帧丢弃，帧通过交换机的转发时延随帧长度的不同而变化。

3）环路避免（Loop Avoidance）。当网络范围不断扩大时，经常把交换机相互连接成一个链路路环，以保持网络的冗余和稳定性，一台交换机出现问题，链路不会中断。但是，交换机相互连接形成环路，会产生广播风暴、多帧复制和 MAC 地址表不稳定等现象，严重影响网络正常运行。当交换机包括一个冗余回路时，交换机通过生成树协议（Spaning-Tree Protocol，STP）避免广播环路的产生，同时允许存在后备路径，如图 3-51 所示，多交换机网络任何两个 LAN 之间仅有一条逻辑路径，避免扩展 LAN 的逻辑拓扑结构产生回路，导致数据多路重发。

交换机还支持 VLAN、链路汇聚等技术，甚至有的还具有防火墙的功能。

4. 网桥

网桥是连接两个局域网的一种存储转发设备。它工作在 OSI 的第二层（数据链路层），具有在不同网段之间再生信号的功能，根据 MAC 地址来转发帧，它可以有效地连接两个局域网，可以将其看成一个"低层的路由器"。网桥分为本地网桥和远程网桥两类，本地网桥又分为内桥和外桥两类。

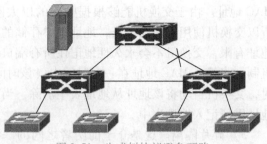

图 3-51　生成树协议避免环路

（1）本地网桥　内桥是文件服务器的一部分，它在文件服务器中利用 2 个网卡把 2 个局域网连接起来；外桥实现两个相似网络之间的连接，网络互联设备交换机即是典型的外桥。内桥、外桥结构如图 3-52 所示。

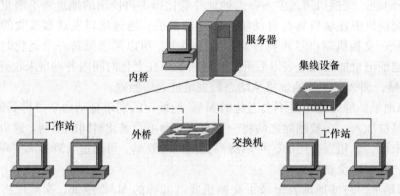

图 3-52　内桥、外桥结构

（2）远程网桥　远程网桥是实现远程网之间连接，通常用调制解调器与公共通信媒体连接（如电话线），实现两个局域网之间的连接。远程网桥结构如图 3-53 所示。

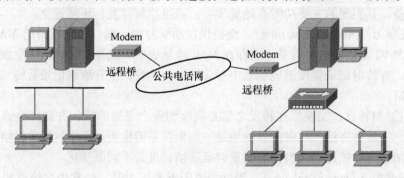

图 3-53　远程桥结构

（3）无线网桥　随着无线网络的兴起，无线网桥开始流行，如图 3-54 所示。无线网桥一般都配对出现，它利用无线传输方式实现在两个或多个网络之间搭起通信的桥梁。相对的两个无线站点如站点 A 和站点 B，每一个站点都发射和接收信号。有些无线网桥可以在建筑物之间建立起高速的远程户外连接。

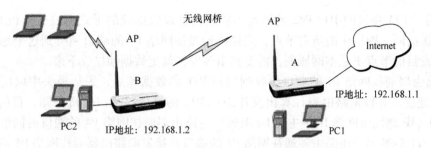

图 3-54　无线网桥结构

#### 5. 路由器

路由器是互联网络的重要设备之一，它工作在 OSI 的第三层上，即"网络层"上，路由器最基本的功能是基于 IP 地址转发数据帧。

路由器通常用于连接多个逻辑上分开的网络，如图 3-55 所示。可用完全不同的数据分组和介质访问方法连接各种子网，它能在异种网络互联与多网络互联环境中建立灵活的连接。

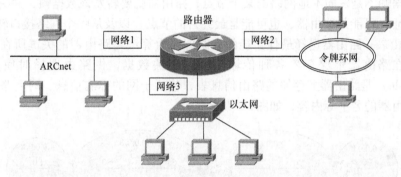

图 3-55　路由器互联网络结构

（1）路由器的工作过程　路由器的主要工作就是为经过路由器的每个数据帧寻找一条最佳传输路径，并将该数据有效地传送到目的站点。以图 3-56 所示的简单路由网络为例，我们看看路由器是如何判断网络地址和选择路径的。P1、P2、P3、P4 四个网络通过路由器连接在一起，假设用户 P11 要向 P42 用户发送一个请求信息，数据帧的传送步骤如下：

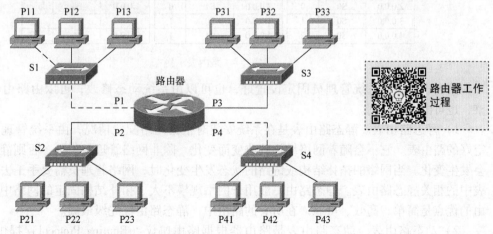

图 3-56　简单路由网络示意图

1）用户 P11 将目的用户 P42 的地址和数据信息以数据帧的形式通过交换机 S1 以广播的形式发送给同一网络中的所有节点，当路由器通往网络 P1 的端口侦听到这个地址后，分析得知所发目的节点不是本网段的，需要路由转发，就把数据帧接收下来。

2）路由器通往网络 P1 的端口接收到用户 P11 的数据帧后，先从报头中取出目的用户 P42 的 IP 地址，并根据路由表计算出发往用户 P42 的最佳路径。分析得知，目的用户 P42 的网络 ID（IP 地址由网络 ID + 主机 ID 组成）与路由器通往网络 P4 的端口的网络 ID 相同，所以用户 P11 的数据帧由路由器通往网络 P1 的端口直接发向路由器通往网络 P4 的端口，这应该是数据帧传送的最佳路径。

3）路由器通往网络 P4 的端口再次取出目的用户 P42 的 IP 地址，从中找出目的用户 P42 的主机 ID 号。如果 P4 网络中没有交换机设备，路由器通往网络 P4 的端口此时根据用户 P42 的主机 ID 号直接把数据帧发送给用户 P42；如果网络中有交换机（如 S4），则路由器通往网络 P4 的端口将数据帧先发给交换机，由交换机根据其 MAC 地址表找出目的用户的节点位置，将数据帧发给目的用户 P42。这样路由器就完成了一个数据帧的转发。

总之，通过路由器实现的互联网络中，路由器对数据帧进行检测，判断其中所含的目的地址，若数据帧不是发向本地网络的某个节点，路由器就要转发该数据帧，并决定转发到哪一个目的地址（可能是路由器，也可能是最终目的节点）以及从哪个网络接口转发出去。

（2）路由表　路由器选择最佳路径的策略即路由算法是路由器的关键所在，为了完成这项工作，在路由器中保存着各种传输路径的相关数据，供路由选择时使用。路由表（Routing Table）是路由器上存储的路由信息表，包括子网的标志信息、网上路由器的个数和下一个路由器的名字等内容，如图 3-57 所示。

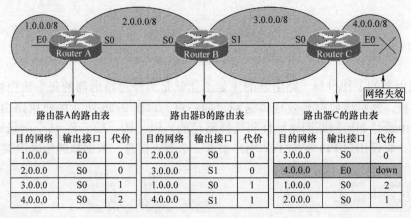

图 3-57　路由表示例

路由表可以由系统管理员固定设置好，也可以由系统动态修改；可以由路由器自动调整，也可由主机控制。

1）静态路由表。静态路由表是在系统安装时根据网络配置情况，由系统管理员预先设定好的路由表。它不会随着网络结构的改变而变化。除非网络管理员干预，否则静态路由不会发生变化。当网络的拓扑结构或链路的状态发生变化时，网络管理员需要手工去修改路由表中的相关静态路由表。静态路由一般用于网络规模不大、拓扑结构固定的网络中。静态路由的优点是简单、高效、可靠。在所有的路由中，静态路由优先级最高。

2）动态路由表。动态路由表是路由器根据路由协议（Routing Protocol）提供的功能，自动学习和记忆网络运行情况，建立并能自动调整的路由表。它能实时地适应网络结构变化。如果网络拓扑结构发生改变，路由选择软件就会重新计算路由，并发出新的路由更新信息；这些信息通过各个网络，使得各路由器重新启动其路由算法，并更新各自的路由表以动态地反映网络拓扑结构变化。动态路由适用于网络规模大、网络拓扑复杂的网络。当然，各种动态路由协议会不同程度地占用网络带宽和 CPU 资源。

当一个分组在路由器中进行寻径时，路由器首先查找静态路由，如果查到则根据相应的静态路由转发分组，否则再查找动态路由。当动态路由与静态路由发生冲突时，以静态路由为准。

（3）路由协议　根据是否在一个自治域内部使用，动态路由协议分为内部网关协议和外部网关协议。这里的自治域指一个具有统一管理机构、统一路由策略的网络。自治域内部采用的路由选择协议称为内部网关协议，常用的有 RIP、OSPF；外部网关协议主要用于多个自治域之间的路由选择，常用的是 BGP 和 BGP-4。

1）RIP。路由信息协议（Routing Information Protocol，RIP）是一种简单的路由选择协议，RIP 通常利用跳数来作为计量标准，采用距离向量算法，即路由器根据距离选择路由，所以也称为距离向量（DV）协议。RIP 是一种内部网关协议。路由器收集所有可到达目的地的不同路径，并且保存有关到达每个目的地的最少站点数的路径信息。同时路由器也把所收集的路由信息用 RIP 通知相邻的其他路由器。这样，正确的路由信息逐渐扩散到了全网。

RIP 收敛较慢，只适用于小型的同构网络，适用于不太可能有重大扩容或变化的小型网络。因为它允许的最大站点数为 15，即从源出发地到目的地之间最多只能经过 15 个路由器，任何超过 15 个站点的目的地均被标记为不可达。而且 RIP 每隔 30s 一次的路由信息广播也是造成网络广播风暴的重要原因之一。

2）OSPF 协议。开放最短路径优先（Open Shortest Path First，OSPF）协议是基于链路状态（LV）的路由协议，需要每个路由器向其同一管理域的所有其他路由器发送链路状态广播信息，包括所有接口信息、所有的量度和其他一些变量。利用 OSPF 的路由器首先必须收集网上所有链路状态信息，本机内结合成一张完整的路由表，再根据一定的算法计算出到每个节点的最短路径。

OSPF 每台路由器向全网广播自己的直接路由资料，支持路由器达 65535 台。而基于距离向量（DV）的路由协议 RIP 仅向其邻接路由器发送有关路由的更新信息。

6. 网关

网关指在网络高层实现多个网络互联的设备。网关一般工作在 OSI 七层协议中的上三层（或 TCP/IP 的应用层），网关又称协议转换器，它将协议进行转换，保留原有的信息内容，但对数据重新分组，以便能在不同协议的两个网络系统间进行通信。网关的作用是使处于网络上采用不同高层协议的主机仍然可以互相合作，实现异构网（不同体系 LAN、WAN）互联。网关只能针对特定应用，不可能有通用网关；网关可以采用硬件实现也可以采用软件实现；常见网关设备为普通用户访问更多类型的大型计算机系统提供帮助。网关和特殊用途的通信服务器（如多协议路由器）结合在一起，可以连接多种不同的系统。

## 3.3.3　互联网接入方式

从本质上说，互联网（Internet）就是由许多小的网络构成的国际性大网络，在各个小网络内部使用不同的协议，正如不同的国家使用不同的语言，而它们之间能进行信息交流则使用网络上的世界语——TCP/IP，通过 IP 地址或者方便用户记忆的域名地址进行网络用户的互访，从而最大程度地实现资源共享。如何将各个子网接入互联网的大家庭，目前常用的有公共电话交换网接入、不对称数字用户线接入、混合光纤/同轴电缆网接入和公用数据通信网接入等方式。

### 1. 公共电话交换网接入方式

公共电话交换网（PSTN）接入方式示意图如图 3-58 所示。用户计算机（或网络中的服务器）和互联网中的远程访问服务器（Remote Access Server，RAS）均通过调制解调器（Modem）与电话网相连。用户在访问互联网时，通过拨号方式与互联网的 RAS 建立连接，借助 RAS 访问整个互联网。

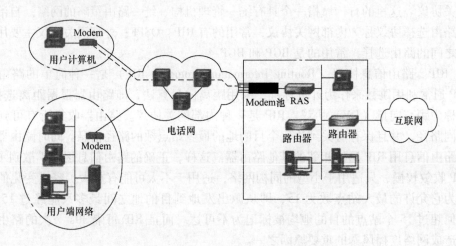

图 3-58    PSTN 接入方式示意图

### 2. 不对称数字用户线接入方式

不对称数字用户线（Asymmetric Digital Subscriber Loop，ADSL）接入方式示意图如图 3-59 所示。它充分利用现有的电话线网络，只需在线路两端加装 ADSL 设备即可为用户提供高速高带宽的接入服务。ADSL 的特点如下：

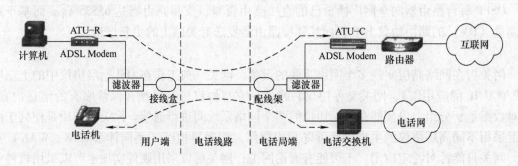

图 3-59    ADSL 接入方式示意图

1）不需要重新布线，ADSL 在同一线路上分别传送数据和语音信号，上互联网和打电话互不干扰。

2）不需要拨号，ADSL 传输数据信号并不通过电话交换机设备，这意味着使用 ADSL 上网不需要缴付另外的电话费，这就节省了一部分使用费。

3）用户通过 ADSL 接入互联网后，可以独享 8Mbit/s 下行速率，上行速率可以达到 1Mbit/s，是普通 Modem 拨号速度所不能及的。

### 3. 综合业务数字网接入方式

综合业务即指多种业务，包括语音、文字、图像等各类数字信息传送业务，综合业务数字网（Integrated Services Digital Network，ISDN）接入方式示意图如图 3-60 所示。

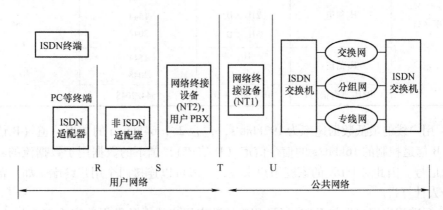

图 3-60　ISDN 接入方式示意图

ISDN 与 PSTN 的一个重要差别是，ISDN 用户终端与 ISDN 局端（交换机）的连接应采用数字用户线，而 PSTN 一般使用模拟用户线。ISDN 除了具有 PSTN 所具有的电路交换能力外，还应具有分组交换等数据交换功能和公共信道信令能力。

ISDN 具有三种不同的信令：用户—网络信令、网络内部信令和用户—用户信令。用户驻地网通过用户线和局端的 ISDN 交换机相连。ISDN 在用户线上定义了下述几种不同速率的信道用于用户信息传输。

B 信道：用户信道，用来传送语音、数据等用户信息，传输速率是 64kbit/s，可用于传输一路 PCM 语音。一个 B 信道也可以包含多个低速的用户信息（多个子信道），这意味着一个用户可使用多个通信终端。但是这些信息必须传往同一目的地。也就是说，B 信道是电路交换和连接的基本单位。

H 信道：用来传送高速的用户信息。用户可以将 H 信道作为数字中继线或高速干线，根据各自的时分复用方案将其划分使用。典型的应用例子有用户小交换（PBX）、LAN 互连等。目前 H 信道有三种标准速率：$H_0$ 信道 384kbit/s，$H_{11}$ 信道 1536kbit/s（适用于 PCM24 路系统），$H_{12}$ 信道 1920kbit/s（适用于 PCM30/32 路系统）。

D 信道：有两个用途，首先它可以传送公共信道信令，而这些信令（拨号、振铃音等）用来控制同一用户线上 B 信道的呼叫；其次，当没有信令信息需要传送时，D 信道可用来传送分组数据。D 信道的速率是 16kbit/s 或 64kbit/s。

使用不同的用户线传输速率时，可选用的多种信道配置方法见表 3-7。由表中的信道安排方式可以看出，ISDN 为用户的不同需求提供了极大的灵活性。

表 3-7　ISDN 用户信道配置

| 接口类型 | 用户信道类型 | 信道结构 | 接口速率/(kbit/s) | D 信道速率/(kbit/s) |
| --- | --- | --- | --- | --- |
| 基本接口 | B 信道 | 2B + D | 192 | 16 |

（续）

| 接口类型 | 用户信道类型 | 信道结构 | 接口速率/(kbit/s) | D信道速率/(kbit/s) |
|---|---|---|---|---|
| 基群速率接口 | B信道 | 23B+D | 1544 | 64 |
| | | 30B+D | 2048 | |
| | $H_0$信道 | $4H_0$ | 1544 | |
| | | $2H_0+D$ | 1544 | |
| | | $5H_0+D$ | 2048 | |
| | $H_1$信道 | $H_{11}$ | 1544 | |
| | | $H_{12}+D$ | 2048 | |
| | $B/H_0$混合信道 | $nB+mH_0+D$ | 1544/2048 | |

ISDN 用户线的最低数据速率为 192kbit/s，包含 2 个 64kbit/s 的数据信道（B 信道）和 1 个用于 B 信道控制的 16kbit/s 的信令信道（D 信道），剩下的数据用于数据流的帧定位等传输控制信号。因此对 ISDN 的家庭用户来说，一般可以连接两个用户终端，如一部电话机和一台个人计算机。

ISDN 标准规定用户端与 ISDN 局端相连的数字用户线上的数据速率为 192kbit/s 或 PDH 基群速率（1544kbit/s 或 2048kbit/s），因此 ISDN 只能处理速率低于 2048kbit/s 的数据传送业务，被称为窄带 ISDN（N-ISDN）。随着高清晰度电视（HDTV）等高速数据终端的出现，1990 年前后 CCITT 又推出十几个与高速数据传送业务（100~150Mbit/s）相关的 I 系列建议，并将这种能支持各种高速信息传送业务的网络称为宽带 ISDN（B-ISDN），此时规定的用户线速率为 155.2Mbit/s 或 622.08Mbit/s。在 B-ISDN 中规定采用异步传输模式（ATM）的交换和复用，以避免网络资源（信息传输速率）的浪费。

### 4. 混合光纤/同轴电缆（HFC）网接入方式

混合光纤/同轴电缆（Hybrid Fiber Coax，HFC）网接入方式示意图如图 3-61 所示。利用有线电视网，通过使用 Cable Modem，即电缆调制解调器，可以进行数据传输。

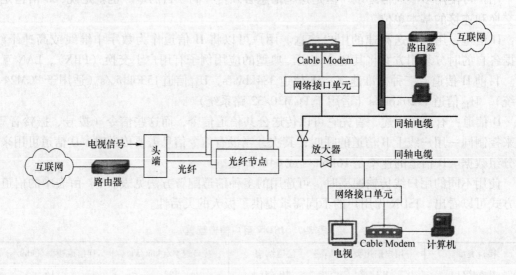

图 3-61　HFC 网接入方式示意图

Cable Modem 主要面向计算机用户的终端，它是连接有线电视同轴电缆与用户计算机之间的中间设备。由于大多数新建的有线电视网都采用光纤混合/同轴电缆网，使原有的 550MHz 扩展为 750MHz 的 HFC 双向网，其中有 200MHz 的带宽用于数据传输。Cable Modem 技术就是基于 750MHz HFC 双向有线电视网的网络接入技术的，它无需拨号上网，可永久连接。服务商的设备同用户的 Modem 之间建立了一个 VLAN（虚拟专网）连接，大多数的 Modem 提供一个标准的 10Base-T 以太网接口与用户的 PC 设备或局域网集线器相连。

Cable Modem 采用一种视频信号格式来传送 Internet 信息。视频信号所表示的是在同步脉冲信号之间插入视频扫描线的数字数据。数据是在物理层上被插入到视频信号的。同步脉冲使任何标准的 Cable Modem 设备都可以不加修改地应用。Cable Modem 采用幅度键控（ASK）突发解调技术对每一条视频线上的数据进行译码。

### 5. 公用数据通信网接入方式

公用数据通信网接入方式示意图如图 3-62 所示。目前，绝大多数路由器都可以配备和加载各种接口模块（例如，X.25 网络接口模块、帧中继网络接口模块、DDN 网络接口模块、ATM 网络接口模块等），通过配备有相应接口模块的路由器，用户的局域网和互联网就可以通过公用数据通信网相连，实现 Internet 接入。

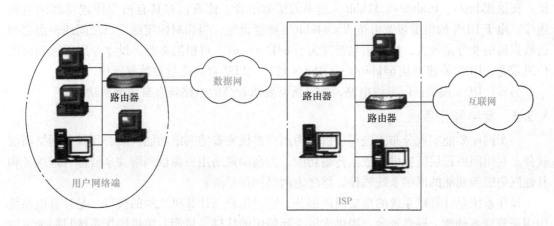

图 3-62　公用数据通信网接入方式示意图

（1）X.25 公用数据通信网　X.25 标准是在 20 世纪 60 年代由美国国防部组织开发的计算机网络的高可靠性通信子网的基础上制定的。在这个子网中首次实现分组交换和传输以保证高可靠性，国际上绝大多数国家都建立了 X.25 公用数据通信网。X.25 标准规定链路上的传输速率为 64kbit/s，而美国则为 56kbit/s。

X.25 是面向连接的，支持交换式虚电路和永久式虚电路。交换式虚电路在一台计算机向网络发送分组要求与远程计算机通话时建立。一旦建立好连接，分组就可以在上面发送，通常按次序到达。X.25 提供流量控制，以避免快速发送方淹没低速或繁忙的接收方。永久式虚电路在用法上和前者相同，但是它根据提前在客户和远程方达成的协议建立连接，它一直存在，不需要在使用时设置，它与租用线路相似。也就是说，交换式虚电路节点间的连接由交换机控制，永久式虚电路指节点间具有固定连接的虚电路。

（2）帧中继　帧中继（Frame Relay，FR）是由 X.25 发展而来的快速分组交换技术，支持非交换的面向连接的数据传输。帧中继具有点到点、一点到多点的数据传输功能，其性能高于 X. 25。帧中继是以简化方式交换和传输数据单元，并且内部不进行差错检测和纠正，同时还具有简单的网络拥塞管理机制。从用户端到帧中继网络的接口称为帧中继接口，帧中继接口支持的速率为 64kbit/s、$n \times 64$kbit/s、1.544Mbit/s、2.048Mbit/s、…、34Mbit/s。

（3）数字数据专线　数字数据专线（Digital Data Network Leased Line，DDN）是利用数字信道传输数据信号的专网，它的传输媒介有光纤、数字微波、卫星信道以及用户端可用的普通电缆和双绞线。利用数字信道传输数据信号与传统的模拟信道相比，具有传输质量高、速度快、带宽利用率高等一系列的优点。

以 X. 25 为核心的分组交换数据通信技术由于处理速度慢、网络时延大，使许多需要高速、实时数据通信业务的用户无法得到满意的服务。在这种形势下，介于永久连接和交换式连接之间的半永久性连接方式 DDN，开始作为一种数据通信应用技术的分支逐渐发展起来。

DDN 把数据通信技术与数字通信技术、计算机技术、光纤通信技术、数字交叉连接技术等有机地结合在一起，形成了一个新的技术整体，使其应用范围从单纯提供数据通信业务，逐渐扩展拓宽到支持多种业务。

DDN 提供 2.4kbit/s、4.8kbit/s、9.6kbit/s、19.2kbit/s、$N \times 64$kbit/s（$N = 1 \sim 31$）等速率的全透明的时分复用（TDM）电路连接；提供 $N \times 64$kbit/s（$N = 1 \sim 31$）速率帧中继连接；提供 8kbit/s、16kbit/s、32kbit/s 速率的压缩语音、传真，并具有信令传输功能的电路连接。由于 DDN 的信道带宽可按 $N \times 64$kbit/s 随意设定，当相对固定的两点之间或多点之间的数据通信业务量较大，数据信息带宽大于 64kbit/s 时，可根据需要，设立专用通道和设定信道带宽，DDN 的速率从 64kbit/s ~ 2Mbit/s 可选，以适合高流量的数据通信。

另外，DDN 提供国际专线电路，并对所有要求较高的电路具有自动倒换功能。

### 3.3.4　网络操作系统

一个网络要能实现分布式进程通信，为用户提供完备的网络功能，就必须具备网络高层软件。利用网络低层所提供的数据传输功能，为高层网络用户提供网络共享资源管理服务和其他网络服务功能的网络系统软件，称之为网络操作系统。

操作系统是计算机系统的重要组成部分，它是用户与计算机之间的接口，是计算机系统中用来管理各种软、硬件资源，提供人机交互使用的软件。然而，单机操作系统只能为本地用户使用本地资源提供服务，不能满足开放的网络环境的要求。网络操作系统的基本任务就是要屏蔽本地资源和网络资源的差异性，为用户提供各种基本网络服务功能，完成网络共享系统资源的管理，并提供网络系统的安全性管理。

总之，网络操作系统（NOS）是向网络计算机提供服务的特殊的操作系统，计算机操作系统下工作，增加了网络管理操作的能力。

#### 1. 网络操作系统的基本服务功能

网络操作系统都有各自的特点，但它们所能提供的网络服务功能有很多相似之处。网络操作系统通过文件服务器向网络工作站提供各种有效的服务。这些服务主要包括文件服务、打印服务、数据库服务、通信服务、信息服务、分布式目录服务、网络管理服务及 Internet 服务。

（1）文件服务　文件服务器以集中方式管理共享文件，网络用户可以根据所规定的权限对文件进行读、写以及其他各种操作，文件服务器为网络用户的文件安全与保密提供必需的控制方法。

（2）打印服务　共享打印服务可以通过设置专门的打印服务器完成，或由工作站兼任。通过打印服务功能，局域网中可以设置一台或几台打印机，网络用户就可远程共享网络打印机。

（3）数据库服务　随着网络的广泛应用，网络数据库服务变得越来越重要了。选择适当的网络数据库软件，按照客户/服务器（C/S）工作模式，开发出客户端与服务器端数据库应用程序，这样客户端就可以使用结构化查询语言 SQL 向数据库服务器发送查询请求，服务器进行查询后将查询结果传送到客户端。

（4）通信服务　网络操作系统提供的通信服务主要包括：工作站与工作站之间的对等通信、工作站与服务器之间的通信服务等功能。

（5）信息服务　网络可以用存储转发方式或对等的点到点通信方式完成电子邮件服务，目前已经进一步发展为文本文件、二进制数据文件以及图像、数字规则与语音数据的同步传输服务。

（6）分布式目录服务　网络操作系统提出了一种新的网络资源管理机制，即分布式目录服务，它将分布在不同地理位置的网络中的资源组织在一个全局性的、可复制的分布式数据库中，网络中多个服务器都有该数据库的副本，用户在一个工作站上注册，便可与多个服务器连接。对于用户来说，一个网络系统中分布在不同位置的多个服务器资源对他都是透明的，用户可以用简单的方法去访问一个大型网络系统。

（7）网络管理服务　网络操作系统提供了丰富的网络管理服务工具，可以提供网络性能分析、网络状态监控及存储管理等多种管理服务。

（8）Internet 服务　为适应 Internet 的应用，网络操作系统一般都支持 TCP/IP，提供各种 Internet 服务，支持 Java 应用开发工具，使网络服务器很容易地成为 Web 服务器，全面支持 Internet 访问。

2. 常用的网络操作系统

网络操作系统（NOS）是以使网络相关特性达到最佳为目的的，NOS 除了具备操作系统的所有功能外，还能够提供基本的网络服务，进行网络资源共享、网络安全系统管理。

目前应用较为广泛的网络操作系统有 Microsoft 公司的 Windows Server 系列、UNIX 和 Linux 等，如图 3-63 所示。

（1）Windows 类　在局域网中，Microsoft 公司的网络操作系统主要有 Windows Server 2012 R2/Foundation/Standard/Essentials/Datacenter 等。

微软的 Windows Server 是一个以"域"概念为基础的局域网络的服务器操作系统，它为用户提供了一个功能强大、容易使用的操作环境，具有

图 3-63　常用网络操作系统

集中管理、高效率、保密措施完善、自动修复、不断电保护及支持 Internet 等特点。

（2）UNIX 系统　UNIX 最早是指由美国贝尔实验室发明的一种多用户、多任务的通用操作系统。其中最为著名的有 SCO XENIX、SNOS、Berkeley BSD、AT&T 系统 V。常用的版本有 FreeBSD、IBM 的 AIX、HP-UX，SUN 的 Solaris 等。

（3）Linux 系统　Linux 是一个免费的、提供源代码的操作系统。Linux 的很多性能和特

点与 UNIX 极其相似。Linux 最早出现在 1992 年，由芬兰赫尔辛基大学的一个大学生 Linux B. Torvolds 首创。后来，在全世界各地、由成千上万的 Internet 上的自由软件开发者协同开发，不断完善和发展，使其完全成熟。从 Internet 服务器到用户桌面，从图形工作站到 PDA 的各种领域都在广泛使用。Linux 下有大量的免费软件，从系统工具、开发工具、网络应用，到休闲娱乐、游戏等。

总的来说，对特定计算环境的支持使得每一个操作系统都有适合于自己的工作场合，对于不同的网络应用，需要有目的地选择合适的网络操作系统。

### 3.3.5 网络的管理

网络管理系统的主要功能是维护网络正常高效率地运行。网络管理系统能及时检测网络故障并进行处理，能通过监测分析运行状况而评估系统性能，通过对网络协调配置可更有效地利用网络资源，保证网络高效率运行。

1. ISO 网络管理模式

ISO 在网络的标准化方面做了大量工作，ISO 7498-4 定义了开放系统互连管理的体系结构，定义了五个管理功能：配置管理、故障管理、性能管理、记账管理及安全管理。

2. 简单网络管理协议（SNMP）

SNMP 是最早提出的网络管理协议之一，它一推出就得到了广泛的应用和支持，特别是很快得到了数百家厂商的支持，其中包括 IBM、HP、SUN 等大公司和厂商。目前 SNMP 已成为网络管理领域中事实上的工业标准，并被广泛支持和应用，大多数网络管理系统和平台都是基于 SNMP 的。

### 3.3.6 网络的安全

随着网络分布的日益广泛，网络系统的日趋庞杂，网络的安全问题越来越引起人们的重视。现存的 Internet 已经包含了数以百万的接入点、成百万的服务器以及数百万英里各种连接线缆，它也极易受到来自各处的各种类型的攻击，一个外来者通过互联网登录一个公司的网络并窃取或破坏数据的威胁是十分现实的，保障网络的安全已经成为每个网络用户必须进行的工作之一。

1. 网络的安全策略

鉴于网络存在着各种各样的安全隐患，因此针对各种风险制定相应的安全策略是十分必要的。安全策略建立全方位的防御体系来保护机构的信息资源，这种安全策略应包括在出版的安全指南中，告诉用户们他们应有的责任，公司规定的网络访问、服务访问、本地和远地的用户认证、拨入和拨出、磁盘和数据加密、病毒防护措施，以及雇员培训等。所有有可能受到网络攻击的地方都必须以同样安全级别加以保护。

（1）与人有关的安全风险的解决方法　绝大多数的网络安全破坏事件是利用人为的错误，而对这一薄弱环节最直接有效的方法就是加强管理。

（2）与软件有关的风险的解决方式

1）由网络操作系统提供的安全机制。不论网络是运行在 Microsoft 操作系统之上，还是 UNIX 操作系统之上，都可以通过对被授权在网络上工作的用户进行分类限制来实现基本的安全机制。每个网络管理员应该了解服务器上的哪些资源是所有用户都需要访问的。因为任何用户都拥有这种权限，并且执行该权限不会对网络产生安全危险。因此，这种赋予给所有用户的权限称为公用权限。

　　在大部分情况下，公用权限是非常有限的。它包括浏览和执行服务器提供的程序，以及在一个共享数据目录中读、创建、修改、删除和执行文件的权限。

　　除此之外，网络管理员需要根据用户的安全级别对用户分组，并且对不同的组分配相应的附加权限以满足这些组的需求。除了限制用户对服务器上文件和目录的访问权限，网络管理员也可限制用户访问服务器和资源的方法。网络管理员用于增强网络安全所使用的其他的限制方法有：时间段限制、登录的总时间限制、源地址限制、不成功登录尝试次数限制等。

　　2）加密。加密就是使用一种算法将数据变换为一种只能由相反算法，即解密算法去阅读的格式，从而保持了信息的私有性。加密算法存在许多形式，其中一些可能比其他的更安全。随着新的加密算法的开发，新的破坏它们代码的方法也会随即产生。

　　最流行的加密算法是将密钥（一些随机的字符串）编入到原始的数据流中，有时以不同的序列编入多次，从而产生一个唯一的数据块。密钥越长，被加密的数据就越不容易被未授权系统解密。例如，一个512位的密钥被认为是安全的，然而一个由16位密钥产生的数据块可能会立刻被破坏。常用的加密类型如下：

　　PGP（Pretty Good Privacy）：一种针对电子邮件的基于密钥的加密系统。它使用一种两步验证进程。

　　数字认证：一种受口令保护的且被加密的文件，它包括了一个人的识别信息，即公用密钥和私有密钥。个人的公用密钥用于验证发送方的数字签名，私有密钥允许个人登录到第三方管理数字认证的权威机构。

　　安全套接层（SSL）：一种加密网页（或HTTP传输）的方法。Internet浏览器的最新版本都支持SSL。

　　IP安全协议（IPSec）：它为IPv6定义了加密、认证和密钥管理等内容。它作用在OSI模型的网络层（第三层），对所有的IP数据包的报头添加了安全信息。

　　（3）与硬件及设计有关的风险的解决办法　防火墙系统决定了哪些内部服务可以被外界访问；外界的哪些人可以访问内部的哪些可以访问的服务，以及哪些外部服务可以被内部人员访问。要使一个防火墙有效，所有来自和去往Internet的信息都必须经过防火墙，接受防火墙的检查。防火墙必须只允许授权的数据通过，并且防火墙本身也必须能够免于渗透。但不幸的是，防火墙系统一旦被攻击者突破或迂回，就不能提供任何的保护了。

　　**应特别注意的是**，Internet防火墙不仅仅是路由器、堡垒主机或任何提供网络安全的设备的组合，它是安全策略的一个部分。仅设立防火墙系统，而没有全面的安全策略，那么防火墙就形同虚设。

　　2. 防火墙的主要组件

　　防火墙的主要组件有网络策略（Network Policy）、高级认证机制（Advanced Authentication Mechanisms）、数据包过滤（Packet Filtering）和应用网关（Application Gateway）等。

　　1）网络策略。直接影响防火墙系统设计、安装和使用的网络策略有两层。高层是网络服务访问策略，它定义允许或禁止的服务，服务的使用方法，以及允许例外时的条件；低层策略描述防火墙如何实际限制访问和过滤那些在高层中定义的服务。

　　2）高级认证机制。用户们一直都被建议使用难以被猜中的口令并且不要暴露它们。但即使遵从了这一建议，入侵者仍能监视得到用明文发送的口令。高级认证措施如智能卡、认证令牌和基于软件的机制等被用来克服传统口令的缺陷。这些技术的共同点在于产生的口令不能被监视一次连接的攻击者再使用。

3）数据包过滤。IP 数据包过滤通常由数据包过滤路由器在数据包通过路由器端口时实现。过滤可基于源 IP 地址、目的 IP 地址、TCP/UDP 源端口或 TCP/UDP 目的端口，但目前并非所有数据包过滤路由器都能利用 TCP/UDP 源端口。

4）应用网关。防火墙可使用软件为服务提供转发及过滤连接，这样的应用软件称为"代理服务"，而运行代理服务的主机称为"应用网关"。代理服务有两种好处：第一是只允许那些有"代理"的服务通过，比如应用网关有 FTP 和 Telnet 的代理，则只有 FTP 和 Telnet 可以进入受保护的子网，其他服务全被阻塞；第二是协议可能被过滤，如有些防火墙可以过滤 FTP 连接并拒绝 FTP "put"命令的使用，这样就确保了匿名 FTP 服务器不被用户写入。

另外有一种被称为"链路层网关"的防火墙组件。它中继 TCP 连接但不做另外的处理或协议过滤，一旦源与目标的连接建立起来，它只是简单地让数据通过。但在一些文档中，对两种网关不做区别。

按照防火墙对内外来往数据的处理方法，大致可以将防火墙分为两大体系：数据包过滤防火墙和代理防火墙（应用层网关防火墙）。前者以以色列的 Checkpoint 防火墙和 Cisco 公司的 PIX 防火墙为代表，后者以美国 NAI 公司的 Gauntlet 防火墙为代表。

防火墙的具体实现可以有多种形式，配置方案依赖于特殊的安全策略、预算及全面规划等。一般采用的防火墙类型主要包括数据包过滤防火墙（Packet Filtering Firewall）、双宿网关防火墙（Dual-homed Gateway Firewall）、屏蔽主机防火墙（Screened Host Firewall）和屏蔽子网防火墙（Screened Subnet Firewall）。

### ◀ 思考与练习 ▶

3-1　什么是计算机网络？计算机网络的主要功能是什么？计算机网络两大子网是什么？

3-2　最基本的网络拓扑结构有哪几种？各自的特点是什么？

3-3　按照覆盖的地理范围，计算机网络可以分为哪几种？

3-4　相对于广域网，局域网具有哪些特点？

3-5　什么是电路交换？什么是报文交换？

3-6　组成局域网 LAN 的基本设备有哪些？

3-7　常用网络传输介质有哪些？各自有什么主要特点？

3-8　ISO/OSI 参考模型将网络分为几层？绘图表示网卡、中继器、集线器、交换机、网桥、路由器、网关等网络设备分别工作在 OSI 参考模型的哪一层或哪几层？

3-9　TCP 与 UDP 的主要区别有哪些？

3-10　什么是数据封装？试用简图表示局域网 TCP、IP、LLC 和 MAC 四层之间的封装关系。

3-11　标出下列 IP 地址分属 A 类、B 类还是 C 类？

| IP 地址 | 地址类别 | IP 地址 | 地址类别 |
|---|---|---|---|
| 127. 34. 125. 37 | | 132. 195. 87. 2 | |
| 100. 100. 98. 98 | | 10. 0. 0. 4 | |
| 205. 169. 85. 0 | | 192. 168. 10. 1 | |

3-12　指出 IP 地址 191.234.247.98（假设没有子网）其网络地址和主机地址分别是什么？

3-13　试述什么是 IP 专用地址，IP 专用地址有哪些？

3-14　什么是子网掩码？试述 192. 168. 1. 1/24 和 192. 168. 10. 32/28 的含义。

3-15 写出常用计算机网络缩写名词 ISO、OSI、TCP、IP、IEEE、DNS、NIC、LAN、WAN、LLC、MAC 的英文全称和对应的中文含义。

3-16 给出下列指定范围的 IP 地址相应的子网掩码：

　　a. 地址范围从 61.8.0.1 到 61.15.255.254

　　b. 地址范围从 172.88.32.1 到 172.88.63.254

　　c. 地址范围从 111.224.0.1 到 111.239.255.254

3-17 网卡有哪些功能？什么是 MAC 地址？

3-18 试分述 10Base-T、100Base-FX、1000Base-LX 标准的传输速率、接口、传输介质和介质访问技术。

3-19 试述地址解析协议（ARP）的工作原理。

3-20 试述以太网 CSMA/CD 介质访问控制技术原理。

3-21 试述无线局域网（WLAN）标准及其通信速率。

3-22 试述无线局域网 CSMA/CA 介质访问技术原理。

3-23 试述中继器、集线器的主要功能。

3-24 试述二层交换机的工作原理，试述交换机生成树协议的工作原理。

3-25 试述路由器的主要功能以及路由器的工作原理。

3-26 试述智能小区常用网络接入方式。

3-27 防火墙有什么作用？

# 第4章

# 计算机网络工程

网络工程是根据用户单位的需求及具体情况，结合网络技术的发展水平及产品化程度，经过充分的需求分析和市场调研，从而确定网络建设方案，依据方案有步骤、有计划实施的网络建设活动。本章主要以建设智能建筑的局域网为出发点，具体介绍计算机网络工程的设计方法和步骤。

## 4.1 计算机网络系统组成

### 4.1.1 主干网

主干网用于连接各子网并实现全局的资源共享，主干网是一个相对于网络规模的概念。对于一栋大楼，主干网用来连接各楼层的子网；对于一个小区，主干网用来连接各栋楼的子网；对于一所学校，主干网用来连接各校园分区的子网。但通常来说，所有主干网都具有四个共性：①连接的是各种交换路由设备或服务器，而不是直接连接用户终端；②具有较大的信息传输量；③是外部网和内部子网的连接桥梁；④是内部子网之间的连接桥梁。

主干网相当于网络的运行核心，它决定着整个网络的性能。根据统计，一个运行良好、提供服务齐全的网络中，各子网间的通信和子网内部通信大约各占50%；同时由于虚拟网技术的采用，传统子网概念已经变化，使得一个子网可以分布于整个网络，导致子网内部通信也要通过主干网，因此经过主干网的流量将占80%以上，主干网必须具有极高的传输速率，最大限度地避免堵塞。作为主要的数据通道，主干网络的瘫痪就意味着整个网络的崩溃。综合来说，主干网应有这样一些特性：具有高可靠性，提供冗余保护，提供容错功能，能快速适应变化，具有低时延和高管理性。

主干网包括的设备有传输线缆、核心交换机、高性能服务器以及大容量存储装置等。不同的网络规模、网络需求将决定使用不同性能的网络设备。

通常使用的主干网技术有 FDDI、快速以太网、吉比特以太网、ATM 网。吉比特以太网（1000Base-T）和快速以太网（100Base-T）是绝大多数网络用户的选择。

### 4.1.2 子网

利用局域网技术，把具有一定规模的网络分割成若干个独立相关的子网是非常适用的，这样，既可以把采用不同拓扑的局域网互联起来，又使网络不至于因为少数主机的通信而变得十分嘈杂。我们可以把一栋大厦的不同楼层设计成不同子网，也可以把一层楼层中的不同使用单位设计成若干子网。

子网一般不涉及协议转换的问题，因此通常只包含传输线缆、交换机以及集线器等 OSI 两层以下设备。目前在子网设计中选择较多的是以太网技术中的 100Base-T 以及 1000Base-T，从各楼层配线架至工作端口插座的连接线缆目前一般采用超五类 4 对非屏蔽双绞线或光纤，能支持 100Mbit/s 及以上的传输速率。

### 4.1.3 对外互联

对外互联是指网络采用什么样的方式接入外部 Internet，常见的接入技术有非对称数字用户环路 ADSL、DDN、ATM、综合业务数字网、X.25 等。具体采用哪种接入方式与网络的实际需求及应用有很大关系。

采用不同的接入技术决定了网络将具有不同的带宽以及选用不同类型的接入设备，如果选用不当，很可能会造成整个网络的瓶颈。

1）当点到点的地点之间有恒定的业务流时可以采用专线。

2）当需要实时访问远端办公室，并且要为其他的链路类型做备份时可以采用 ISDN。

3）通过帧中继来进行高带宽、节省开支的传输。这个流行的广域网协议在路由器之间提供永久式虚电路（PVC）。帧中继具有拥塞通知、合法丢弃比特、突发性以及在一个物理端口上可以有几条 PVC 等特性。这些特性使帧中继成为当前很流行的一种广域网技术。

4）在广域网链路可靠性值得怀疑的情况下，可以考虑使用 X.25。X.25 是一种比较早期的广域网技术，现在还在广泛使用，运行在较低速的线路上（9600 ~ 64000bit/s）。因为 X.25 具有附加的差错控制，因此与帧中继比较，它的吞吐量会受到限制。

5）当核心要求较高带宽时，可以使用 ATM 技术。ATM 提供了不同的 QoS 类型，允许同一个网络上的业务量对带宽和时延具有不同的容限。

6）对于中小型企业，ADSL 是目前性价比很高的接入方式，同时还对业务提供了一定的安全机制保障。

7）对于家庭及单个用户等对传输速度要求不是很高的场合，可以采用电话线路上网，也可以利用有线电视（HFC）线路上网。

## 4.2 计算机网络工程设计

### 4.2.1 设计的目标和原则

#### 1. 目标

1）实用化，先进性。从实用的观点出发来考虑网络系统的总体结构，满足系统技术要求，同时应该选用先进的符合国际标准的可以开发的系统产品。

2）模块化，扩展性。网络系统应该采用模块化设计，便于在网络工程中根据投资等情况的变化而加以调整，同时又是一个开放式系统，以保证系统的扩展。

3）工程化，可靠性。在网络系统设计过程中充分考虑工程的要求，在达到系统业务需求的前提下，确保更高的可靠性。

4）集成化，高效性。网络系统是通信子系统、控制子系统、办公自动化子系统等集成的基础，要体现集成化设计思想，所有子系统有机地集成一个智能建筑系统，保证总系统的高效性。

#### 2. 设计原则

1）充分满足当前各种信息服务的需求，同时为将来的系统扩充留有充分余地。

2）充分考虑与其他子系统之间的联系。

3）统一规划，全面设计，做到有根有据、有条有理。

4）符合国际标准化组织（ISO）提出的开放系统互连标准（OSI）和实用的 TCP/IP 系统标准。

5）便于维护和管理。

6）在保证实现系统需求的前提下，提高系统的性价比。

### 4.2.2　计算机网络工程设计步骤

局域网工程的设计不仅包含建立一个网络，还要在设计过程综合考虑网络的规划与实施以及如何方便地进行日后的系统运行维护、扩展和升级，即在利用计算机和通信资源来组成大型网络时，如何选择合适的设备和线路的组合，并利用图论中的拓扑学以及排队论等数学工具，以达到最佳的设计目标。因此，网络设计是一个复杂的分析、模块化以及集成的过程，一般是按下列步骤进行的：

用户需求分析⇒网络拓扑结构设计⇒设备选型⇒服务器功能与应用软件设计⇒广域网接入设计⇒网络 IP 地址规划。

1. 用户需求分析

网络设计者应该根据用户的意图来设计网络，或者说，需要了解用户想要解决什么问题，为了获得完整的用户需求，必须明确用户的业务需求、技术要求以及业务和政策限制。

（1）用户的业务需求　考虑如何扩大业务，考虑网络是否会影响用户的开发、生产以及跟踪产品的能力或效率，网络设计者还必须了解用户今后 1～5 年的发展状况，考虑可扩展性。

（2）用户的技术要求　技术要求可以分为以下几个部分：

1）性能要求。包括确定网络延迟和响应时间的问题，确认 LAN 段或者 WAN 线路是否有较高的利用率，确定 WAN 线路出现故障的周期。

2）应用要求。包括确定网络的应用，确定这些应用的用户数、业务数量，确定网络中引入什么新的协议，确定每天应用的高峰使用时间。

网络设计应能够无缝地兼容现存的应用，调查现存的应用流量并把它们融合进网络设计。对网络信息点进行统计，对不同类型的信息点进行归纳整理，如有些信息点是光纤直接到桌面的，有些信息点是无线的，有些信息点是普通双绞线方式的。不同的信息点类型对前端的网络设备的要求是不同的，必须分类表明。

3）网管要求。包括确定如何管理网络，是否有网管工作站来观察网络性能和故障，用户是否有任何的记账和安全管理要求，是否有配置管理的工作站。

4）安全要求。包括确定要求的安全机制的类型，确定在 Internet 连接上是否需要额外的安全机制。

（3）业务和政策限制　确定该项目的预算或资源限制，确定完成该项目的期限，确定有无任何内部政策在决策中起作用，确定用户现有的设备有无利用价值。

2. 网络拓扑结构设计

鉴于目前大多数单位把他们的网络配置成星形网络，因此这里重点讨论星形以及扩展星形（亦称树形）拓扑结构网络（见图4-1）的设

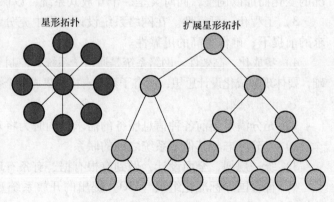

图4-1　星形以及扩展星形拓扑结构

计方式。

网络拓扑结构的设计可按 OSI 参考模型分为互相独立的三部分——网络层、数据链路层和物理层。下面对此进行分别论述。

（1）第一层网络拓扑结构的设计

1）物理层。物理层电缆是网络设计中最重要的组成部分之一。该部分设计包括所用电缆的类型（典型的铜线和光缆）和整个网络的布线结构。第一层的传输介质包括 5 类及以上非屏蔽双绞线（UTP）和光缆。

T568 规范规定了每台连接到网络的设备要通过电缆连接到一台中心设备，该标准还规定主机和网络连接采用 5 类 UTP 的连接，连接距离不得超过 100m。

2）星形拓扑。在一个简单的星形拓扑中，如图 4-2 所示，只有一个配线间，配线间有水平交叉连接面板，该面板用来连接第一层水平电缆和第二层局域网交换机端口。局域网交换机的上行端口与以太网第三层路由器相连。这样，终端主机和路由器之间就有了一条完整的物理连接。

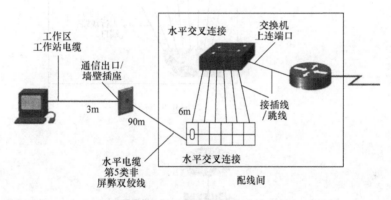

图 4-2 简单的星形拓扑

3）扩展星形拓扑。在一个较大型的网络中，如果主机需要网络进行相互连接的距离超过了标准限制，通常要设置一个以上的配线间，较低一级的配线间称为楼层配线间（IDF），IDF 通过垂直电缆（或称主干电缆）和主配线间（MDF）相连。在图 4-3 中，垂直主干使用光纤连接。

（2）第二层网络拓扑结构的设计 网络中设置第二层（数据链路层）设备的主要目的是提供流量控制、错误检测、纠错和减少网络拥塞。最常见的第二层设备有网桥和局域网交换机。该层的设备决定了冲突域和广播域的大小。

冲突的多少和冲突域的大小是影响网络性能的重要因素。应用局域网交换机，可以对网络进行微分段，从而消除跨网段广播冲突和减小冲突域，如图 4-4 所示。

局域网交换机的另一重要特性是如何为每一端口独享带宽，这样就可以为上行线路和服务器分配较大的带宽，这种交换称为非对称式交换。它可以为不同带宽的端口之间建立连接，例如在 10Mbit/s 和 100Mbit/s 的两个端口之间建立连接。

（3）设计局域网第三层的拓扑结构 可以应用第三层（网络层）的设备（如路由器）来划分独立的局域网段，并允许段间以第三层地址（如 IP 地址）进行通信。

1）第三层路由器的应用。如图 4-5 所示，路由器将独立的网段网络 1 和网络 2 互联成了网络 3。路由器依据数据帧的目的地址向前传送数据，但它并不发送 ARP 请求等局域网广

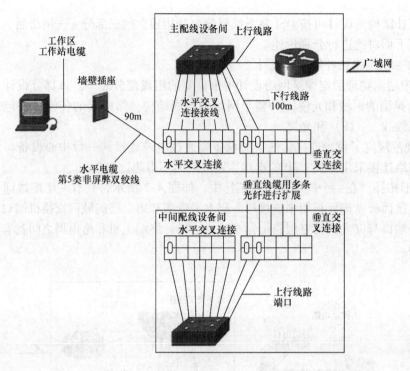

图 4-3　扩展星形网络

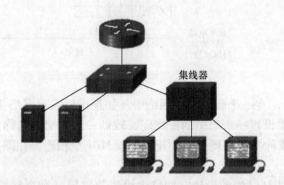

图 4-4　交换机端口微分段示意图

播，因此，路由器阻止广播传送到其他局域网段，可以认为路由器是广播的边界，它决定了独立的网段之间的数据流量。

2）VLAN 的应用。网络上的一个重要问题是广播包的数目，例如 ARP 请求的数目。通过使用 VLAN，可以将广播流量限制在一个 VLAN 中，缩小广播域规模，如图 4-6 所示；按照不同职能部门，利用 VLAN 将网络分成不同组以增加安全性。

在图 4-7 中，交换机端口 P0、P1 和 P4 分配给了 VLAN1，P2、P3 和 P5 分配给了 VLAN2。VLAN1 和 VLAN2 之间的通信只能通过路由器来完成，这样就限制了广播域的大小并能控制 VLAN1 和 VLAN2 之间通信，这就意味着可以根据对 VLAN 的分配进行安全设计。

3. 设备选型

确定了网络结构方案后，进行软件、硬件设计后，需要进行设备选型。设备选型是网络

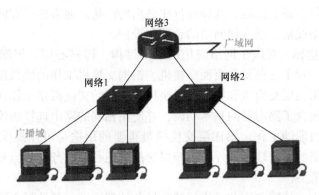

图 4-5 路由器应用示例图

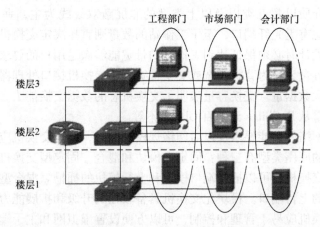

图 4-6 VLAN 应用示例图 1

工程中非常重要的一环，设备选型的好坏直接影响系统的实用性、稳定性、可靠性和系统的费用。

设计一个计算机局域网，需要考虑很多因素。从技术角度而言，目前，以太网采用的传输介质几乎完全变为非屏蔽双绞线和单模、多模光纤电缆，以太网传输速率也从10Mbit/s、100Mbit/s 向 1Gbit/s 高速交换发展。服务器也从最初的X86CPU、IS/A 总线和 AT 磁盘接口

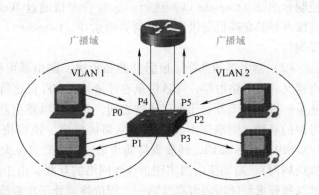

图 4-7 VLAN 应用示例图 2

发展到酷睿十二代以上 CPU、AGP 总线、SCSI-/SAS 磁盘接口等。应用软件系统的种类更是数不胜数，在这种局面下，为了从中选出最合适的产品来构成自己的计算机网络并满足应用需求，网络设计人员要有多方面的知识，包括对新技术的深刻理解，对最新产品的广泛关注，以及对应用需求的准确把握。尤其是对应用需求的准确把握，应该是一个网络设计成功与否的关键。

目前主要的设备厂商有 CISCO、JUNIPER、H3C、华为、联想、HP 及 TP-LINK 等，对

于各厂家的产品进行全面的比较，选择性价比最高的产品。通常建议在同一网络系统中最好选择相同品牌的网络设备，以方便网络的管理和维护。

（1）交换机的选择　对应于网络应用的三层结构，即核心层、汇聚层和接入层，交换机分为中心交换机、骨干交换机和桌面交换机。根据交换机工作的协议层分类，交换机可分为第二层交换机、第三层交换机和第四层交换机。传统的交换机是工作在 OSI 模型的第二层的，第三层交换机包含了路由器的基本功能，并使用相同的路由选择协议，在绝大多数场合都可以用来替代路由器的工作。第四层交换机最重要的用途是可以提供访问列表的过滤功能，从而增加了网络的安全性，另外，第四层交换机还有为服务质量（QoS）执行控制带宽分配和负载均衡的能力。

采用的网络技术、传输介质和工作站的数量和处理速度，是选择不同档次交换机的重要因素。如 ATM 网络选择相应的 ATM 交换机，以太网则选择占据当前市场率最高的以太网交换机；网络的传输介质以超五类以及以上类型的非屏蔽双绞线为主，垂直主干光纤布线增多，交换机需要考虑有无光纤端口，至于工作站的数量则直接决定交换机端口的数目和支持的端口类型；同时设计时必须保证达到工作站的带宽能够满足用户的要求。

交换机的交换容量又称为背板带宽或交换带宽，是交换机接口处理器或接口卡和数据总线间所能吞吐的最大数据量。交换容量表明了交换机总的数据交换能力，单位为 Gbit/s，一般交换机的交换容量从几 Gbit/s 到上百 Gbit/s 不等。

充分考虑当前网络的性能要求及以后网络规模的扩充，所选交换机应具备较强的升级和扩展能力。交换机的底座类型有三种：固定、模块和混合。固定型交换机的端口永久安装在交换机上。模块化交换机有可以插接端口模块和上行模块的插槽。混合型交换机既包含固定端口，又有可替换的上行端口。模块化交换机具备较强的升级和扩展能力。

最后，所选交换机应易于管理和控制，可以方便设置虚拟网和主干端口等。交换机有三种配置管理方法：本地管理、远程管理和通过第三方平台管理。本地管理通常通过交换机的控制台端口（Console 口）进行；远程管理指通过 Web、PPP 和 Telnet 对交换机进行管理。高级友好的交换机提供多种控制管理途径。Console 口是最常用、最基本的交换机管理和配置端口。

（2）路由器的选择　根据性能和价格，路由器可分为低端、中端和高端三类。高端路由器又称核心路由器，每秒信息吞吐量均在 100 亿比特以上。低、中端路由器每秒的信息吞吐量一般在几千万至几十亿比特之间，对于低端路由器来说，它是许多局域网用户首先需要考虑的品种。中端路由器支持的网络协议多、速度快，支持多种网络协议，包括 TCP/IP、IPX/SPX 和 NetBEUI，还要支持防火墙、包过滤以及大量的管理和安全策略以及 VLAN（虚拟局域网）。高端路由器实现企业级网络的互联。由于高端路由器工作的特殊性，因此对它的选择要求是速度和可靠性第一，而价格则处于次要地位。

1）CPU 能力。CPU 是路由器的心脏，在中低端路由器中，CPU 负责交换路由信息、路由表查找以及转发数据包。在高端路由器中，通常包转发和查表由 ASIC 芯片完成，CPU 只实现路由协议、计算路由以及分发路由表。由于技术的发展，路由器中许多工作都可以由硬件（专用芯片）实现，CPU 的性能并不完全反映路由器的性能。

2）路由器内存。路由器中可能有多种内存，例如 Flash、DRAM 等。内存用作存储配置、路由器操作系统、路由协议软件等内容。在中低端路由器中，路由表可能存储在内存中。通常来说，路由器内存越大越好（不考虑价格）。但是与 CPU 能力类似，内存同样不直接反映路由器的性能与能力，因为高效的算法与优秀的软件可能大大节约内存。

3）端口。路由器的端口选择也是很重要的，路由器能支持的接口种类体现了路由器的通用性。常见的路由器端口至少应包含局域网接口和广域网接口各一个。广域网接口有同步并口和异步串口之分，通用串行接口如 RS232 接口、V.35 接口、X.21 接口、E1/T1 接口、ISDN 接口等。局域网接口主要包括以太网接口、ATM 接口、令牌环接口、FDDI 接口等。

4）传输速率。传输速率是用户们最为关心的问题。如果企业对于局域网的传输速度要求较高，那么还是应该选用千兆位交换路由器，因为这些路由器的光接口速度可以达到622Mbit/s、2.5Gbit/s 甚至 10Gbit/s。

5）路由器结构。固定配置路由器可扩展性较差，只用于固定类型和数量的端口，价格比较便宜。模块化结构的路由器一般可扩展性较好，可以支持多种端口类型，价格通常比较昂贵。

6）路由协议支持。现在的网络连接方式多种多样，不同的连接方式需要不同的协议支持。内部网关协议包括 RIP、RIPv2、OSPFv2、"中间系统-中间系统"协议（ISIS）、边缘网关协议（BGP-4），802.3、802.1Q 等。选择一个支持多种协议的路由器，可为网络将来的升级节约资金。选购路由器时应检查该产品是否提供对当前广域网协议的支持。

7）路由器的控制管理以及稳定安全方面的功能也是选择的重要参考。通常，我们在管理路由器时，都是通过专用配置线连接到路由器的配置口直接进行配置管理的。当然若为异地管理方式，就需要路由器提供远程登录功能或者远程 Modem 拨号配置功能。

8）路由器的稳定安全与否，直接决定了内部局域网的安全。目前许多厂家的路由器可以设置访问权限列表，实现防火墙的功能，防止非法用户的入侵。路由器的另外一个作用就是地址转换功能，该功能将公司内部局域网地址统一转换成电信局提供的广域网地址，这样网络上的外部用户就无法了解到公司内部网的网络地址。

9）路由器作为数据转发的网络设备，还有一个重要的指标就是"丢包率"，指的是在一定的数据流量状态下路由器不能进行转发的数据包的比例。丢包率的大小会影响到路由器线路的实际工作速度，严重时甚至会使线路中断。检查一下路由器是否支持 IPv6 协议，如果支持那么该路由器的稳定性、安全性应该好于普通的路由器，因为 IPv6 在解决了互联网地址空间问题的同时，还在 IP 层增加了认证和加密的安全措施，为实时业务的应用提供了安全保证。

10）最后还应该考虑到价格因素，包括路由器的运行和维护费用，以及由于路由器的性能而引起的广域网通信费用等。

（3）网络操作系统的选择　在网络应用项目确定后，网络应用软件也就基本选定。网络操作系统应根据应用软件需要来选择。

通常情况下，某种应用软件虽然移植到了多种网络操作系统下，但只有在一种操作系统下优化得最好。当然，如果服务器并不止提供一项服务，就必须根据所提供服务的重要程度，综合考虑和选择网络操作系统。

（4）服务器的选配

1）服务器的选择。目前服务器的选择余地比较大，主要从可靠性、I/O 性能等方面考虑。衡量服务器的可靠性主要根据服务器采用的技术。如冗余技术，电源、硬盘、内存、CPU、I/O 卡总线通道和故障在线修复技术等。目前市场上有很多品牌的微机服务器系统，如 COMPAQ、IBM、HP 等微机厂商都推出了品质优异的服务器产品。各厂家的服务器虽各有特点，但在主要功能上差距并不大。

2）服务器资源配置。它要根据应用需求来确定，主要考虑的是内存容量、磁盘驱动器控制器标准、磁盘容量及容错方式等。内存的选择必须考虑网络操作系统及应用软件的要求。从操作系统的需求来说，Windows Server 2012R2 最低要求是 CPU 1-4GHz 64 位，RAM512MB，磁盘空间 32GB，这样才能保证网络操作系统正常运行。应用软件，如客户机/服务器模式的应用软件，对服务器的内存要求也十分庞大，例如 Lotus NOTES 在 Windows NT 系统下运行，内存容量基本要求为 48MB，建议为 64MB。客户机/服务器模式的应用系统在保证基本需求外，增加的内存量可以提高运行效率，减小磁盘交换的压力。但内存的扩充也不能任意增加，因为服务器所用内存是为保证服务器运行良好而专门设计的，采用了许多高级的检错、纠错技术，所以价格大大高于微机的内存价格，增加时要充分考虑性价比因素。

3）磁盘驱动器控制器。目前主要有 FAST SCSI、T/WIDE SCSI 两种标准，前一种传输速率为 10Mbit/s，后一种为 20Mbit/s。新的控制器标准还有 ULTRA SCSI，传输速率可以达到 40Mbit/s，还有 WIDE-ULTRA SCSI-3 的传输速率为 2×40Mbit/s。选择哪一种标准的产品要根据投资能力和是否真正需要为准。对于小型应用、整体投资额不大、应用繁忙程度不高的环境，可以选择标准的控制器驱动器。对于高强度的磁盘应用，就应选用 FAST/WIDE SCSI-2 标准的产品。

4）磁盘容错方式。目前主要有磁盘镜像、磁盘双工和磁盘阵列技术。磁盘镜像使用一个控制器控制两个磁盘，写到磁盘的数据都要同时写入两个盘中，任意一个盘失效都不会影响数据的安全性。磁盘双工是使用两个控制器各控制一个磁盘，即在磁盘冗余基础上增加控制器冗余。磁盘阵列技术目前最广泛的是 RAID5，冗余度小，阵列中任意一个盘失效都可以保持数据安全有效。在阵列技术上，各服务器主要厂家都增加了在线增容技术，即不停机增加磁盘容量及 RAID 的 SMART-2 阵列控制器。阵列技术的磁盘冗余度最小，但其控制器及所用的驱动器都比较昂贵。对于小型服务器，采用镜像技术是比较适宜的。镜像方式看上去冗余度达到了 50%，但在小系统上，其综合性价比要比阵列式的好。

### 4. 服务器功能与应用软件设计

成功设计一个网络，关键在于设计者要了解网络对于服务器功能和位置的需求。目前，每个服务器通常用来提供一种功能，例如 DNS、Web、E-mail。

可以把服务器分成两类：企业服务器和工作组服务器。企业服务器通过 E-mail 或域名（DNS）等系统支持所有用户在网络上提出的服务请求，如图 4-8 所示。工作组服务器只为特定的用户群提供如字处理、文件共享等服务。

### 5. 广域网接入设计

将计算机网络接入互联网的方法很多，数字数据网（DDN）、异步传输模式（ATM）、帧中继（FR）、公用电话交换网（PSTN）、综合业务数字网（ISDN）、非对称数字线路（ADSL）、混合光纤/同轴电缆（HFC）等都可以作为接入互联网的手段。但是，这些网络和技术通常都是经营性的，由电信或其他部门负责，用户必须支付一定的费用才可使用。因此，对于不同的网络用户和网络应用，选择合适的接入方式非常重要。

DDN 网速快但费用昂贵，而公用电话网费用低廉但速度却受到限制。

广域网的各种接入方式的特点见表 4-1，设计时可进行综合对比，选择最适合的一种。

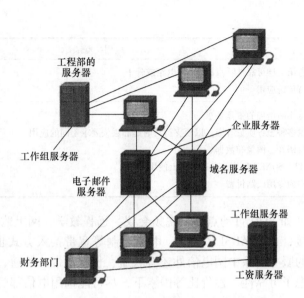

图 4-8 各种服务器区别示意图

表 4-1 广域网各种接入方式特点一览表

| 接入方式 | 应用特点 |
|---|---|
| 模拟调制解调器 | 远程办公者和拨号移动用户使用<br>平均使用情况是每天小于 2h<br>线速率为 56kbit/s 或更低<br>作为另一种类型链路的备份使用<br>可以被接到网络设备（如路由器）上做远程访问配置<br>用户为使用线路付费 |
| ADSL | 使用现有的铜电话线，通常为家庭或远程办公室提供最高为 1.544Mbit/s 的速率 |
| 电缆调制解调器 | 数据连接在有线电视的线路上建立。可能的 Internet 接入带宽最高可达 27Mbit/s；然而，实际带宽要根据电缆线的安装情况而定 |
| 专线 | 在点到点网络和集中-分支拓扑中使用<br>常用专线为 T1（1.544Mbit/s）和 T3（44.736Mbit/s）<br>用作其他高速链路的备份<br>T1 通常用于企业 Internet 连接<br>用户为专用线路付费 |
| ISDN | 基本速率接口（BRI）由两个 64kbit/s 的 B 信道和一个 16kbit/s 的 D 信道组成<br>企业和远程办公者的经济有效的远程接入方式<br>支持语音和图像<br>用作专线和帧中继链路的备份<br>用户为使用线路付费 |
| 帧中继 | 远程之间的经济有效、高速、低延迟的网状或集中-分支拓扑网互联。用于远程办公室和 LAN<br>一般线速率为 T1<br>可以是专网和运营商提供的网络<br>用户为使用线路付费 |

（续）

| 接入方式 | 应用特点 |
|---|---|
| X. 25 | 具有第三层可靠性特点的 WAN 电路或骨干<br>支持传统应用 |
| ATM | 支持不断增加的带宽要求<br>提供多种服务质量等级，以便支持对时延和丢失要求不同的应用<br>支持语音、图像和数据<br>在 T3、SONET 和其他高速线路上使用<br>用户为专用线路付费 |

　　很多网络应用（如 VOD 自动点播、视频会议、远程教学、网上购物等）功能都需要建立与外界的高速连接，选择 ADSL、DDN、电缆调制等宽带接入方式也就成为必然。目前，可以提供宽带接入的服务商除中国电信外还有联通、长城宽带、铁通、广电和网通等电信经营商。应在充分考虑了可靠性、性价比等因素下，尽可能选用电信部门熟悉的产品及公用网型号相同的产品。

　　6. 网络 IP 地址规划

　　（1）制作规划总表　IP 地址规划前要充分了解网络的拓扑和互联设备、用户应用类设备分布状况。根据这些信息制作一张规划总表，见表 4-2。以某高校为例，在规划总表中有应用类地址、设备互联地址和外网地址等规划信息，以及根据目前 IP 地址需求和预留数量来规划的地址范围。

表 4-2　规划总表

| 应用类地址 | | |
|---|---|---|
| | 地址范围 | 汇总路由 |
| 机电学院 | 10. 0. 0. 0/16 ~ 10. 7. 0. 0/16 | 10. 0. 0. 0/13 |
| 建工学院 | 10. 8. 0. 0/16 ~ 10. 15. 0. 0/16 | 10. 8. 0. 0/13 |
| 其他各学院 | 10. *. 0. 0/16 ~ 10. ( * +7). 0. 0/16 | 10. *. 0. 0/13 |
| 预留扩展用 | — | — |
| 设备互联地址 | | |
| | 地址范围 | |
| 互联地址 | 192. 168. 0. 0/24 ~ 192. 168. 10. 0/24 | |
| 外网地址 | | |
| 运营商名称 | 地址范围 | |
| 中国教育网 | 202. 110. 15. 32/27 | |
| 合作机构 | — | — |
| — | — | — |

　　（2）应用类地址规划　应用类地址指的是用户终端设备的 IP 地址，如用户的台式计算机、便携式计算机以及提供服务和业务应用的服务器 IP 地址。应用类地址通常是网络中数目最多的地址。

　　1）确定了大的地址范围后，就可以开始对应用类地址进行划分。应掌握以下原则：

① 从总表中找到所属单位的地址范围，从该范围中细分子网。

② 子网地址段范围考虑涵盖用户目前需要的数量，以及可能增长量。

③ 尽量按照标准的 C 类子网划分，或者掩码是 255.255.255.128 这样的子网划分。

④ 要充分考虑为网关、DHCP 等提供网络服务的预留 IP 地址。

⑤ 预留一部分连续的应用类地址空间。

2）采用 Excel 表格的方式记录规划结果，用分工作页方法同规划总表合并到同一文件。

在规划子网时，通常有以下两种方法：

① 按照业务性质规划，例如分为办公、生产业务、管理业务。每种不同的业务使用的 IP 地址具有独立特征。例如凡是 *.*.10.*/24，这样的网络地址都是办公用户地址；凡是 *.*.50.*/24，这样的网络地址都是管理业务地址。

② 按照地理位置规划，在某楼、某层或者某房间内的用户使用一个子网内的 IP 地址。

（3）设备互联地址规划

划分完应用类地址后，进行设备互联子网的规划。这些子网将被分配给设备互联使用。应掌握以下原则：

1）对于广播型、点到多点网络，如以太网，设备互联地址分配使用掩码是 255.255.255.240 这样的子网。

2）对于点到点的网络，设备互联地址分配使用掩码是 255.255.255.252 这样的子网。

3）预留一部分连续的设备互联地址空间。

以某园区网为例，分配的设备互联地址见表 4-3，采用 Excel 表格的方式记录规划的结果。用分工作页方法同规划总表合并到同一文件。

表 4-3 设备互联地址表

| 设备名称 | 互联接口 | 地址 | 对端设备 | 互联接口 | 地址 |
|---|---|---|---|---|---|
| 设备 1 | SVI | 172.16.10.1/28 | 设备 10 | SVI | 172.16.10.14/28 |
| 设备 2 | F0/10 | 172.16.10.33/28 | 设备 20 | F0/10 | 172.16.10.46/28 |
| 设备 * | ~ | ~ | ~ | ~ | ~ |

（4）设备网管地址规划 设备网管地址划分的方法通常有以下四种：

1）将设备网络管理地址与应用类网段隔离开，例如用户网段为 10.16.x.x/24，那么可以将设备管理地址规划为 192.168.x.x/24 或 10.x.x.x/24 等。

2）使用 32 位主机地址，这种情况在部署了 OSPF 的网络中比较常见。如路由器 A 的网络管理地址是 10.60.6.19/32，路由器 B 的网络管理地址是 10.60.6.20/32 等。

3）和应用类地址共同使用一个子网，如交换机 A 是信息管理学院 5 号办公楼子网 10.8.10.0/24 的接入交换机，用户地址使用 10.8.10.10 ~ 10.8.10.240。交换机 A 的网管地址是 10.8.10.252。

（5）外网地址规划 大多数情况下是一个公网地址的子网，三个方面地址的规划，具体如下：

1）接入路由器或防火墙等设备的外出接口地址，与局端子网一致。

2）用户访问外部网络需要的公网地址池。内部访问外网时会使用 NAT 等技术。以 NAT 为例，就需要为内部用户提供一个公网地址或几个公网地址组成的地址池。

3）对外提供服务的服务器需要使用公网地址，例如会有 WWW、FTP、MAIL 等服务器使用内部私有地址，需要转换成公网地址。

◀▶ 思考与练习 ◀▶

4-1　主干网通常具有什么样的特点？

4-2　目前常用的接入技术有哪些，分别适用于何种场合？

4-3　何为广播域和冲突域？

4-4　选择交换机时主要考虑的因素包括哪些？

4-5　现有一化工厂行政楼的计算机网络系统需要进行设计，大楼内部的信息点分布如下：

| 楼层 | 1 楼 | 2 楼 | 3 楼 | 4 楼 | 5 楼 |
| --- | --- | --- | --- | --- | --- |
| 点数 | 12 | 28 | 80 | 68 | 50 |

大楼主干采用室内多模光纤，子网采用六类双绞线，对外接入为 ISDN 方式，每层均设有配线间，所有信息点到楼层配线间的距离均在有效范围内，请给出该大楼的计算机网络系统的初步设计方案（不包含服务器系统以及软件系统设计），并做出网络设备的配置清单和产品性能说明，建议选择 H3C 品牌交换机。

# 第5章

# 综合布线系统与工程设计

综合布线的发展与智能大厦的发展是分不开的，智能大厦的出现推动了综合布线的发展。随着建筑内的设备、系统日益增多，每个系统都依靠其供货商来安装符合系统要求的布线系统，已带来许多问题，并造成建设过程的冲突。计算机网络技术的成熟，使得商业机构安装计算机网络系统成为必然，但是各个不同的计算机系统都需要自己独特的布线和连接器，客户开始大声报怨，每次他们更改计算机平台的同时也不得不相应改变其布线方式。为了赢得市场信任，贝尔实验室于20世纪80年代末期在美国率先推出了结构化布线系统（SCS），此后，国际标准化组织也推出了相应的建筑物综合布线标准。

综合布线系统是一个模块化、灵活性极高的建筑物或建筑群内的信息传输系统，是建筑物内的"信息高速公路"。它既使语音、数据、图像通信设备和交换设备与其他信息管理系统彼此相连，也使这些设备与外部通信网络相连接。它包括建筑物到外部网络或电信局线路上的连接点与工作区的语音或数据终端之间的所有电缆及相关联的布线部件。

综合布线系统总的特点是"设备与线路无关"，也就是说在综合布线系统上，设备可以进行更换与添加，但是设备之间的连线却可以不进行更换与添加，具体表现在它的兼容性、开放性、灵活性、可靠性、先进性和经济性等方面。

从图5-1、图5-2可以了解到综合布线与传统布线的本质区别，以及综合布线良好的性价比。

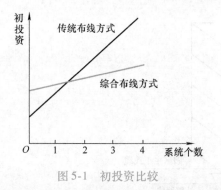

图5-1　初投资比较

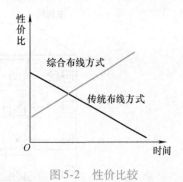

图5-2　性价比较

图5-3表示一栋建筑过去40年内的各项费用的统计，其中建设费用占总费用的11%，变更费用占25%，运行费用却占到高达50%。了解物业管理的人都知道，建设费用与其他费用是不能改变的，运行费用和变更费用通过加强运行管理是可以有效控制的，如果在开发建设阶段，考虑到今后的发展，在建筑内采用了综合布线，这种控制就变得更有力有效。由此可见，在初期投资阶段建筑物采用综合布线是明智之举。综合布线标准的讨论从1985年开始，并一致认为商用和住宅的语音和数据通信都应有相应的标准。由美国国家标准协会（ANSI）授权、并附属于电子工业协会（EIA）的美国通信工业协会（TIA），在综合布线标

准的开发上成就最为突出，开发了广为应用的结构化布线系统的设计与安装标准，为电信基础结构设计一致性提供依据，这些标准也成为产生各种新技术的基础。综合布线标准使得一座建筑能随着技术的变化而发展变化，从而能最大限度地减少对现有业务的干扰，减少移动、增加和改变带来的费用，并支持未来广泛的应用及满足高速的要求。

图5-3　建筑物综合费用统计

众多国内外综合布线产品，在尺寸、规格及电气性能等方面，都遵守统一的国际标准，目前普遍应用的国外综合布线标准主要有 ANSI/TIA/EIA-569《商业建筑通信通路与空间标准》，ANSI/TIA/EIA-568-A《商业建筑通信布线标准》（后文简称为T568A），TIA/EIA TSB-67《非屏蔽双绞线端到端系统性能测试》，ANSI/TIA/EIA-606《商业建筑通信基础设施管理标准》，ANSI/TIA/EIA-607《商业建筑通信布线接地与地线连接需求》，TIA/EIA TSB-72《集中式光纤布线指导原则》，TIA/EIA TSB-75《开放型办公室新增水平布线应用方法》，ANSI/TIA/EIA-TSB-95《4 对 100Ω 5 类线缆新增传输性能指导原则》，ISO/IEC IS 11801《综合布线国际标准》，TIA/EIA 570-A《家居布线标准》，EN 50173《信息系统通用布线标准》，EN 50174《信息系统布线安装标准》。

国内标准有 GB 50311—2016《综合布线系统工程设计规范》和 GB 50312—2016《综合布线系统工程验收规范》。

## 5.1　综合布线系统结构

综合布线系统结构如图 5-4 和图 5-5 所示，由工作区子系统、配线子系统、干线子系统、电信间子系统、设备间子系统和建筑群子系统等组成，国内外的综合布线标准不同，其子系统划分也有少许区别。

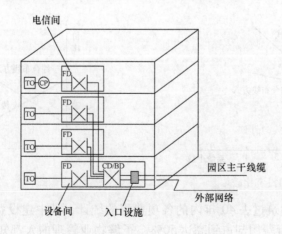

图5-4　综合布线配线设备典型设置

CD（Campus Distributor）—建筑群配线设备　BD（Building Distributor）—建筑物配线设备

FD（Floor Distributor）—楼层配线设备　CP（Consolidation Point）—集合点

（1）工作区子系统　工作区子系统将用户的通信设备（电话、传真机、计算机、打印机等）连接到结构化布线系统的信息插座模块上，工作区位于建筑物内、水平范围、个人办公的区域内，工作区子系统也称为终端连接系统。

工作区子系统所包含的硬件主要由信息插座模块到终端设备处的连接线缆及适配器组成。它包括一些连接附件，如各种适配器、连接器等。

在综合布线系统中，信息点是综合布线系统中一个比较重要的概念，它是数据统计的基础，一个信息点就要配置一个信息插座模块，并连接一根水平线缆。

（2）配线子系统　配线子系统位于一个平面上，由建筑物楼层平面范围内的信息传输介质（如：4 对 UTP 铜缆或光缆）及其端接设备和跳线组成。它也称为水平配线系统，其特点是水平布线的一端连接在信息插座模块上，一端集中到一个固定位置的电信间内。配线子系统是一个星形结构，电信间是这个星形结构的"中心位"，各个信息插座模块是"星位"。

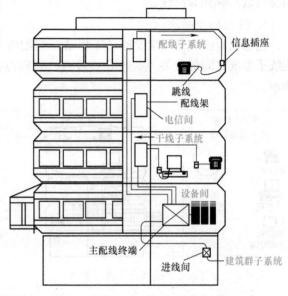

图 5-5　综合布线系统立体结构

（3）干线子系统　干线子系统是结构化布线系统的主干，它位于建筑物内弱电井中，起到将电信间（楼层管理间）与设备间相连接的作用，它由大对数铜缆或光缆及其端接设备和跳线组成，也称为骨干电缆系统。

（4）电信间子系统　电信间子系统简称为电信间，也称为楼层管理间、通信电信间。一般电信间（楼层管理间）就在本楼层的弱电井内，并且在相同的位置，上下有一垂直的通道将它们相连。每一电信间负责管理所在楼层的信息点的使用情况。它是综合布线系统中的一个管理点。

（5）设备间子系统　设备间子系统也称为设备间、主配线终端，位于建筑的中心位置，是综合布线系统的管理中心，它负责建筑内外信息的交流与管理。设备间主要安装配线设备，此外，建筑控制设备如程控电话交换机、网络交换机以及消防控制、保安监控设备等其他楼宇智能化设备的网络服务器等主机设备及其入口设备也可与配线设备一起安装于设备间。

设备间与各电信间（楼层管理间）也是星形结构，是综合布线结构中的第二层星形，设备间是这个星形结构的"中心位"，各个电信间（楼层管理间）是"星位"。

（6）建筑群子系统　建筑群子系统用来连接分散的楼群，也称为建筑物接入系统，负责建筑群中楼与楼之间的相互通信，也负责建筑物、建筑群对外的通信工作，由主干电缆和光缆及其端接设备和跳线组成。铜缆进入建筑内时，要进行机械和电气保护。

## 5.1.1　工作区子系统

工作区子系统将用户的通信设备连接到通信插座模块上。ANSI/TIA/EIA-569 标准建议工作区要有足够的空间以容纳用户和通信设备。典型的工作区面积是 $10m^2$。通信插座是水平电缆与连接工作区设备的电缆之间的连接点。建筑内根据总办公面积的大小、等级、用途，需要划分为若干个工作区。一个独立的需要设置终端设备（TE）的区域宜划分为一个工作区，为人们提供语音、数据等多种服务。

　　工作区子系统由信息插座模块（TO）延伸到终端设备处的连接线缆及适配器组成，也包括一些起连接作用的适配器，但不包括终端设备等有源设备。

　　终端设备可以是电话、电视机、监视器、计算机和数据终端，也可以是仪器仪表、传感器和探测器等。典型的终端连接系统如图5-6所示，其中最主要的硬件是信息插座模块（通信接线盒）和组合跳线。

### 1. 信息插座模块

　　信息插座模块是终端设备（工作站）与配线子系统连接的接口，它是工作区子系统与配线子系统之间的分界点，也是连接点、管理点，也称为I/O口或通信接线盒，如图5-7所示。

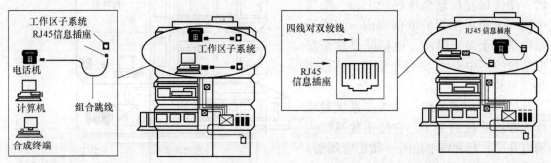

图5-6　工作区子系统（终端连接系统）　　　　图5-7　信息插座模块（通信接线盒）

　　在综合布线系统中，4对非屏蔽双绞线电缆端接于工作区内的8针模块化插座。电缆信息插座模块有两种，它们都能与国际标准的RJ45插头适配，它们在外观上没有区别，只是在线的排列顺序标准上有区别。ANSI/TIA/EIA-568-A推荐使用的插头或插座针/线对分配方案是T568A和T568B。其中，T568A符合ISDN国际标准的要求，T568B（ALT）在北美洲使用比较广泛。国际标准的RJ45插座模块T568B和T568A标准线序的正视图及颜色编码如图5-8、图5-9及表5-1所示。

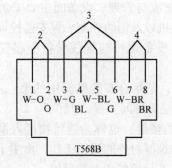

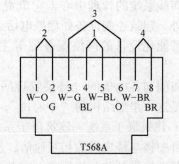

图5-8　T568B标准信息插座模块8　　　　　图5-9　T568A标准信息插座模块8
　　针引线/线对安排正视图　　　　　　　　　　针引线/线对安排正视图

表5-1　颜色编码标准

| 导线种类 | 颜色 | 缩写 |
| --- | --- | --- |
| 线对1蓝色（BL） | 白色—蓝色 | W—BL |

（续）

| 导线种类 | 颜色 | 缩写 |
| --- | --- | --- |
| 线对2 橙色（O） | 白色—橙色 | W—O |
| 线对3 绿色（G） | 白色—绿色 | W—G |
| 线对4 棕色（BR） | 白色—棕色 | W—BR |

注：白色为主色，有时为纯白、有时为花白，花白就是在白色上有少许蓝色或橙色或绿色或棕色，以便区别与谁是一对线。

为了便于在交叉连接处进行线路管理，RJ45 插座模块引脚已在内部接好线，以满足不同服务的信号出现在规定的导线对上。RJ45 插座模块引脚将工作站一边的待定引脚（工作区布线）接到建筑物布线电缆（水平布线）上的特定双绞线对上。

对于模拟式语音终端，全行业的标准做法是将触点信号和振铃信号装入工作站软线的两个中央导体上（RJ45 插座模块的引脚4、5），剩余的引脚分配给数据信号和配件的远地电源线使用。当系统采用 T568B 标准时，具体 I/O 引脚-线对的分配见表 5-2，引脚 1、2、3、6 用于传递数据信号并与线对电缆中的线对2（橙对）和线对3（绿对）相连，引脚 7 和 8 直接通信，并留做配件电源之用。

在一个工程中，只采用一个插座模块标准，或 T568A 或 T568B，不可混用。插座模块标准的选用是在设计时应考虑的问题，在施工时需要按设计选用的标准严格按色顺序打线。

表 5-2　T568B 标准 I/O 引脚-线对的分配

| 配线子系统布线 | 信息插座模块 | 工作区布线 |
| --- | --- | --- |
| 到蓝色场区<br>4 线对电缆 | RJ45 模块化插座 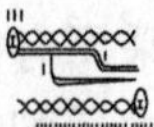 | 两头带 RJ45 插头的 4 对工作站软线<br>（组合跳线） |

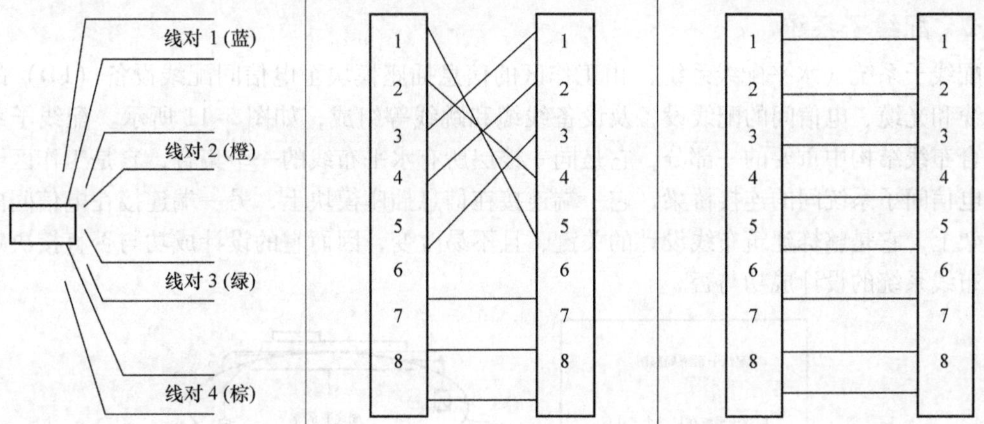

2. 工作区组合跳线

工作区连接线缆也就是连接插座模块与终端设备之间的电缆，称为组合跳线。工作区常用的组合跳线由 4 线对非屏蔽双绞线（UTP）两端安装模块化插头（RJ45 型水晶头）制作而成。4 线对 UTP 特性阻抗为 $100\Omega$，外观如图 5-10a 所示，符合美国 AWG24 号导线线规，线径为 $0.51\mathrm{mm}$。

组合跳线的选择应注意：活动场合采用多芯 UTP（软线），多芯 UTP 使用二叉 RJ45 型水晶头。固定场合可使用单芯 UTP，单芯 UTP 使用三叉 RJ45 型水晶头，如图 5-10b 所示。

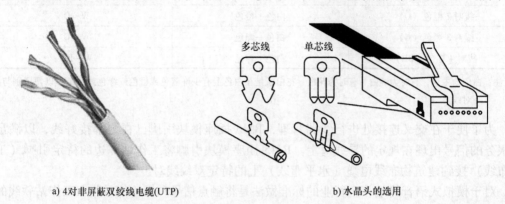

a) 4对非屏蔽双绞线电缆(UTP)　　　　　　　b) 水晶头的选用

图 5-10　组合跳线

组合跳线的获得方法：一是购买原厂标准的跳线；二是现场制作，但要进行导通测试。同时注意，无论单芯线或多芯线压接跳线水晶头时，4 对线的排列顺序与插座模块所选用的标准（T568A 或 T568B）规定的引线顺序（见图 5-8 和图 5-9）相一致。工作区子系统设计建议推荐使用符合 T568B 标准线序的双绞线组合式跳线。

### 3. 专用适配器

如果需要专用适配器，如阻抗适配设备，则必须安装在通信插座/连接器之外。一些常用的适配器包括以下所列：设备连接装置与插座/连接器不相容时，要用专用电缆或适配器。星形适配器允许两个设备在同一电缆上运行。水平线缆类型和设备要求的不一致时，则采用无源适配器。当设备使用不同的信号模式时采用有源适配器。考虑到兼容性，适配器允许调换线对、终端电阻。布线和安装设备时要考虑适配器兼容。

### 5.1.2　配线子系统

配线子系统（水平配线系统）由工作区的信息插座模块至电信间配线设备（FD）的配线电缆和光缆、电信间的配线设备及设备线缆和跳线等组成，如图 5-11 所示。配线子系统是综合布线结构中重要的一部分，它是同一楼层所有水平布线的一个集合，它是工作区子系统和电信间子系统间的连接桥梁，它一端连接在信息插座模块上，另一端连接在电信间内的配线架上，它是整栋建筑布线设计的关键，且不易改变，因而它的设计成功与否直接决定结构化布线系统的设计成功与否。

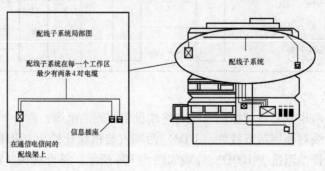

图 5-11　配线子系统（水平配线系统）

配线子系统的结构是一个星形的结构，如图 5-12 所示，星位在本楼层的信息插座模块上，中心位在本楼层的通信电信间内的配线架上，通过配线架对信息插座模块进行管理。

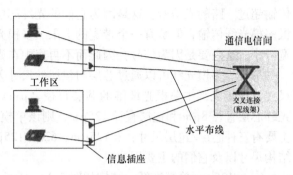

图 5-12 综合布线的拓扑结构

### 1. 水平布线线缆

配线子系统可选用的线缆有五种类型：4 对 UTP（外观如图 5-13a 所示）、4 对全屏蔽双绞线电缆（STP）、4 对 100Ω 或 120Ω 屏蔽双绞线电缆（ScTP 或称 FTP）、两芯 62.5/125μm 多模光缆、两芯 50/125μm 多模光缆等。

1）4 对线屏蔽电缆根据防护的要求，可分为 F/UTP（电缆金属箔屏蔽）、u/FTP（线对金属箔屏蔽）、SF/UTP（电缆金属编织丝网加金属箔屏蔽）、S/FTP（电缆金属编织网屏蔽加上线对金属箔屏蔽）几种结构。不同的屏蔽电缆会产生不同的屏蔽效果。一般认可金属箔对高频、金属编织丝网对低频的电磁屏蔽效果为佳。如果采用双重绝缘（SF/UTP 和 s/FTP）则屏蔽效果更为理想，可以同时抵御线对之间和来自外部的电磁辐射干扰，减少线对之间及线对对外部的电磁辐射干扰。因此，屏蔽布线工程有多种形式的电缆可以选择，但为保证良好屏蔽，电缆的屏蔽层与屏蔽连接器件之间必须做好 360° 连接。

4 对 STP（Shield Twisted Pair）金属编织网屏蔽电缆外观如图 5-13a 所示，特性阻抗为 150Ω，符合美国 AWG24 号导线线规，线径为 0.51mm。STP 过去曾广泛应用于数据传输，但成本高，施工难度大，接地要求严格。

4 对 ScTP（Screened Twisted Pair）或称 FTP（Foiled Twisted Pair），阻抗为 100Ω 或 120Ω，水平布线采用 2 对或 4 对的 FTP，在结构上是整体屏蔽，4 对 FTP 即 4 对双绞线的外面包着一个铝箔屏蔽层，外观如图 5-13b 所示。0.4mm < $d$（线径）< 0.65mm，不同线径对应不同特性阻抗的电缆。

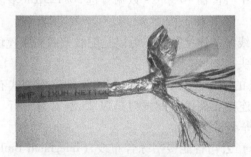

a) 4对全屏蔽双绞线电缆(STP)

b) 4 对铝箔屏蔽双绞线(FTP)

图 5-13 4 对屏蔽双绞线

2）光纤分为单模与多模两种，它们的主要区别在于模的数量，或者说是它们能够携带的信号的数量。单模光纤，一次只能携带一路光信号。一般来说，单模光纤的芯层直径比较小，可以将光信号的衰减减少到最小，可以将光信号以很高的速度传输很远的距离。很多局域网的主干线路都因为单模光纤的大带宽和远距离传输能力而使用它们。多模光纤能够同时传输超过一路的光信号。这是因为它们的光纤芯层直径要大一些，可以有很多路信号通过一根多模光纤传输，但是有一个带宽的上限，多模光纤中每增加一路信号都会使光纤的可用带宽减小。这主要是因为信号会因此而不再集中在光纤芯层中央传输的缘故。

单模、多模光纤可以通过芯层与包层的尺寸差别来识别。芯层/包层尺寸（也称为光纤尺寸）是指光缆中单根光纤维的芯层直径（μm）与包层直径（μm）的比值。例如，单模光纤芯层直径8μm和包层直径125μm，则该单模光纤就表示为8/125μm。现在使用的光纤主要有三种芯层/包层尺寸：8/125μm、62.5/125μm、50/125μm。下面介绍每种尺寸光纤的结构尺寸以及它们的主要用途。

① 8/125μm 单模光纤，结构如图5-14a 所示，因为芯层的直径只有其传输的光信号的波长的10倍左右，因此没有足够多的空间可供光信号反射，实际上，光信号是沿着一条直线从光纤中穿过的。因此，8/125μm 光纤主要使用在高速的应用中，比如建筑群主干布线，以及 FDDI、ATM 和吉比特以太网的主干拓扑结构中。

② 62.5/125μm 多模光纤。在所有的光纤标称中，最常用的就是 62.5/125μm 规格多模光纤，结构如图5-14b 所示，广泛用于配线子系统和干线子系统。

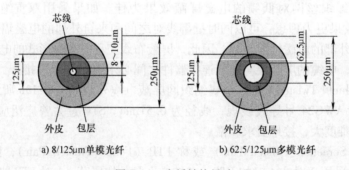

a) 8/125μm单模光纤　　　　　b) 62.5/125μm多模光纤

图5-14　光纤结构尺寸

③ 50/125μm 多模光纤。它相比 62.5/125μm 多模光纤具有较大的带宽，可以延长传输距离或提高传输速度，企业网络和数据中心传输 10Gbit/s 数据首选 50/125μm 多模光纤。

**2. 端接设备**

端接设备是指终接水平线缆和主干线缆的连接器件，可以是配线架或插座模块。光纤系统的端接设备是指光纤配线架和光纤接头。

（1）电缆端接设备　电缆端接设备的型号与公司有关，配线架的连接方式有两种，为夹接式（IDC）连接和面板插座模块式连接。夹接式配线架是以 25 线对为一行。面板插座模块式配线架有一行24 口、2 行48 口等不同规格。

加拿大北方电讯（Northern Telecom）公司智能楼宇综合布线（Integrated Building Distribution Network，IBDN）专有夹接式配线架产品如图 5-15a、b 所示，IBDN 产品的一行 25 线对是连在一起的，可卡接 1 根 25 对大对数电缆或 6 根 4 线对双绞电缆；250 对的配线架由 10 行组成，其型号为 QMBIX10C；300 对的配线架由 12 行组成，其型号为 QMBIX12E，图 5-15c 是 IBDN 的专用配线架操作工具。

美国 AT&T 公司的夹接式配线架产品如图 5-16a、b 所示，110AW2-100 为带支脚的 100 对配线架（含四行 110 接线块），110AW2-300 为带支脚的 300 对配线架（含 12 行 110 接线块），110 接线块每行最多可端接 25 线对，这些线放入齿形条的槽缝里，再与连接块结合；

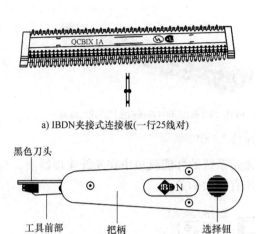

a) IBDN夹接式连接板(一行25线对)

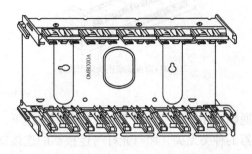

b) IBDN 250对配线架(QMBIX10C)

c) IBDN打线工具

黑色刀头

工具前部 把柄 选择钮

图 5-15 IBDN 配线架产品和打线工具

AT&T 产品的连接块有 3、4、5 对线等不同规格，一个型号为 110C4 的连接块含有 4 个线对卡槽，卡接 1 根 4 对对绞电缆，而一个型号为 110C5 的连接块含有 5 个线对卡槽；一行 25 线对可采用不同规格的连接块组合压接，一般 100 对配线架（含四行 110 接线块）可压接 25 对大对数电缆 4 根（采用 5 对压接模块），压接 4 线对双绞电缆每行 6 根，四行共可压接 4 线对双绞线 24 根（采用 4 对卡接模块）。AT&T 有两把专用配线操作工具，即 5 线对打线工具和单线对打线工具，如图 5-16c 所示。

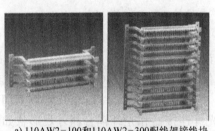

a) 110AW2-100和110AW2-300配线架接线块

b) 4线对和5线对110C连接块

c) AT&T公司综合布线打线工具

图 5-16 AT&T 配线架产品和打线工具

面板插座模块式配线架如图 5-17 所示，模块式配线架多安装在机架上，一行（1U 的空间）可安排 24 个模块（I/O），2~3 行就能容纳更多的模块（I/O）。

（2）光缆终接与接续 光缆终接与接续有几种方式：光纤与连接器件连接，可采用尾纤熔接、现场研磨和机械连接；光纤与光纤接续可采用熔接和光连接子（机械）连接方式。

光连接子（机械）连接方式如图 5-18 所示，光纤纤芯通过连接器、耦合器对准，使光

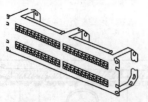

a) 2U 48口面板插座模块式配线架　　　　b) 1U 24口和2U 48口面板插座模块式配线架

图 5-17　面板插座模块式配线架

路通畅。在采用了良好的光纤设备的前提下，光路系统的性能就集中在光纤连接器上，与连接器的种类无关，而与光纤与连接器的连接制作有很大的关系。

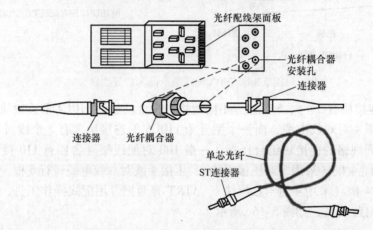

图 5-18　光连接子（机械）连接示意图

各家公司的光纤连接器基本相同，在 ISO/IEC 11801 2002-09 标准中，提出除了维持 SC 光纤连接器件用于工作区信息点以外，同时建议在设备间、电信间、集合点等区域使用 SFF 小型光纤连接器件及适配器。小型光纤连接器件与传统的 ST、SC 光纤连接器件相比体积较小，可以灵活地使用于多种场合。目前，SFF 小型光纤连接器件被布线市场认可的主要有 LC、MT-RJ、VF-45、MU 和 FJ 等。几种常用光纤连接器和光纤耦合器外观形状如图 5-19 所示。

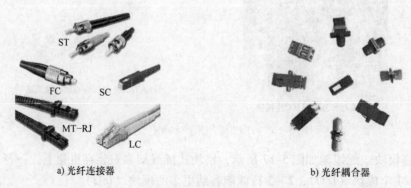

a) 光纤连接器　　　　　　　　　　　b) 光纤耦合器

图 5-19　常用光纤连接器和光纤耦合器

光纤制作工具是整箱的，与光纤与连接器的接续方法有关。IBDN 的光纤 ST 机械接头制作工具箱的配置如图 5-20 所示。

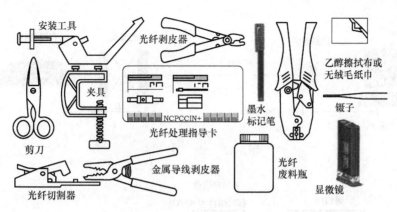

图 5-20 IBDN 的光纤工具箱

选用光缆时，不要在室内布线中使用室外用光缆，那是不必要的过度举动。同样的，也不要在室外布线中使用室内用光缆，室内用光缆不具备室外用光缆的较高的保护特性。

未完成安装的光纤是有危险的，光纤可能造成的危害有两种：一是可能在接触玻璃光纤末端的时候被碎玻璃扎手；二是激光对没有防护措施的眼睛有害。许多光纤都是使用激光来传输数据，当直视时可能对眼角膜造成伤害。总之要保护好未完成安装的光纤光缆的末端。

### 3. 配线子系统布线的距离

配线子系统对布线的距离有着较严格的距离限制，布线的最大距离不超过 90m。注意，90m 的水平布线距离是指信息插座模块到电信间配线架之间的距离，不包括两端与设备相连的设备连线的长度。

在综合布线系统中，生产厂家提供的保证是收发之间 100m 以内，电缆能达到标准所规定的传输技术参数要求。如图 5-21 所示，超出 100m 的范围后，电缆传输性能会大幅度下降，在电磁环境较差的情况下更明显，也就是说 100m 是厂家保证质量的范围。

那么 100m 的范围与 90m 的水平布线长度有什么关系？由图 5-22 可看出，100m 的总长等于 90m 水平布线长加两端各 5m 的设备连线长度。

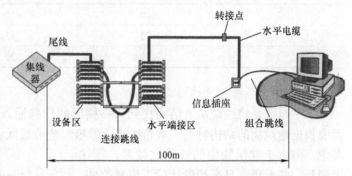

图 5-21 水平布线收发距离

TIA/EIA TSB-75 标准新增开放型办公室水平布线应用方法，以解决大开间办公环境布线困难的矛盾。此方法采用多用户信息插座（Multi User Telecommunication Outlets，MUTO），MUTO 是水平电缆的端接点，由在同一位置的若干个通信插座组成。开放办公室拥有模块化的家具，而且经常需要改变布局。MUTO 可以为其带来更多的灵活性。多用户组合信息插座（MUTO）及集中点都应放置在固定的可全方位操作的位置（见图 5-23）。工作区组合跳线（快接线）通过家具内的槽道由设备直接连到 MUTO。MUTO 应该放在立柱或墙面这样的永久性位置，而且应该使水平布线在家具重新组合时保持完整性不受影响。

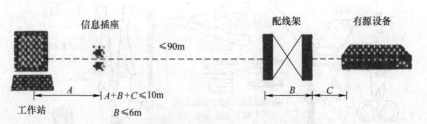

图 5-22　水平布线图解

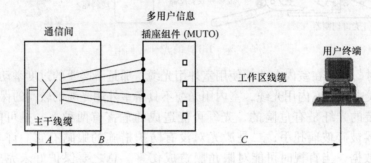

图 5-23　多用户信息插座组件示意图

采用多用户信息插座 MUTO 后，并没有改变收发之间 100m 的规定，只是在 100m 的范围内对水平布线长度与设备连线的长度进行调整，在水平布线不到 90m 的条件下，适当加长设备连线的长度，但是最大长度不超过 20m，具体见表 5-3。

表 5-3　多用户信息插座线长关系

| A/m | B/m | C/m | 总通道长度/m |
| --- | --- | --- | --- |
| 7 | 90 | 3 | 100 |
| 7 | 85 | 7 | 99 |
| 7 | 80 | 11 | 98 |
| 7 | 75 | 15 | 97 |
| 7 | 70 | 20 | 97 |

#### 4. 配线子系统的布线方法

水平布线是将线缆从电信间接到每一楼层的信息输入/输出（I/O）插座模块上。设计者要根据建筑物的结构特点，从布线路由最短、造价最低、施工方便、布线规范等几个方面考虑。但由于建筑物中的管线比较多，往往要遇到一些矛盾，且系统设计后不容易改变，所以，设计配线子系统必须兼顾多方面，优选最佳的水平布线方案。具体的方法有很多，但比较适用的方法是先走吊顶内线槽，再走支管到信息插座，如图 5-24 所示。

在综合布线中水平服务区信息插座与线槽的连接中，推荐两种方法：

（1）天花吊顶以上布管布线法　指从信

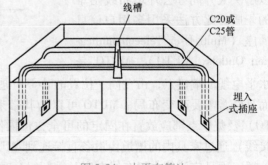

图 5-24　水平布管法

息插座到楼层管理间或水平线槽的路由都在本楼层天花吊顶以上，采取预埋在水泥中或在天花吊顶内走明管的方法，如图 5-25a 所示。

（2）地面预埋布管布线法 指从信息插座到本楼层配线管理间或线槽所在位置的路由全部都在本楼层地面预埋而成，如图 5-25b 所示。

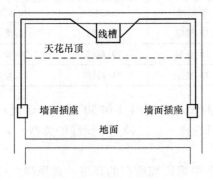

a) 同楼层天花吊顶以上布管布线法

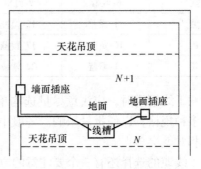

b) 跨楼层地面预埋布管布线法

图 5-25 水平服务区信息插座与线槽的连接

## 5.1.3 干线子系统

干线子系统由设备间至电信间的干线电缆和光缆，安装在设备间的建筑物配线设备（BD）及设备线缆和跳线组成。干线子系统一般在建筑的弱电井内，平面位置位于建筑的中部，它将每层楼的电信间与本建筑的设备间连接起来，构成综合布线结构的另外一个星形结构。干线子系统负责将建筑内的信号传出，同时将外界的信号传进建筑内，起到上传下达的作用。干线子系统也称垂直子系统、主干子系统、骨干电缆系统。

### 1. 干线子系统硬件

干线子系统硬件主要有大对数铜缆或光缆、配线架以及跳线。它起到主干传输的作用，同时承受高速数据传输的任务，因此，也要有很高的传输性能，应达到相应的国际标准要求。光纤结构及尺寸可以参看图 5-14，大对数铜缆如图 5-26 所示。

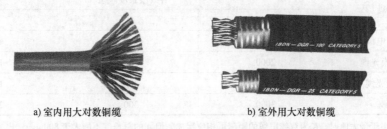

a) 室内用大对数铜缆　　　　　　　　　　b) 室外用大对数铜缆

图 5-26 大对数铜缆

大对数铜缆是以 25 对为基数进行增加的，分别是 25 对、50 对、75 对、100 对、150对、200 对等多种规格，类型上分为三类、五类两种。在大对数铜缆中，每 25 对线为一束，每一束为一独立单元，不论此根铜缆有多少束，都认为束是相对独立的。

大对数电缆的识别是通过颜色的顺序进行分辨的，它由五种分组色（白、红、黑、黄、紫）和五种分对色（蓝、橙、绿、棕、灰）组合而成。五组五对一共就是 25 对，具体见表 5-4。

表5-4 25对主干电缆的识别

| 分组色 | 分对色 | | | | |
| --- | --- | --- | --- | --- | --- |
| | 蓝 | 橙 | 绿 | 棕 | 灰 |
| 白 | 1-白蓝 | 2-白橙 | 3-白绿 | 4-白棕 | 5-白灰 |
| 红 | 6-红蓝 | 7-红橙 | 8-红绿 | 9-红棕 | 10-红灰 |
| 黑 | 11-黑蓝 | 12-黑橙 | 13-黑绿 | 14-黑棕 | 15-黑灰 |
| 黄 | 16-黄蓝 | 17-黄橙 | 18-黄绿 | 19-黄棕 | 20-黄灰 |
| 紫 | 21-紫蓝 | 22-紫橙 | 23-紫绿 | 24-紫棕 | 25-紫灰 |

选购干线铜缆时，应注意尽量选购单一规格的大对数铜缆（如50对或100对），避免同时买多种规格，以便批量采购。一般中小工程只选择一、二种主干铜缆的类型，大型工程的选择相对就会多点。

主干线缆的选择还有一个要注意的方面，就是根据线缆所在的环境，选择线缆的类型，加强防护力度。大对数铜缆需要电气防护，光缆则不需要。干线光缆应采用62.5/125μm的多模光纤，一般选择六芯多模光缆，采用SC或ST连接。

2. 干线子系统布线的长度

在GB 50311—2016《综合布线系统工程设计规范》条款3.3.1中列出了ISO/IEC 11801 2002—09版中对水平线缆与主干线缆之和的长度规定。T 568 B.1标准给出布线系统各部分线缆长度的关系及更具体的要求，如图5-27和表5-5所示。

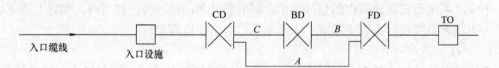

图5-27 综合布线系统主干线缆的组成

表5-5 布线系统各部分线缆长度的关系

| 线缆类型 | 各线段长度限值/m | | |
| --- | --- | --- | --- |
| | A | B | C |
| 100Ω 双绞电缆 | 800 | 300 | 500 |
| 62.5μm 多模光缆 | 2000 | 300 | 1700 |
| 50μm 多模光缆 | 2000 | 300 | 1700 |
| 单模光缆 | 3000 | 300 | 2700 |

注：1. 如B小于最大值时，C为双绞电缆的距离可相应增加，但A的总长度不能大于800m。

2. 表中100Ω对绞电缆作为语音信号的传输介质。

3. 单模光纤的传输距离在主干链路时允许达60km，但被认可是本规定以外范围的内容。

4. 对于电信业务经营者在主干链路中接入电信设施能满足的传输距离不在本规定之内。

5. 在总距离中可以包括入口设施至CD之间的线缆长度。

6. 建筑群与建筑物配线设备所设置的跳线长度不应大于20m，超过20m时主干长度应相应减少。

7. 建筑群与建筑物配线设备连至设备的线缆不应大于30m，超过30m时主干长度应相应减少。

采用双绞铜缆时，若带宽大于5MHz，则只考虑系统在收发之间不超过100m的最高上限；若带宽小于5MHz，则主干线最长能到800m。在非屏蔽双绞电缆的带宽和限距不能满足要求时，建议使用 62.5/125μm 多模光纤垂直配线。对于建筑群应用情况，如距离大于 2000m（6560 英尺），须考虑使用单模光纤。

### 5.1.4 设备间子系统和电信间子系统

设备间子系统和电信间子系统在综合布线系统中的功能相同，只是在层次、环境、面积、功能及大小等方面有区别，也可认为电信间是设备间的简单化、小型化。电信间负责本楼层信息点的管理；参见图 5-5，设备间位于一栋建筑的中心，一般选择在建筑的水平面与垂直面的中心位置；它是综合布线系统的总控中心、总机房，它是建筑内网络设备的放置点，也是建筑对外进行信息交流的中心枢纽。

综合布线系统中，设备间、电信间的设备特指综合布线的一些连接硬件，如配线架等，不包括机房的有源设备，如数字程控交换机、网络服务器、路由器及网络交换机等。

主干线铜缆或光缆的一端连接在设备间内的配线架上，另一端连接在电信间内的配线架上。设备间内的配线架是综合布线系统中的一个管理点，此配线架称为垂直配线终端，另一个管理点在电信间，它的配线架也称为垂直配线终端，它们都具有对综合布线系统实施管理的功能，是综合布线系统灵活性的具体表现。配线架主要对信息点的使用、停用、转移等进行管理，也起到将各信息点连接到网络设备的作用。下面以设备间环境为主综述相关要求。

#### 1. 设备间、电信间的位置

确定设备间位置一般应考虑以下原则：

1）应尽量建在建筑物平面及其综合布线系统干线综合体的中间位置。

2）应尽量靠近服务电梯，以便装运笨重设备。

3）应尽量避免设在建筑物的高层或地下室以及用水设备的下层。

4）应尽量远离强振动源和强噪声源。

5）应尽量避开强电磁场的干扰源。

6）应尽量远离有害气体源以及存放腐蚀、易燃、易爆等物品的场所。

电信间的位置一般就在弱电井内，如果弱电井的面积不够大，则应在弱电井的附近寻找一个合适的房间作为电信间，此房间可以与其他房间合并，也可以独立设置。

#### 2. 电信间、设备间的使用面积

电信间主要为楼层安装配线设备（包括机柜、机架、机箱等安装方式）和楼层计算机网络设备（Hub 或 SW）的场地，并可考虑在该场地设置线缆竖井、等电位接地体、电源插座、UPS 配电箱等设施。在场地面积满足的情况下，也可设置建筑物诸如安防、消防、建筑设备监控系统、无线信号覆盖等系统的布缆线槽和功能模块的安装。如果综合布线系统与弱电系统设备共同设于同一场地，从建筑的角度出发，称为弱电间。

一般情况下，综合布线系统的配线设备和计算机网络设备采用 19″ 标准机柜安装。机柜尺寸通常为 600mm（宽）×900mm（深）×2000mm（高），共有 42U 的安装空间。机柜内可安装光纤连接盘 R.145、24 口面板插座模块式配线架、多线对卡接 110 配线架（100 对）、理线架、集线器、网络交换机设备等。如果按建筑物每层电话和数据信息点各为 200 个考虑配置上述设备，大约需要有 2 个 19″（42U）的机柜空间，以此测算电信间面积至少应为 5m² （2.5m×2.0m）。对于涉及布线系统设置内、外网或专用网时，19″机柜应分别设置，并在保持一定间距的情况下预测电信间的面积。

电信间面积的大小可遵守表 5-6 的建议（以墙装 IDC 配线架为对象），目前机柜使用较

多，也较方便，电信间的面积大小以放下一个或两个机柜，并且能正常操作为最小面积。

表5-6　电信间面积尺寸大小

| 服务区域/m² | 1000 | 800 | 500 |
|---|---|---|---|
| 电信间面积 = 长×宽/m² | 3×3.4 | 3×2.8 | 3×2.2 |

设备间是大楼的电话交换机设备和计算机网络设备，以及建筑物配线设备（BD）安装的地点，也是进行网络管理的场所。对综合布线工程设计而言，设备间主要安装总配线设备。当信息通信设施与配线设备分别设置时，考虑到设备电缆有长度限制的要求，安装总配线架的设备间与安装电话交换机及计算机主机的设备间之间的距离不宜太远。

如果一个设备间以10m²计，大约能安装5个19″的机柜。在机柜中安装电话大对数电缆110配线架，数据主干线缆配面板插座模块式配线架，大约能支持总量为6000个信息点所需（其中电话和数据信息点各占50%）的建筑物配线设备安装空间。

进线间一个建筑物宜设置1个，一般位于地下层，外线宜从两个不同的路由引入进线间，有利于与外部管道沟通。进线间与建筑物红外线范围内的入孔或手孔采用管道或通道的方式互连。进线间因涉及因素较多，难以统一提出具体所需面积，可根据建筑物实际情况，并参照通信行业和国家的现行标准要求进行设计，本规范只提出原则要求。

根据每6～10m²一个工作区的规律，设备间最小面积至少应为14m²，如果工作区密度有可能提高，则设备间面积应按比例相应地扩大。

3. 设备间的建筑结构

（1）空间尺寸　设备间的净高度，依使用设备高度而定，一般高于2.5m，随着科学技术的发展，设备的体积不会很大。门的宽度最小为0.9m，高度与建筑其他门一致，如有特殊体积的设备，门的大小可做适当调整，但要注意美观。

楼板荷重依设备而定，一般分为两级：A级：≥500kg/m²；B级：≥300kg/m²。

（2）安全分类　设备间的安全分为A类、B类和C类三个基本类别，各类设备间的安全要求见表5-7。A类对设备间的安全有严格的要求，有完善的设备间安全措施；B类对设备间的安全有较严格的要求，有较完善的设备间安全措施；C类对设备间的安全有基本的要求，有基本的设备间安全措施。

表5-7　设备间的安全要求

| 安全项目 | 安全类型 | | |
|---|---|---|---|
| | C类 | B类 | A类 |
| 场地选择 | | （+） | （+） |
| 防火 | （+） | （+） | （+） |
| 内部装修 | | （+） | （-） |
| 供配电系统 | （+） | （+） | （-） |
| 空调系统 | （+） | （+） | （-） |
| 火灾报警及消防设施 | （+） | （+） | （-） |
| 防水 | | （+） | （-） |
| 防静电 | | （+） | （-） |

（续）

| 安全项目 | 安全类型 | | |
|:---:|:---:|:---:|:---:|
| | C 类 | B 类 | A 类 |
| 防雷击 | | （＋） | （－） |
| 防鼠害 | | （＋） | （－） |
| 电磁波的防护 | | （＋） | （＋） |

表中符号说明：空格表示无要求；（＋）表示有要求或增加要求；（－）表示要求。

（3）结构防火　C 类设备间，建筑物的耐火等级应符合 GB 50016—2014《建筑设计防火规范》中规定的二级，相关的其余工作房间及辅助房间，其建筑物的耐火等级不应低于 GB 50016—2014 中规定的三级耐火等级。B 类设备间，其建筑物的耐火等级必须符合 GB 50016—2014 中规定的二级耐火等级。A 类设备间，其建筑物的耐火等级必须符合 GB 50016—2014 中规定的一级耐火等级。

与 A、B 类安全设备间相关的其余工作房间及辅助房间，其建筑物的耐火等级不应低于 GB 50016—2014 中规定的二级耐火等级。A、B 类设备间应设置火灾报警装置。在机房内、基本工作房间、活动地板下、吊顶上方、主要空调管道中及易燃物附近部位应设置烟感和温感探测器。

A 类设备间内设置卤代烷 1211、1301 自动灭火系统，并备有手提式卤代烷 1211、1301 灭火器。B 类设备间在条件许可的情况下，应设置卤代烷 1211、1301 自动消防系统，并备有手提式卤代烷 1211、1301 灭火器。C 类设备间应设置手提式卤代烷 1211 或 1301 灭火器。

A、B、C 类设备间除纸介质等易燃物质外，禁止使用水、干粉或泡沫等易产生二次破坏的灭火剂。

（4）内部装修　设备间装饰材料应符合 GB 50016—2014《建筑设计防火规范》中规定的难燃材料或非燃材料，应能防潮、吸音、不起尘、抗静电等。

为了方便敷设电缆线和电源线，设备间的地面最好采用抗静电活动地板，其系统电阻应在 $1 \times 10^5 \sim 1 \times 10^{10} \, \Omega$ 之间。具体要求应符合 SJ/T 10796—2001《防静电活动地板通用规范》标准。放置活动地板的设备间的建筑地面应平整、光洁、防潮、防尘。设备间地面切忌铺地毯，其原因是容易产生静电，还容易积灰。

带有走线口的活动地板称为异形地板。走线口应做到光滑，防止损伤电线、电缆等设备。设备间地面所需异形地板的块数根据设备间所需引线的数量来确定。

墙面应选择不易产生尘埃，也不易吸附尘埃的材料。目前大多数是在平滑的墙壁涂阻燃漆，或在平滑的墙壁覆盖耐火的胶合板。

为了吸音及布置照明灯具，设备顶棚一般在建筑物梁下加一层吊顶。吊顶材料应满足防火要求。目前，我国大多数采用铝合金或轻钢做龙骨，安装吸音铝合金板、难燃铝塑板、喷塑石英板等。

根据设备间放置的设备及工作需要，可用玻璃将设备间隔成若干个房间。隔断可以选用防火的铝合金或轻钢做龙骨，安装 10mm 厚玻璃。或从地板面至 1.2m 安装难燃双塑板，1.2m 以上安装 10mm 厚玻璃。

#### 4. 设备间的环境条件

（1）温度、湿度　根据综合布线系统有关的设备和器件对温、湿度的要求，可将温度、湿度分为 A、B、C 三级，见表 5-8，设备间可按某一级执行，也可按某些级综合执行。

表 5-8　设备间温度、湿度要求分级

| 项目 | A 级 | | B 级 | C 级 |
|---|---|---|---|---|
| | 夏季 | 冬季 | | |
| 温度/℃ | 22 ± 4 | 18 ± 4 | 12 ~ 30 | 8 ~ 35 |
| 相对湿度（%） | 40 ~ 65 | | 35 ~ 70 | 30 ~ 80 |
| 温度变化率/(℃/h) | <5，要不凝霜 | | <10，要不凝霜 | <15，要不凝霜 |

（2）尘埃　设备间内对尘埃的要求依存放在设备间内的设备和器件要求而定，一般可分为 A、B 两级。A 级相当于 0.85 万粒/m³，B 级相当于 1.42 万粒/m³。

（3）照明　设备间内在距地面 0.8m 处，照度不应低于 200lx（勒）。还应设事故照明，在距地面 0.8m 处，照度不应低于 5lx。

（4）噪声　设备间的噪声，应小于 70dB。如果长时间在 70 ~ 80dB 噪声的环境下工作，不但影响人的身心健康和工作效率，还可能造成人为的操作事故。

（5）电磁场干扰　设备间无线电干扰场强，在频率为 0.15 ~ 1000MHz 范围内不大于 120dB。设备间内磁场干扰场强不大于 800A/m（相当于 100e）。

（6）供电　设备间供电电源应满足要求：50Hz 频率，380V/220V 电压，三相五线制或三相四线制/单相三线制，设备间内的供电容量为将设备间内每台设备用电量的标称值相加后再乘以系数 1.7。

从总配电房到设备间使用的电缆，除应符合 GB 50303—2015《建筑电气工程施工质量验收规范》中配线工程中的规定外，载流量应减少 50%。设备间内设备用的配电柜应设置在设备间内，并采取防触电措施。设备间设备的电力供应（不包括空调），单独从本建筑的配电房引线，以保证其他用电设备对设备间设备影响最小。

设备间内的各种电力电缆应为耐燃铜芯屏蔽的电缆。空调、电源等设备的供电电缆不得与双绞线走线平行。交叉时，应尽量以接近于垂直的角度交叉，并采取防延燃措施。

UPS 最好选用智能化的，每个电源插座的线径和容量，应按设备间的设备用电容量来定，沿墙 1.5m 安装一个双口插座。

（7）其他　电信间通常还放置各种不同的电子传输设备、网络互联设备等，这些设备由设备间的 UPS 供电或设置专用 UPS。每隔 1.5m 安装一个 220V、1.3A 的双口电源插座。

5. 设备间、电信间配线架的排布

配线架的排布也有一定规则，主干端接在上，水平端接在下；或主干端接在左，水平端接在右（见图 5-28），简称先上后下，先左后右规则。同时注意语音、数据等不同功能的配

a) 小系统　　　　　　　　　b) 中系统

图 5-28　配线架排列

线架分开。当采用标准机柜的时候，机柜的使用也是按上下分布，然后再新增另一个标准机柜。采用标准的彩色编码标志各个端接区，以易于参考识别。

大系统中配线架的安装布置方案有图5-29和图5-30两种，其中图5-29是推荐方案。图5-30方案不推荐，因为该方案在应用时，会有大量的跳线交叉，且跳线会过长。

合理布置配线架位置，可使配线架区域内的跳线（相互连线）尽量少交叉，并且跳线最短。通常应使线缆在配线架上进入与出去位置分开摆放；同一25对主干内不能有不同功能的

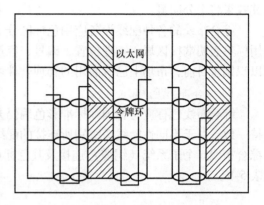

图5-29 配线架大系统应用（推荐）

应用，不同功能的应用应放在不同的25对之中；相同功能的配线架应摆放在一起，不同功能的配线架之间应有界线。

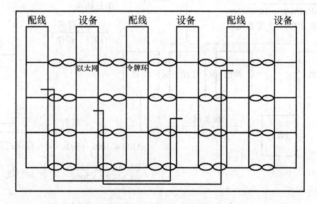

图5-30 配线架大系统应用（不推荐）

### 5.1.5 建筑群子系统

建筑群子系统位于建筑之间，起到连接建筑群中各建筑的作用，在各建筑之间传递信息，也包括将外界信息传递到建筑群或建筑内，并且向外传递信息。

建筑群子系统的硬件由大对数铜缆与光缆构成，由于此线缆要在户外敷设，户外条件较差，因此，与室内线缆有较大的差别，这种差别主要在外层保护、铠甲上，以适应户外使用，在技术指标上没有差别。外线接入建筑物一定要接入独立的配线架，并且固定好。

当速率大于10Mbit/s时，建议使用光纤进行建筑间的数据传输，目前建筑群之间多使用六芯多模光纤，光缆不必进行电气保护。当速率小于10Mbit/s时，可用铜缆进行连接，但在建筑的入口处必须提供过电流过电压保护，以保护接入设备不受雷击损坏。

### 5.1.6 管理

ANSI/TIA/EIA-606标准给出综合布线系统管理建议，综合布线管理是针对设备间、电信间和工作区的配线设备、线缆等设施，按一定的模式进行标识和记录的规定。内容包括：管理方式、标识、色标、连接等。这些内容的实施，将给今后维护和管理带来很大方便，有利于提高管理水平和工作效率。特别是较为复杂的综合布线系统，如采用计算机进行管理，

其效果将十分明显。

综合布线的各种配线设备应用色标区分干线电缆、配线电缆或设备端点，同时，还应采用标签表明端接区域、物理位置、编号、容量及规格等，以便维护人员在现场一目了然地加以识别。目前，市场上已有商用的管理软件可供选用。

1. 综合布线色标

综合布线色标应符合国际标准彩色编码方案，系统中所使用的区分不同服务的色标应保持一致，对于不同性能线缆级别所连接的配线设备，可用加强颜色或适当的标记加以区分。综合布线6个子系统（铜缆）连接及其色标如图5-31所示。综合布线用线缆色标的含义见表5-9。

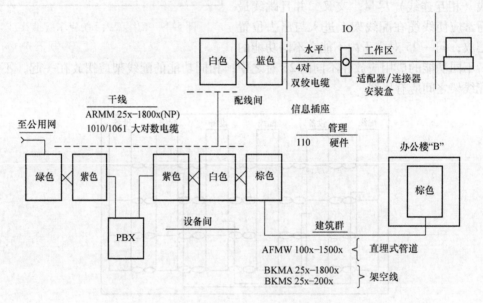

图5-31　综合布线6个子系统（铜缆）连接及其色标

表5-9　综合布线用线缆色标的含义

| 使用场合 | 颜色 | 应　用 |
|---|---|---|
| 设备间、电信间、二级交接间 | 绿色 | 表示网络接口的进线侧、设备侧的电信局中继线 |
| | 白或银色 | 表示干线电缆和建筑群电缆。端接于白场的电缆布置在设备间与干线/二级交接间之间或建筑群各建筑物之间 |
| | 灰色 | 表示电信间与二级交接间之间的连接电缆或各二级交接间之间的连接电缆 |
| | 蓝色 | 表示设备间、电信间至工作区（IO）或用户端的电缆 |
| | 紫色 | 表示来自专用交换机（PBX）、数据交换机、分组交换集线器之类公用系统设备的电缆 |
| | 橙色 | 表示来自交接间多路复用器的电缆 |
| | 黄色 | 表示交换机的用户引出线，来自控制台或调制解调器之类的辅助设备的电缆 |

不同颜色的配线设备之间应采用相应的跳线进行连接，图5-32所示大型综合布线系统，跳线色标的规定及应用场合宜符合下列要求：

1）橙色——用于分界点，连接入口设施与外部网络的配线设备。

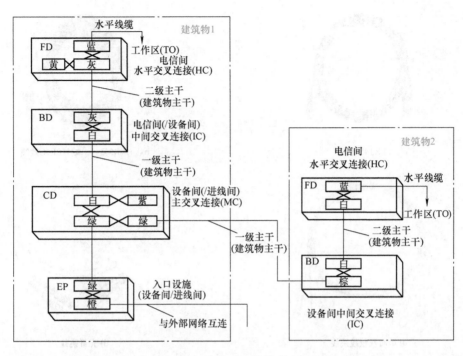

图 5-32　色标应用位置示意图

2）绿色——用于建筑物分界点，连接入口设施与建筑群的配线设备。

3）紫色——用于与信息通信设施 PBX、计算机网络、传输等设备连接的配线设备。

4）白色——用于连接建筑物内主干线缆的配线设备（一级主干）。

5）灰色——用于连接建筑物内主干线缆的配线设备（二级主干）。

6）棕色——用于连接建筑群主干线缆的配线设备。

7）蓝色——用于连接水平线缆的配线设备。

8）黄色——用于报警、安全等其他线路。

9）红色——预留备用。

跳线用于综合布线路由管理。①电话跳线宜按每根 1 对或 2 对对绞电缆容量配置，跳线两端连接插头采用 IDC 或 RJ45 型。②数据跳线宜按每根 4 对对绞电缆配置，跳线两端连接插头采用 IDC 或 RJ45 型。③光纤跳线宜按每根 1 芯或 2 芯光纤配置，光跳线连接器件采用 ST、SC 或 SFF 型。

各配线设备跳线如图 5-33 所示，可按以下原则选择与配置：双绞线跳线由于大多使用在活动场合，选取时应选用多芯式，它比较软，耐弯折。光纤跳线也是使用在活动场合，多选用单根光纤作为光纤跳线。带连接器的跳线，都用在带模块或光纤适配器的配线架上，一插一拔，就完成线路的管理。还有一种是对单对双绞线进行管理的，如图 5-33c 所示，它必须使用专用工具才能进行路由管理操作。

2. 管理系统设计

综合布线系统工程的技术管理涉及综合布线系统的工作区、电信间、设备间、进线间、入口设施、线缆管道与传输介质、配线连接器件及接地等各方面，根据布线系统的复杂程度分为以下 4 级：

a) RJ45跳线

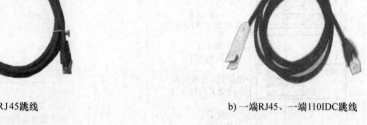

b) 一端RJ45、一端110IDC跳线

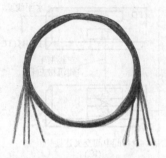

c) 单对双绞线跳线

d) 光纤跳线

图5-33　常用跳线类型

一级管理：针对单一电信间或设备间的系统。

二级管理：针对同一建筑物内多个电信间或设备间的系统。

三级管理：针对同一建筑群内多栋建筑物的系统，包括建筑物内部及外部系统。

四级管理：针对多个建筑群的系统。

综合布线系统应在需要管理的各部位设置标签，分配由不同长度的编码和数字组成的标识符，以表示相关的管理信息。管理系统的设计应使系统可在无需改变已有标识符和标签的情况下升级和扩充。

标识符可由数字、英文字母、汉语拼音或其他字符组成，布线系统内各同类型的器件与线缆的标识符应具有同样特征（相同数量的字母和数字等）。

标签的选用应符合以下要求：

1）选用粘贴型标签时，线缆应采用环套型标签，标签在线缆上至少应缠绕一圈或一圈半，配线设备和其他设施应采用扁平型标签。

2）标签衬底应耐用，可适应各种恶劣环境；不可将民用标签应用于综合布线工程。

3）插入型标签应设置在明显位置、固定牢固。

3. 综合布线标识

综合布线使用了三种标识：电缆标识、场标识和插入标识。电缆标识由背面带不干胶的白色材料制成，可以直接贴到各种电缆的表面上，用来标识电缆的发源地和目的地。场标识也是由背面带不干胶的材料制成的，可贴在设备间、电信间、二级交接间、中断线/辅助场和建筑物布线场的平整表面上。插入标识是硬纸片。每个标识都用色标来指名电缆的发源地。电信间、设备间中应使用标准的彩色编码来进行场标识。用插入标识条标出各个端接区域，以易于识别干线电缆、水平电缆或设备端接点等。综合布线所用标识示例如图5-34所示。

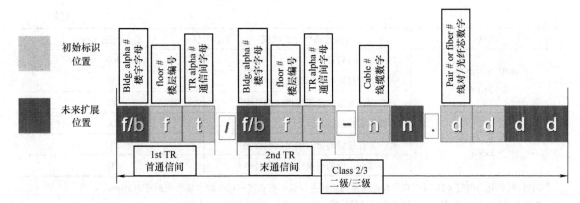

图5-34　综合布线所用标识示例

### 5.1.7　电气防护与接地

1. 水平布线与电磁干扰源的间距

在水平布线中，线缆与电磁干扰源之间应有足够的距离，以减少电磁干扰对线缆性能的影响，表5-10给出了电磁干扰源与铜缆之间最小的推荐距离（电压小于480V），由表5-10内的关系可得出如下的结论：

1）当电磁干扰源有良好的屏蔽时，与水平布线的距离可成倍地减小，当水平布线也有良好的屏蔽时，水平布线与电磁干扰源的距离还可减小。

2）在建筑中，对水平布线系统影响较大的电磁干扰源是变压器、电动机和荧光灯。

**注意：**对于负载电压大于480V，功率大于5kVA的情况，要单独考虑减少电磁干扰的方法。方法同样为加大间距、增加屏蔽。

表5-10　布线与电磁干扰源的最小距离

| 条件 | 最小分离距离/mm | | |
|---|---|---|---|
| | <2kVA | 2~5kVA | >5kVA |
| 接近于开放或无金属旁路的无屏蔽电力线或电力设备 | 127 | 305 | 610 |
| 接近于接地金属导体通路的无屏蔽电力线或电力设备 | 64 | 152 | 305 |
| 接近于接地金属导体通路的封装在接地金属导体内的电力线 | 38 | 76 | 152 |
| 变压器和电动机 | 1016 | | |
| 荧光灯 | 305 | | |

2. 综合布线电缆与高电平电磁干扰电气设备的间距

综合布线电缆与附近可能产生高电平电磁干扰的电动机、电力变压器、射频应用设备等电气设备之间应保持必要的间距，并应符合下列规定。

1）综合布线电缆与电力电缆的间距应符合表5-11的规定。

表5-11　综合布线电缆与电力电缆的间距

| 类别 | 与综合布线接近状况 | 最小间距/mm |
|---|---|---|
| 380V电力电缆<br><2kVA | 与线缆平行敷设 | 130 |
| | 有一方在接地的金属线槽或钢管中 | 70 |
| | 双方都在接地的金属线槽或钢管中[①] | 10[①] |

（续）

| 类别 | 与综合布线接近状况 | 最小间距/mm |
|---|---|---|
| 380V 电力电缆<br>2～5kVA | 与线缆平行敷设 | 300 |
| | 有一方在接地的金属线槽或钢管中 | 150 |
| | 双方都在接地的金属线槽或钢管中② | 80 |
| 380V 电力电缆<br>>5kVA | 与线缆平行敷设 | 600 |
| | 有一方在接地的金属线槽或钢管中 | 300 |
| | 双方都在接地的金属线槽或钢管中② | 150 |

①当380V电力电缆 <2kVA，双方都在接地的线槽中，且平行长度≤10m时，最小间距可为10mm。
②双方都在接地的线槽中，系指两个不同的线槽，也可在同一线槽中用金属板隔开。

2）综合布线系统线缆与配电箱、变电室、电梯机房、空调机房之间的最小净距宜符合表 5-12 的规定。

表 5-12　综合布线线缆与电气设备的最小净距

| 名称 | 最小净距/m | 名称 | 最小净距/m |
|---|---|---|---|
| 配电箱 | 1 | 电梯机房 | 2 |
| 变电室 | 2 | 空调机房 | 2 |

3）墙上敷设的综合布线线缆及管线与其他管线的间距应符合表 5-13 的规定。当墙壁电缆敷设高度超过 6000mm 时，与避雷引下线的交叉间距应按 $S \geqslant 0.05L$ 计算，$S$ 指交叉间距（mm），$L$ 指交叉处避雷引下线距地面的高度（mm）。

表 5-13　综合布线线缆及管线与其他管线的间距

| 其他管线 | 平行净距/mm | 垂直交叉净距/mm |
|---|---|---|
| 避雷引下线 | 1000 | 300 |
| 保护地线 | 50 | 20 |
| 给水管 | 150 | 20 |
| 压缩空气管 | 150 | 20 |
| 热力管（不包封） | 500 | 500 |
| 热力管（包封） | 300 | 300 |
| 煤气管 | 300 | 20 |

**3. 按环境条件选用相应的线缆和配线设备**

综合布线系统应根据环境条件选用相应的线缆和配线设备，或采取防护措施，并应符合下列规定：

1）当综合布线区域内存在的电磁干扰场强低于 3V/m 时，宜采用非屏蔽电缆和非屏蔽配线设备。

2）当综合布线区域内存在的电磁干扰场强高于 3V/m 时，或用户对电磁兼容性有较高要求时，可采用屏蔽布线系统和光缆布线系统。

3）当综合布线路由上存在干扰源，且不能满足最小净距要求时，宜采用金属管线进行屏蔽，或采用屏蔽布线系统及光缆布线系统。

#### 4. 接地系统

ANSI/TIA/EIA-607 标准对与建筑物通信基础设施相关的接地和地线连接问题提供指导。接地是指电气线路或设备与大地或代替大地的导线之间有意或无意的导电连接。有效接地是指通过阻抗足够低的接地设施与大地之间的有意连接。它必须有足够强的导电能力，以便能够避免形成可能对连接的设备或人员造成不必要伤害的电压积累。地线连接是将金属部件永久地连接在一起以形成一个电流通路以确保电气连通性，以便能够安全地传导任何可能被加载的电流。通信地线连接导线是指用于连接通信接地设施和建筑物服务设施（动力）地的导线。接地系统结构示意图如图 5-35 所示。通信地线主干（TBB）是用于将通信主接地桩接至位于最远楼层的通信接地桩的铜导线。通信地线主干互连线（TBBIBC）是用于互连通信地线主干的导线。通信主接地桩（TMGB）是通过通信地线导线连接至服务设备（动力）的接地板。它应该放置在便于接入的地方。

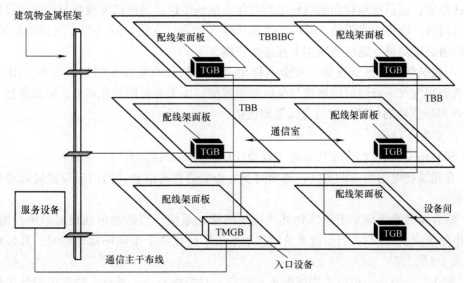

图 5-35　接地系统结构示意图

1）通信接地导线设计时应考虑：铜芯导线必须绝缘；线径最少为 AWG 6 号导线（4.11mm）；这些导线不应穿过金属导管，如不能避免，且导管长度超过1m，则这些导线必须与导管的每一端相连；用绿色标签对接地导线做标记。

2）通信地线主干（TBB）始于通信主接地桩（TMGB），并沿通信主干通路延伸至整个建筑物内；它在所有通信室及设备室内与通信接地桩（TGB）相连。TBB 的主要功能是降低或均衡相互连接的通信系统的电势差。

设计通信地线主干（TBB）应考虑：与通信主干布线系统的设计相一致，由建筑物的规模来确定有多少个通信地线主干，合理规划路径使 TBB 最短，不能用建筑物内部的水管系统作为通信地线主干，在安装时不能用电缆的金属屏蔽层作为通信地线主干，导线最小线径为 AWG 6 号；使用 AWG 3 号导线为通信地线主干，多个垂直的通信地线主干必须在顶层连接在一起，并且每隔三层设置一个通信地线主干互连线，TBB 应使用完整的导线来安装，导线不能拼接使用。

3）通信主接地桩（TMGB）是专用通信基础设施的建筑物接地电极系统的延伸；同时也作为通信地线主干（TBB）和设备的中央连接点。

设计 TMGB 需考虑：典型方式为每座建筑设一条通信主接地桩，可以依据 TGB 的设计规则来扩展 TMGB；TMGB 必须位于工程维护人员方便操作的地方；它经常被安置于进线或主通信设备室，选择的位置应能使接地导线长度最短；TMGB 必须是符合带有标准 NEMA 螺孔的铜质导体，其大小和间距依所要用到的连接器而定；TMGB 最小尺寸为 6mm 厚，100mm 宽；长度可变；确保接地桩的尺寸适合未来的增长。

4）通信接地桩（TGB）位于通信室或设备室，作为通信系统和由该通信室或设备室提供服务的区域内设备的公共中心连接点。

通信接地桩的特征：预留孔的铜质导体，带有标准的 NEMA 螺孔，其大小和间距依所用的连接器而定；最小尺寸为厚 6mm，宽 50mm；长度可变。

设计通信接地桩时应考虑：通信地线主干和位于同一区域的其他通信接地桩必须与该通信接地桩连接；通信地线主干和通信接地桩之间的接地线必须是连续的，并且尽可能选取最短的直线路径；通信接地桩和配线板之间应尽可能地靠近；当通信配线板与该通信接地桩处于同一房间时，应将配线板的 ACEG 公共连接线（如果已安装）或外壳与通信接地桩相连；需要时将通信接地桩与通信地线主干互连线连接。

5）与建筑物金属框架连接。在金属框架（钢结构）有效接地的建筑物中，用 AWG 6 号导线将房间内每一条通信接地桩与金属框架连接。如果金属框架在室外，但方便接入，则用 AWG6 号导线将通信接地桩与金属框架连接。

### 5. 国标关于接地

GB 50311—2016《综合布线系统工程设计规范》对于接地有以下建议：

1）在建筑物电信间、设备间、进线间及各楼层信息通信竖井内均应设置局部等电位联结端子板。

2）综合布线系统应采用建筑物共用接地的接地系统。当必须单独设置系统接地体时，其接地电阻不应大于 4Ω。当布线系统的接地系统中存在两个不同的接地体时，其接地电位差不应大于 1V。

3）配线柜接地端子板应采用两根不等长度，且截面不小于 $6mm^2$ 的绝缘铜导线接至就近的等电位联结端子板。

4）屏蔽布线系统的屏蔽层应保持可靠连接、全程屏蔽，在屏蔽配线设备安装的位置应就近与等电位联结端子板可靠连接。

5）综合布线的电缆采用金属管槽敷设时，管槽应保护连接的电气连接，并应有不少于两点的良好接地。

6）当缆线从建筑物外引入建筑物时，电缆、光缆的金属护套或金属构件应在入口处就近与等电位联结端子板连接。

7）当电缆从建筑物外面进入建筑物时，应选用适配的信号线路浪涌保护器。

## 5.2　综合布线系统工程设计

一座智能建筑在设计、规划过程中，就应该考虑到所建的信息通道对内要适应不同应用的网络互联设备、主机、终端以及外设的要求，以构成灵活的拓扑结构，有足够的扩展能力；对外可以通过 Internet、电话网等与公共网相连，组成全方位的信息互访系统。即建立一个适应当前信息处理需要的内部应用与服务局域网，又要充分考虑到信息系统未来的发展趋势。设计优良的综合布线系统具备"设备与线路无关"，能为建筑内办公自动化、楼宇设备自动化提供统一的信息化基础通道；具备高可靠性，能保证信息网的正常运行；具备高度的灵活性，能根据内部通信应用系统的具体要求跳接成不同的网络拓扑形式，同时，如遇网络信息点的接入和废弃变化，可方便实现改接。即综合布线系统的设计应具备高可靠性、兼容性、开放性、灵活性，同时具备设备技术先进和经济性等优良特点。

综合布线系统的工作区子系统、配线子系统、主干子系统、电信间子系统、设备间子系统、建筑群子系统六大组成部分，它们既互相独立又互为一体。本节学习重点是学会设计综合布线系统并绘制综合布线系统图和平面图，预期达成以下学习目标：理解综合布线六大子系统设计标准，学会综合布线系统设计原理步骤；学会综合布线六大子系统设备与线缆用量计算；学会按规范设计绘制综合布线系统的系统图和平面图；学会预算综合布线系统工程项目经费。

## 5.2.1 设计原则与选型要领

综合布线系统的工程设计是与公共建筑、商住楼、办公楼、综合楼及智能住宅小区等智能建筑的通信自动化、办公自动化和设备自动化直接关联的一项基础性、独立性的设计项目。综合布线系统以一套统一的配线系统，为智能建筑电话、数据、图文、图像及多媒体设备等提供高质量的、灵活一致的信息传输底层线路支持。

### 1. 设计原则

综合布线系统设计遵循的基本原则是系统的兼容性、开放性、灵活性、可靠性、先进性和经济性。具体项目还要考虑下面几项原则：

1）规范性。综合布线系统的工程设计，除应符合 GB 50311—2016《综合布线系统工程设计规范》外，还应符合国家现行的相关强制性或推荐性标准的规定。

2）高质量。工程设计中必须选用符合国家或国际有关技术标准的定型产品。未经国家认可的产品、质量监督检验机构鉴定合格的设备及主要材料，不得在工程中使用。

3）整体性。工程设计时，应根据工程项目的性质、功能、环境条件和近、远期用户要求，将综合布线系统的设施及管线的建设，纳入相应建筑规划之中。在建筑结构土建工程的设计中，对综合布线信息插座的安装，配线子系统、干线子系统的安装，交接间、设备间都要有所规划。

4）经济合理性。综合布线系统工程设计对新建、扩建、正建项目要区别对待。新建项目，从项目设计工作开始到投入运行，短则需要 1~2 年，有的需要 7~8 年，通信技术发展很快，按摩尔定律，每 18 个月计算机运行速度增加一倍，因此综合布线所用器材适度超前是需要的。而对于改（扩）建项目，电话通信较成熟，随着高速以太网技术的快速发展，网络应用迅速由 10M、100M 提升到 1000M、10G，改建工程时，为了节省投资，只设计计算机网络的综合布线工程而对电话布线不进行更换。

5）开放性。综合布线系统应与大楼办公自动化（OA）、通信自动化（CA）、楼宇自动化（BA）等系统统筹规划，按照各种信息的传输要求，做到合理使用，并应符合相关的标准。一般楼宇自动化系统通信速率较低，属于低速局域网络，典型的传输速率为水平方向小于 1Mbit/s，垂直方向可达 10Mbit/s，监视和控制楼宇环境的各个方面。为语音、数据、图像和楼宇自动化提供一个统一的综合布线系统，不仅能降低建设和维修费用，而且能提供足够的应用系统扩容空间，保障信息传输高速率。

**2. 选型要领**

在综合布线产品市场上，早期产品主要依靠进口，特别是美国 AT&T 公司的 PDS（Premises Distribution System）产品，它较早进入我国市场，品种齐全，市场占有率高。随着改革开放的进一步深入，我国采用的综合布线系统逐渐发生变化，当前市场主要系统产品有：

（1）普天天纪（Telege），南京普天天纪楼宇智能有限公司是国内专门致力于综合布线系列产品、楼宇智能化系列产品的设计开发、生产及工程施工、技术推广的专业厂家。公司 1997 年初在全国率先推出第一套 5 类标准的国产化综合布线系统，填补了国内相关产品市场的空白。

（2）西蒙（SIEMON）公司推出的 SCS 系统（SIEMON Cabling System），美国西蒙公司提供铜缆/光纤布线系统，机柜/机架等产品，以及线缆管理和配线解决方案。公司的销售及服务网络遍及全球，在我国北京、上海、广州、成都等地均设有分支机构。

（3）加拿大北方电讯（Northern Telecom）公司推出 IBDN（Integrated Building Distribution Network）系统，在我国早期智能大厦建筑中有大量应用，但该公司 2009 年宣布破产。

（4）美国安普（AMP）公司推出开放式布线系统（Open Wiring System），安普公司是美国泰科电子（Tyco Electronics）国际有限公司的子公司，是全球最大的电子电气连接器及内部连接系统供应商。

（5）康普（CommScope），美国康普公司是全球最大的用于 HFC 的宽带同轴电缆的生产商，同时也是全球领先的高性能光纤及双绞线系统的供应商。康普科技（苏州）有限公司制造用于有线电视和其他视频的高品质、高性能同轴电缆。

（6）施耐德（Schneilder），德国施耐德电气在能源与基础设施、工业过程控制、楼宇自动化和数据中心与网络等市场处于世界领先地位。在整合了原奇胜（Clipsal）、梅兰日兰（Merlin Gerin）和莫顿（merten）三大国际知名电气品牌之后，施耐德电气智能终端部专注于提供全方位、高性能、智能化和网络数字化的终端电气解决方案。

（7）罗格朗（Legrand），TCL-罗格朗（法国）国际电工（惠州）有限公司，致力于成为信息网络领域布线产品的专业供应商。

另外 IBM 公司推出了 ACS 系统（Advanced Connectivity System）。

由于各厂家在连接技术方面都有自己的一套系统，相互替用在理论上似乎可行，但是在技术方面可能会导致信号传输性能的下降。另外在产品质量保证、提供售后服务等多方面会产生无法解决的问题。如许多国外厂家都有自己产品系列的工程设计指南和验收方法，对完整使用同一品牌产品的工程项目，在通过品牌公司的项目验收后，通常提供 15 年以上的质量保证。因此，在选用综合布线产品时，应选择一家有实力、有技术保证、有发展潜力的公司的产品。

2000 年以后，国内独资或合资企业，通过技术引进和开发逐步掌握综合布线产品的生产技术，生产出符合国际标准的综合布线产品，逐渐占领国内综合布线产品市场。它们的产品都符合相应的国际标准，可以采用。

## 5.2.2　综合布线系统应用等级与设计等级

建筑与建筑群的综合布线系统工程设计，应根据实际需要，选择适当配置的综合布线系统应用等级和设计等级。

**1. 综合布线系统应用等级**

在 TIA/EIA 568 A《商业建筑电信布线标准》中，综合布线应用分为 A、B、C、D 和光纤应用 5 个等级。在 GB 50311—2016《综合布线系统工程设计规范》中，综合布线应用分为 A、B、C、D、E、F 和光纤应用 7 个等级。7 级应用与线缆以及传输距离的关系见表 5-14。

表 5-14　综合布线应用等级与线缆传输距离

| 应用等级 | 最高频率 | 双绞线传输距离/m 100Ω | | | | | | 光纤传输距离/m | | 应用举例 |
|---|---|---|---|---|---|---|---|---|---|---|
| | | 3类 | 4类 | 5类 | 5e类 | 6类 | 7类 | 多模 | 单模 | |
| A | 100kHz | 2000 | 3000 | 3000 | 3000 | | | | | 语音带宽和低频，如 PBX、X.21/V.11 |
| B | 1MHz | 200 | 260 | 260 | 400 | | | | | 中位数字传输，如 N-ISDN、CSMA/CD、1Base-5 |
| C | 16MHz | 100① | 150② | 160② | 250② | | | | | 高位数字传输，如 CSMA/CD、10Base-T、令牌环 4~16Mbit/s |
| D | 100MHz | | | 100① | 150② | | | | | 甚高位数字传输，如 100Base-T，155Mbit/s ATM |
| E | 250MHz | | | | | 55 | | | | 宽带新安装项目 10GBase-T |
| F | 600MHz | | | | | | 100① | | | 10GBase-T |
| 光纤 | 100MHz | | | | | | | 2000 | 3000③ | 高与甚高位数字传输，如数据中心 10Base-F、1000Base-SX、1000Base-LX |

① 100m 的通道总长度包括配线加上的跳线、工作区和设备接插软连线在内的 10m 长度。通道的技术条件按 90m 水平电缆，7.5m 长的连接电缆及同类的 3 个连接器来考虑。如果采用综合性的工作和设备区电缆附加总长度不大于 7.5m，则此类用途是有效的。

② 实际布线距离大于水平系统中规定的长度，应参考具体的应用系统标准。

③ 3000m 是国际布线标准 ISO/IEC 11801 规定的极限范围，不是介质极限。单模光纤端到端的传输能力可达 60km 以上。当单模光纤长度超过 3km 时，已不属于综合布线范围。

关于线缆长度划分，按照 ISO/IEC 11801 2002—09《综合布线国际标准》5.7 与 7.2 条款及 T 568 B.1 标准的规定，列出了综合布线系统主干线缆及水平线缆 100m 等的长度限值。但是，综合布线系统在网络的应用中，可选择不同类型的电缆和光缆，因此，在相应的网络中所能支持的传输距离是不相同的。在 IEEE 802.3 an 标准中，综合布线系统 6 类布线系统在 10G 以太网中所支持的长度应不大于 55m，但 6A 类和 7 类布线系统支持长度仍可达到 100m。在表 5-15 和表 5-16 中分别列出光纤在 100M、1G、10G 以太网中支持的传输距离，供设计参考。

表 5-15　100M、1G 以太网中光纤的应用传输距离

| 光纤类型 | 应用网络 | 光纤直径/μm | 波长/nm | 带宽/MHz | 应用距离/m |
|---|---|---|---|---|---|
| 多模 | 100Base-FX | | | | 2000 |
| | 1000Base-SX | 62.5 | 850 | 160 | 220 |
| | 1000Base-LX | | | 200 | 275 |
| | | | | 500 | 550 |
| | 1000Base-SX | 50 | 850 | 400 | 500 |
| | | | | 500 | 550 |
| | 1000Base-LX | | 1300 | 400 | 550 |
| | | | | 500 | 550 |
| 单模 | 1000Base-LX | <10 | 1310 | | 5000 |

注：上述数据可参见 IEEE 802.3—2002。

表 5-16　10G 以太网中光纤的应用传输距离

| 光纤类型 | 应用网络 | 光纤直径/μm | 波长/nm | 模式带宽/(MHz·km) | 应用范围/m |
|---|---|---|---|---|---|
| 多模 | 10GBase-S | 62.5 | 850 | 160/150 | 26 |
| | | | | 200/500 | 33 |
| | | | | 400/400 | 66 |
| | | 50 | | 500/500 | 82 |
| | | | | 2000 | 300 |
| | 10GBase-LX4 | 62.5 | 1300 | 500/500 | 300 |
| | | 50 | | 400/400 | 240 |
| | | | | 500/500 | 300 |
| 单模 | 10GBase-L | <10 | 1310 | | 1000 |
| | 10GBase-E | | 1550 | | 30000～40000 |
| | 10GBase-LX4 | | 1300 | | 1000 |

注：上述数据可参见 IEEE 802.3ac—2002。

### 2. 综合布线系统设计等级

综合布线系统在进行系统配置设计时，应充分考虑用户的实际需要与发展，使之具有通用性和灵活性，尽量避免布线系统投入正常使用后，较短时间又要进行扩建与改建，造成资金浪费。一般来说，布线系统的水平配线应以远期需要为主，垂直干线应以近期实用为主。

当建筑或建筑群的网络使用要求尚未明确时，可参考综合布线设计等级建议选择适当的配置。综合布线系统设计等级分为基本型、增强型与综合型三个级别。

（1）基本型　这种等级适用于综合布线中配置标准较低的场合，使用铜芯对绞线，配置如下：每个工作区有一个信息插座模块；每个工作区的配线电缆为 1 条 4 对双绞电缆；采用夹接式（IDC）交接硬件；每个工作区的干线电缆至少有 2 对双绞线。

（2）增强型　这种等级适用于综合布线中中等配置标准的场合，使用铜芯对绞电缆，配置如下：每个工作区有两个或以上信息插座模块；每个工作区的配线电缆为 2 条 4 对双绞电缆；采用夹接式（IDC）或插接（I/O）交接硬件；每个工作区的干线电缆至少有 3 对双绞线。

（3）综合型　这种等级适用于综合布线中配置标准较高的场合，使用光缆和铜芯对绞电缆或混合电缆。综合型综合布线配置应在增强型综合布线的基础上增设光缆及相关连接硬件。

【例 5.1】　建筑物的某一层共设置了 200 个信息点，计算机网络与电话各占 50%，即各为 100 个信息点。配置该楼层综合布线的设备与线缆。

【答】　（1）电话部分配置

1）FD 水平侧配线模块按连接 100 根 4 对水平电缆配置。

2）语音主干的总对数按水平电缆总对数 4×100 对的 25% 计，为 100 对线的需求；如考虑 10% 的备份线对，则语音主干电缆总对数需求量为 110 对。

3）FD 干线侧配线模块可按卡接大对数主干电缆 110 对端子容量配置。

（2）数据部分配置

1）FD 水平侧配线模块按连接 100 根 4 对水平电缆配置。

2）数据主干线缆。

最少量配置：以每个 Hub/SW 为 24 个端口计，100 个数据信息点需设置 5 个 Hub/SW；以每 4 个 Hub/SW 为一群（96 个端口），组成了 2 个 Hub/SW 群；现以每个 Hub/SW 群设置 1 个主干端口，并考虑 1 个备份端口，则 2 个 Hub/SW 群需设 4 个主干端口。如主干线缆采用双绞电缆，每个主干端口需设 4 对线，则 4 个主干端口线对的总需求量为 16 对；如主干线缆采用光缆，每个主干光端口按 2 芯光纤考虑，则光纤的需求量为 8 芯。

最大量配置：同样以每个 Hub/SW 为 24 端口计，100 个数据信息点需设置 5 个 Hub/SW；以每 1 个 Hub/SW（24 个端口）设置 1 个主干端口，每 4 个 Hub/SW 考虑 1 个备份端口，共需设置 7 个主干端口。如主干线缆采用双绞电缆，以每个主干电端口需要 4 对线，则线对的需求量为 28 对；如主干线缆采用光缆，每个主干光端口按 2 芯光纤考虑，则光纤的需求量为 14 芯。

3）FD 干线侧配线模块可根据主干电缆或主干光缆的总容量加以配置。

计算得出配置数量以后，再根据电缆、光缆、配线模块的类型、规格加以选用，做出合理配置。

上述配置用于计算机网络的主干线缆，可采用光缆；用于电话的主干线缆，则可采用大对数双绞电缆，并考虑适当的备份，以保证网络安全。由于工程的实际情况比较复杂，不可能按一种模式，设计时还应结合工程的特点和需求加以调整应用。

3. 工作区划分与信息点配置

目前建筑物的功能类型较多，大体上可以分为商业、文化、媒体、体育、医院、学校、交通、住宅及通用工业等类型，因此，对工作区面积的划分应根据应用的场合做具体分析后确定，工作区面积需求可参照表 5-17。

表 5-17　工作区面积划分表

| 建筑物类型及功能 | 工作区面积/m² |
|---|---|
| 网管中心、呼叫中心、信息中心等终端设备较为密集的场地 | 3～5 |
| 办公区 | 5～10 |
| 会议、会展 | 10～60 |
| 商场、生产机房、娱乐场所 | 20～60 |
| 体育场馆、候机室、公共设施区 | 20～100 |
| 工业生产区 | 60～200 |

注：1. 对于应用场合，如终端设备的安装位置和数量无法确定时或使用彻底为大客户租用并考虑自设置计算机网络时，工作区面积可按区域（租用场地）面积确定。

2. 对于 IDC 机房（为数据通信托管业务机房或数据中心机房），可按生产机房每个配线架的设置区域考虑工作区面积。对于此类项目，涉及数据通信设备的安装工程，应单独考虑实施方案。

每一个工作区信息点数量的确定范围比较大，从现有的工程情况分析，设置 1～10 个信息点的现象都存在，并预留了电缆和光缆备份的信息插座模块。因为建筑物用户性质不同，功能要求和实际需求不同，所以信息点数量不能仅按办公楼的模式确定，尤其是对于专用建筑（如电信、金融、体育场馆、博物馆等）及计算机网络存在内、外网等多个网络时，更应加强需求分析，做出合理的配置。每个工作区信息点数量可按用户的性质、网络构成和需求来确定，表 5-18 做了一些分类，可提供给设计者参考。

表 5-18 信息点数量配置

| 建筑物功能区 | 信息点数量（每一工作区） | | | 备注 |
|---|---|---|---|---|
| | 电话 | 数据 | 光纤（双工端口） | |
| 办公区（一般） | 1 个 | 1 个 | | |
| 办公区（重要） | 1 个 | 2 个 | 1 个 | 对数据信息有较大需求 |
| 出租或大客户区域 | 2 个或 2 个以上 | 2 个或 2 个以上 | 1 或 1 个以上 | 指整个区域的配置量 |
| 办公区（政务工程） | 2~5 个 | 2~5 个 | 1 或 1 个以上 | 涉及内、外网络时 |

注：大客户区域也可以为公共设施场地，如商场、会议中心、会展中心等。

## 5.2.3 设计步骤

依照 GB 50311—2016《综合布线系统工程设计规范》，设计综合布线系统的一般步骤（见图 5-36）为：分析用户需求并获取建筑物平面图，确定信息点数和位置；确定综合布线系统结构方案；综合布线配线子系统、干线子系统、电信间子系统、设备间子系统以及建筑群子系统设计，确定布线设备数量及其产品的规格/型号，绘制综合布线系统图和施工图，最后汇总得出综合布线设备配置清单，作为工程询价和预算的依据。

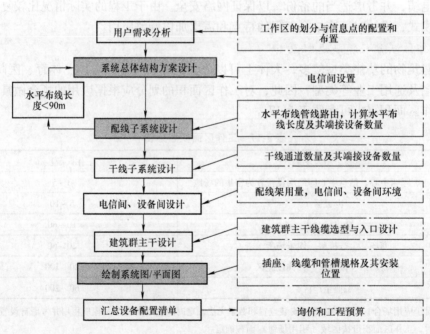

图 5-36 综合布线系统设计步骤

### 1. 工作区子系统的设计

工作区子系统的设计重点是信息点的配置设计，然后是信息插座模块的数量和类型选择。综合布线系统信息点的配置，依据综合布线系统设计等级，并参照工作区划分和配置表5-17 和表 5-18 估计。如果一幢建筑物其建筑面积为 2 万 $m^2$，实用面积可按 75% 来估算，则为 1.5 万 $m^2$，如按每 10 $m^2$ 两个信息点进行计算，大厦信息点总数估算约为 3000 个。工作区子系统设计有三个基本步骤。

1）根据楼层平面图，划分工作区，计算每个工作区的面积（除去公共面积以外的所有工作区的面积）。

2）设计信息点的数量，如果用户能提供信息点数量的具体要求更好，用户不能提出信息点数量具体要求的，一般设计两种方案供用户选择。

第一种为基本型设计。设计为每个工作区配置一个信息点（1个I/O插座盒）分布平面图。

第二种为增强型或综合型设计。设计为每个工作区配置两个信息点（2个I/O插座盒，数字信息插座和语音信息插座各一个）。

3）确定I/O插座盒的类型。I/O插座盒分为嵌入式和表面安装式两种。可根据实际情况，采用不同的安装方式来满足不同的需要。通常新建筑物采用嵌入式I/O插座盒；而原有的建筑物采用表面安装式的I/O插座盒。

4）绘制信息点分布平面图，如图5-37所示。

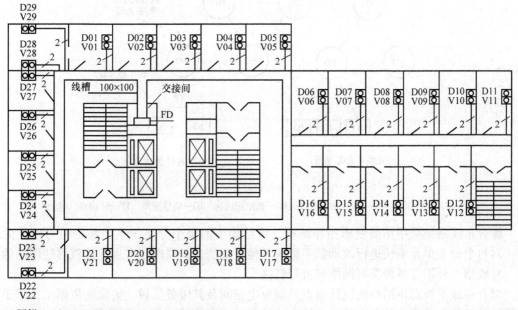

图例：
　　◎ D：数字信息插座；◎ V：语音信息插座；
　　2：2根4对双绞电缆穿DN15钢管沿吊顶墙暗敷；
　　FD：楼层配线设备(楼层配线架)

图5-37　楼层综合布线信息点分布与线路平面图

如果楼层房间功能已定，可按用户实际需要并留有一定备份的原则来确定信息点数。准确做法是：首先，将图样上的房间全部编号（图样上有编号的就按图样来，没有的按自己确定的规则来编号），将房间按顺序填入综合布线信息点统计表中；然后，结合用户实际需要和专业知识，在平面图中表示出每个房间设计的信息点的类型、数量与位置，在信息点统计表中分类填写各类信息点的数量，完成信息点的粗略统计；最后，与大楼的使用者进行交流，并到与本大楼功能相同或相近的大楼进行走访考察，在此基础上准确确定大楼所需的信息点的数量，为综合布线系统设计打下良好的基础。

## 2. 综合布线系统总体结构设计

综合布线系统总体结构设计的目标是在既定时间内，允许有新的应用需求能通过其集成，不必再去进行水平和垂直主干布线，充分体现综合布线的开放性和先进性。一个完善而又合理的综合布线系统，应采用开放式的结构并应能支持当前普遍采用的各种局部网络，包括星形网（Star）和总线型以太网（Ethernet）、令牌环网（Token Ring）、光缆分布数据接口（FDDI）等结构。

ISO/IEC IS 11801 标准建议的综合布线系统拓扑结构，如以太网广泛采用的拓扑结构，也采用主干分层的星形结构（扩展星形树），如图 5-38 所示，它还允许在建筑内布线区（BD）之间和楼层布线区（FD）之间连线，如图中虚线所示。

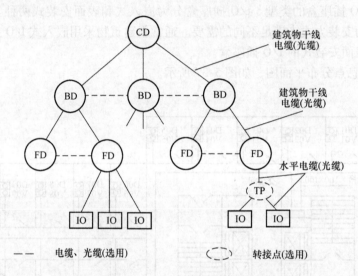

图 5-38　ISO 11801 拓扑结构

CD—建筑群配线区　BD—建筑物配线区　FD—楼层配线区　IO—信息插座　TP—转接点（选用）

综合布线系统采用扩展星形拓扑结构，该结构下的每个分支子系统都是相对独立的单元，对每个分支单元系统进行改动都不影响其他子系统。只要改变节点连接就可使网络的星形、总线型、环形等各种类型网络间进行转换。

综合布线系统总体结构的设计重点是划分电信间及其服务区域。通常要依据工作区子系统设计已经确定的用户信息点数量，结合建筑结构上的考虑，以及配线子系统的走线长度，划分电信间及其服务区域。

综合布线系统结构设计是对大楼综合布线系统的整体设计，可通过综合布线系统总体结构图体现。综合布线总体结构方案示意图如图 5-39 所示，图中标明：综合布线系统包含电信间数量，每个电信间管理楼层数，以及服务的语音和数据信息点数量，设备间和电信间所处楼层，水平与主干布线所选用的线缆类型等。

设计标准建议：每个电信间管理语音和数据信息点数均不超过 200 点，给定电信间所服务的信息插座离干线的距离不超过 90m。当给定楼层电信间所服务的信息插座离干线的距离超过 75m，或每个楼层信息插座超过 200 个时，就需要设置一个二级交接间。任何一个电信间最多可支持两个二级交接间，二级交接间通过水平干线子系统与楼层电信间或设备间相连。

按照水平与主干布线选择的线缆类型的不同，综合布线系统方案分为全铜缆布线系统、混合铜缆光纤布线系统和光纤到户布线系统；其中全铜缆布线系统又有三种方案（见表 5-19）可供选择：全 110 系列、RJ45 插座模块 + 110 系列和全 RJ45 插座模块系列。

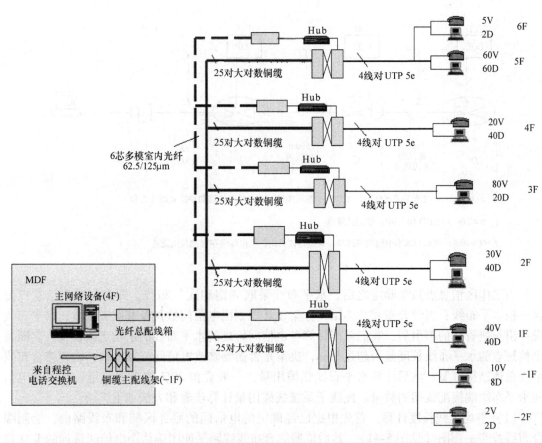

图 5-39 综合布线总体结构方案示意图

表 5-19 全铜缆布线系统三种方案

|  | 全 110 系列 | RJ45 插座模块 + 110 系列 | 全 RJ45 插座模块系列 |
|---|---|---|---|
| 水平布线 | 五类 4 对 UTP | 五类 4 对 UTP | 用五类（或以上）4 对 UTP |
| 数据、语音配线架 | 全部采用 110 系列 | 采用 RJ45 插座模块系列 | 全部采用 RJ45 系列 |
| 主干语音配线架 | 采用 110 系列 | 采用 110 系列 | 采用 110 系列 |
| 数据干线 | 采用五类 UTP（4 对或大对数）或光纤 | 采用五类（4 对或大对数）UTP 或光纤 | 采用五类（4 对或大对数）UTP 或光纤 |
| 语音干线 | 采用三类大对数铜缆 | 采用三类大对数电缆 | 采用三类大对数电缆 |
| 数据配线架与网络设备连接 | 用 4 对 110-RJ45 跳线 | 用 RJ45-RJ45 跳线 | 用 RJ45-RJ45 跳线 |
| 数据与语音转换 | 用一对 110-110 跳线 | 用 RJ11-110 跳线 | 转换用 RJ11-110 跳线（语音主干与水平相连用 RJ11-110 跳线） |

### 3. 配线子系统设计

配线子系统设计是决定综合布线系统设计优劣的重要内容，首先必须保证所有水平布线长度不超过标准规定长度。标准综合布线线缆长度示意图如图 5-40 所示。

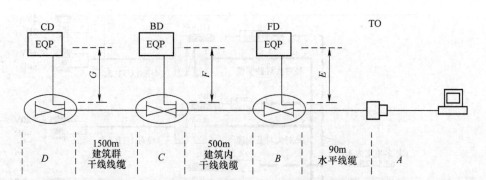

$A+B+E \leqslant 10m$——在水平子系统中，工作区子系统线缆、设备机房线缆和快捷式跳线之和

$C+D \leqslant 20m$——在BD和CD中，快捷式跳线

$F+G \leqslant 30m$——在BD和CD中的机房线缆。只是建议采用，机房线缆在标准范围之外

图 5-40  标准综合布线线缆长度示意图

当工作区信息点数量确定之后，水平布线采取"饱和式"布线，即为每一个信息点配置一根水平布线；当综合布线总体结构方案设计规划出电信间数量及其服务区域，水平布线设计出布线管线的路由后；我们就能计算各电信间管理的水平布线的平均走线长度，判断每个信息点的水平布线长度是否超过90m，决策是否需要修改电信间配置方案，也即综合布线系统总体结构方案；然后计算水平布线线缆用量，一般要留20%的工程余量；并计算电信间水平布线端接配线架的数量。配线子系统线缆用量计算步骤和方法如下。

（1）平均走线长度计算  首先根据已经确定的电信间的服务区域和布线路由，绘制综合布线线路平面图（见图5-41）。然后依照综合布线线路平面图确认距电信间最远的I/O口的线缆长度$L_{max}$，确认距电信间最近的I/O口的线缆长度$L_{min}$。

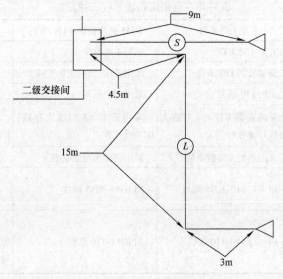

图 5-41  水平子系统线缆长度

平均线缆长度为 $\qquad\qquad\qquad L = (L_{max} + L_{min})/2 \qquad\qquad\qquad$ （5-1）

线缆平均走线长度（线缆走线的总平均长度）为

$L' =$ 平均线缆长度 + 备用部分(平均线缆长度的 10%)+ 端接容差量(6m 可变)

$$= 0.55(L_{max} + L_{min}) + 6m \tag{5-2}$$

【例 5.2】 以图 5-41 所示配线子系统为例,计算线缆平均走线长度。

【答】 最近 I/O 口线缆长度 $L_{min} = 9m$

最远 I/O 口线缆长度 $L_{max} = 4.5 + 15 + 3 = 22.5m$

平均线缆长度 $L = (L_{max} + L_{min})/2 = (22.5 + 9)m/2 = 15.76m \approx 16m$

备用部分长度 = 平均线缆长度 × 10% = 1.6m

线缆平均走线长度 $L' = 0.55(L_{max} + L_{min}) + 6m = 0.55 \times (22.5 + 9)m + 6m = 23.325m$

(2)订购电缆 在订货之前,对包装形式要仔细考虑,特别要留意从订购箱内的卷盘或卷筒线缆长度中能获得的平均走线长度和走线数量,据此可以估算每个电信间所管理的信息点需要水平布线的箱数,以及整栋建筑的水平布线线缆用量。

每箱线缆的走线数量 $k =$ 订购装箱线缆长度 $l \div$ 线缆平均走线长度 $L'$

$$M_i = n/k = n/(l/L') \tag{5-3}$$

式中,$M_i$ 为 1 个电信间所管理的信息点需要水平布线的箱数;$n$ 为 1 个电信间管理信息点 (I/O 口)的数量。

整幢楼的用线量
$$W = \sum_{i=1}^{N} M_i \quad (\text{箱}) \tag{5-4}$$

式中,$N$ 为楼层数。

目前,国际上生产的双绞线长度不等,一般从 90m 到 5km。双绞线可以按箱(WE-TOTE)为单位成箱订购,有两种装箱形式:一是直径小于 0.3m 的卷盘形式,长度为 305m;二是长度为 1500m 或更长的卷筒形式。

【例 5.3】 如已知某电信间管理的配线子系统线缆平均走线长度为 23.6m,有 140 个 I/O 口,计算需要订购的线缆箱数。

【答】 现在假定采用 305m WETOTE 包装形式的 4 线对 UTP,正确的计算方法是用 WE-TOTE 包装提供的 305m 线缆长度,除以线缆平均走线长度,得出每箱线缆的走线数量为

$$k = l/L' = 305m \div 23.6m = 12.8 \text{ 根/箱}$$

由于综合布线系统中的线缆是不方便接续的,没有 0.8 根线的说法,则每箱线能布线的根数为 12 根。也就是按线缆平均走线长度,计算每一箱线能布放多少个信息点。

由此可知,本电信间管理的配线子系统所需订购线缆箱数为

$$M_i = n/k = \text{I/O 口数量} \div \text{每箱线缆的走线数量} = (140/12) \text{ 箱} = 11.6 \text{ 箱}$$

线缆采购时不便于购买 0.6 箱线,故应订购 12 箱线缆。

(3)根据配线子系统布线的数量,得出电信间用水平配线架的数量 IDC 配线架是以 25 对为一行,一行 25 对线能连接 6 条 4 线对 UTP 水平布线,也就是 6 个信息点。用信息点数除以 6 就能得出需要的配线架行数。由若干行构成不同规格的配线架,由需要的配线架行数除以选定规格配线架的行数(如 IBDN 的 QMBIX10C 型号配线架有 10 行 250 对线),即可得出需要选定规格配线架的个数。

配线子系统电缆类型的选择由布线环境决定,4 线对双绞线分 UTP、STP 两种型号,并且细分为阻燃和非阻燃的实芯与非实芯电缆。目前,水平布线采用的线缆多是超五类 4 对 $100\Omega$ 非屏蔽双绞线电缆(UTP)或 $62.5/125\mu m$ 多模光缆;水平布线采用光纤时,建议使用最少两条散列式 $62.5/125\mu m$ 的光缆,并使用 ST 或 SC 连接器,以满足 100Mbit/s 以上的

传输数字信号的需要。

配线子系统是将各种线缆从电信间延伸到工作区的信息插座上，在设计配线子系统的布线路由时，要把管道的走线方法、导管规格以及适用性考虑在内。最理想的情况是根据建筑物结构、用途，将水平布线的路由设计贯穿于建筑物的结构设计之中。但大多数的情况是在建筑物的结构图样设计完成后，才根据建筑的平面图来设计综合布线配线子系统的走线方案，即布线方法和路由。档次比较高的建筑物有顶棚，水平走线可在顶棚（吊顶）内进行，可在公共区域的顶棚内采用金属线槽由本楼层的管理间引出，再用分支金属管将线槽与信息插座相连。一般建筑物的配线子系统多采用地板下管道布线的方法。

水平布线的路由理解并不难，但是设计好并不容易，它需要比较全面的建筑物系统知识，才能使综合布线系统的线槽在施工中不会遇到太多的不方便。如通过甲方提供的全套建筑图样，了解空调风管的大小，以便获知综合布线的线槽能否与空调风管在公共空间共存。了解建筑物供配电系统，以便能更好地为综合布线系统提供电力，也能够有效地避免电磁干扰对综合布线系统的影响。了解给水排水系统、消防系统，可使综合布线系统避开有水、潮湿的环境，保证综合布线的安全。

**4. 干线子系统设计**

1）干线子系统的设计，首先应考虑主干线的传输距离问题。采用双绞铜缆时，当带宽大于 5MHz 时，只考虑系统在收发之间不超过 100m 的最高上限，但当带宽小于 5MHz 时主干线最长能到 800m。在非屏蔽双绞电缆的带宽和限距不能满足要求时，建议使用 62.5/125μm 多模光纤，如果传输速率要求很高（如大于 155MHz/s），也应该选择光缆。建议每个电信间最少有 6 条光纤。对于主干应用，建议光缆使用紧固防振配线型缆。对于建筑群应用情况，如距离大于 2000m，须考虑使用单模光纤。

2）确定各层主干（铜缆）的线对数与根数。根据综合布线的设计等级，由每一个电信间开始，确定主干线的对数，并注意需留有 10% ~ 20% 的工程余量。

在综合布线设计等级中有关水平布线与主干线数量的配比关系有两种：基本型，一对水平布线配 2 对主干线，其中一对为数据，一对为语音；增强型，一对水平布线配 3 对主干线，其中两对为数据，一对为语音。由此可分别得出数据主干线和语音主干线的数量。

对语音业务，大对数主干电缆的对数应按每一个电话通用插座模块配置 1 对线，并在总需求线对的基础上至少预留约 10% 的备用线对。

对于数据业务，应以集线器（Hub）或交换机群（按 4 个 Hub 或 SW 组成 1 群），或以每个 Hub 或 SW 设备设置 1 个主干端口配置。每 1 个网络设备群或每 4 个网络设备宜考虑 1 个备份端口。主干端口为电端口时，应按 4 对线容量配置主干大对数；主干端口为光端口时，则按 2 芯光纤容量配置主干光纤。

再按不同功能分开的原则，计算主干铜缆的根数。在大对数铜缆的使用中应注意"不同功能分开原则"，也就是不同功能的线对不能在同一束电缆中，以避免相互干扰，但可在同一根铜缆的不同束中。

3）干线线缆的长度计算相对配线子系统线缆长度计算来说简单很多，毕竟干线线缆的数量较少，一般根据建筑的楼层高度进行计算，会相当准确。

4）根据干线子系统布线数量，得出设备间、电信间主干用配线架数量。

以各层主干铜缆或光纤的对数与根数为基础，计算主干用配线架数量。大对数铜缆，用数据主干线数量除以 24（面板插座连接方式，即 RJ45 方式，一行可安排 24 个 I/O 插座），语音主干线数量除以 25，可得出所需配线架的行数；由需要的配线架行数除以选定规格配线架的行数（如 IBDN 的 QMBIX10C 型号配线架有 10 行 250 对线），即可得出需要选定规格配线架的个数，即主干所需配线架数量。

汇总各楼层水平和主干线缆端接所需的配线架数量，填入统计表中，以便得出每个电信间以及设备间所需配线架的数量和全楼所需配线架总数。在此要注意，主干线是连接电信间与设备间的，因此，主干线在电信间内用了多少配线架，同样在设备间内也需要相同数量的配线架。

在设备间中，已经得出主干用配线架的数量，并不包括设备间内设备与综合布线系统相连接的配线架，这部分配线架不好计算，要根据设备类型、使用方式进行选择。

### 5. 综合布线系统图与平面图设计

1）综合布线系统图是系统总体结构方案图的具体化，除反映综合布线系统电信间、设备间的拓扑结构外，应包括各电信间管理信息点的种类和数量，水平布线线缆规格和数量，干线线缆规格和数量，电信间、设备间线路管理有源设备（如光电转换设备、交换机等）的规格和数量。

2）综合布线平面图应反映各楼层信息插座的安装位置、规格和数量，各楼层水平布线管线安装位置和规格，水平布线线缆规格和数量，电信间和设备间设备、线槽、线缆的安装位置、规格和数量等。完善的综合布线平面图是布线工程项目施工的指导文件。

### 6. 系统设备配置清单

布线系统设备配置清单汇总了综合布线工程工作区子系统、配线子系统、干线子系统、电信间子系统、设备间子系统所有布线设备的规格/型号和数量，以利于向综合布线产品商咨询产品价格，向综合布线施工工程商咨询工程施工费，进行综合布线系统工程项目预算，布线系统设备配置清单也可作为布线工程项目施工的材料采购清单。

### 7. 综合布线设计管理智能化

一个设计合理的综合布线，能把智能化建筑物内、外的所有设备互连起来。为了充分而又合理地利用这些线缆及相关连接硬件，可以将综合布线系统的设计、施工、测试及验收资料采用数据库技术管理起来。从一开始就应当全面利用计算机辅助建筑设计（CAAD）技术来进行建筑物的需求分析、系统结构设计、布线路由设计，以及线缆和相关连接硬件的参数、位置编码等一系列的数据登录入库，使配线管理成为建筑集成化总管理数据库系统的一个子系统。同时，让本单位的技术人员去组织并参与综合布线系统的规划、设计以及验收，这对今后管理维护综合布线将大有用处。

## 5.2.4 综合布线系统设计案例

某学院行政科研办公楼是一座新建集行政管理、科研交流和信息化管理为一体的现代化建筑，要求楼内网络类型为 100 Base-T 高速 Ethernet 网络，要求语音点和数据点可相互转换，综合布线工程要求一次到位。

行政科研办公楼是一座中间走道、两边办公的双边型建筑，地上十六层结构，消防电梯旁预留弱电井，面积为 2400mm×1300mm，供消防系统、综合布线设备和网络设备安装使用，设备间设在三楼，面积为 15800mm×7800mm。各楼层具体功能分布如下：

1F：办公楼大堂。

2F：办公室、大办公室、部门会议室、医务室。

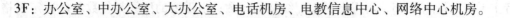

3F：办公室、中办公室、大办公室、电话机房、电教信息中心、网络中心机房。

4~8F、12~15F：办公室、大办公室、部门会议室。

9F：办公室、贵宾接待室、机要档案室、人事档案室、档案/保密室、部门会议室。

10F：大办公室、预留办公室、视听室、校领导（副职）室。

11F：大办公室、预留办公室、校委会会议室（18人）、秘书室、校领导（副职）室、常务校长办公室。

16F：高级会议室兼中层干部会议室（54人）、会议厅（180人）、贵宾室。

## 1. 工作区子系统设计

依据《综合布线系统工程设计规范》中工作区面积划分和信息点配置建议，结合本大楼应用需要，本行政科研办公楼按增强型设计。一般办公场所为每10m²一个工作区，对于该楼内非办公区域，按以下原则设置工作区：

1）会议室、医务室、视听室、秘书室按每10m²划分为1个工作区（其中会议室属于公共场所，无需语音信息点）。

2）网络中心共配置2个语音信息点，为每5m²配置1个数据信息点。

3）电话机房共配置2个数据信息点，为每5m²配置1个语音信息点。

4）电教信息中心、180人会议厅对数据点的配置要求比较高，但考虑到经济性的设计原则，故每室划分为2个工作区，电教信息中心配制4个数据信息点和4个语音信息点；但180人会议厅属于公共场所，仅配制4个数据信息点，无需语音信息点。

按照上述工作区设计原则，办公楼第二层和第三层的数据和语音点布置设计分别如图5-42和图5-43所示。

办公楼各楼层信息点设计汇总见表5-20，本楼共计1129个信息点，其中语音点502个，数据点622个，光纤到桌面点5个。对应工作区信息点数，需要选购的工作区材料见表5-21。

表5-20　办公楼各楼层信息点设计汇总表

| 楼层 | 功能类型 | 间数 | 面积/m² | 数据点/个 | 语音点/个 |
|------|----------|------|---------|-----------|-----------|
| 1F | 办公楼大堂 | 1 | 89.24 | — | — |
| 2F | 办公室A | 8 | 31.80 | 3×8 | 3×8 |
| | 办公室B | 2 | 21.66 | 2×2 | 2×2 |
| | 大办公室 | 1 | 49.70 | 5 | 5 |
| | 部门会议室A | 1 | 52.26 | 5 | — |
| | 部门会议室B | 1 | 36.85 | 3 | — |
| | 医务室 | 1 | 49.70 | 5 | 5 |
| | 小计 | — | — | 46 | 38 |
| 3F | 办公室 | 2 | 49.70 | 5×2 | 5×2 |
| | 中办公室 | 1 | 23.75 | 2 | 2 |
| | 大办公室 | 1 | 50.70 | 5 | 5 |
| | 电话机房 | 1 | 41.54 | 2 | 8 |
| | 电教信息中心 | 1 | 124.50 | 4 | 4 |
| | 网络中心机房 | 1 | 49.28 | 10 | 2 |
| | 小计 | — | — | 33 | 31 |

（续）

| 楼层 | 功能类型 | 间数 | 面积/m² | 数据点/个 | 语音点/个 |
|---|---|---|---|---|---|
| 4F/<br>5F/<br>12F/<br>13F | 办公室 A | 8 | 31.80 | 3×8×4 | 3×8×4 |
| | 办公室 B | 2 | 21.66 | 2×2×4 | 2×2×4 |
| | 大办公室 A | 2 | 50.70 | 5×2×4 | 5×2×4 |
| | 大办公室 B | 1 | 37.92 | 4×4 | 4×4 |
| | 部门会议室 A | 1 | 52.26 | 5×4 | — |
| | 部门会议室 B | 1 | 36.85 | 4×4 | — |
| | 小计 | — | — | 51×4 | 42×4 |
| 6~8F/<br>14~15F | 办公室 A | 8 | 31.80 | 3×8×5 | 3×8×5 |
| | 办公室 B | 2 | 21.66 | 2×2×5 | 2×2×5 |
| | 大办公室 | 2 | 50.70 | 5×2×5 | 5×2×5 |
| | 部门会议室 A | 1 | 52.26 | 5×5 | — |
| | 部门会议室 B | 1 | 36.85 | 4×5 | — |
| | 小计 | — | — | 47×5 | 38×5 |
| 9F | 办公室 A | 5 | 31.80 | 3×5 | 3×5 |
| | 办公室 B | 2 | 21.66 | 2×2 | 2×2 |
| | 贵宾接待室 | 1 | 90.00 | 2 | 1 |
| | 机要档案室 | 1 | 49.70 | 2 | 1 |
| | 人事档案室 | 1 | 36.85 | 2 | 1 |
| | 档案、保密室 | 1 | 52.26 | 2 | 1 |
| | 部门会议室 | 1 | 49.70 | 5 | |
| | 小计 | — | — | 32 | 23 |
| 10F | 大办公室 | 2 | 37.05 | 4×2 | 4×2 |
| | 预留办公室 A | 1 | 49.70 | 5 | 5 |
| | 预留办公室 B | 2 | 31.80 | 3×2 | 3×2 |
| | 视听室 | 1 | 65.24 | 6 | 6 |
| | 校领导室 | 4 | 40.94 | 1×4 | 1×4 |
| | 小计 | — | — | 29 | 29 |
| 11F | 大办公室 | 2 | 37.05 | 4×2 | 4×2 |
| | 预留办公室 | 1 | 49.70 | 5 | 5 |
| | 校委会会议室（18人） | 1 | 63.58 | 6 | 2 |
| | 秘书室 | 1 | 31.88 | 3 | 3 |
| | 校领导室 | 3 | 39.14 | 1×3 | 1×3 |
| | 常务校长办公室 | 1 | 39.14 | 1 | 1 |
| | 小计 | | | 26 | 22 |
| 16F | 高级会议室（54人） | 1 | 123.97 | 12 | — |
| | 180人会议厅 | 1 | 183.26 | 4 | — |
| | 贵宾室 | 1 | 24.21 | 1 | 1 |
| | 小计 | — | — | 17 | 1 |
| 1~16F | 合计 | — | — | 622 | 502 |

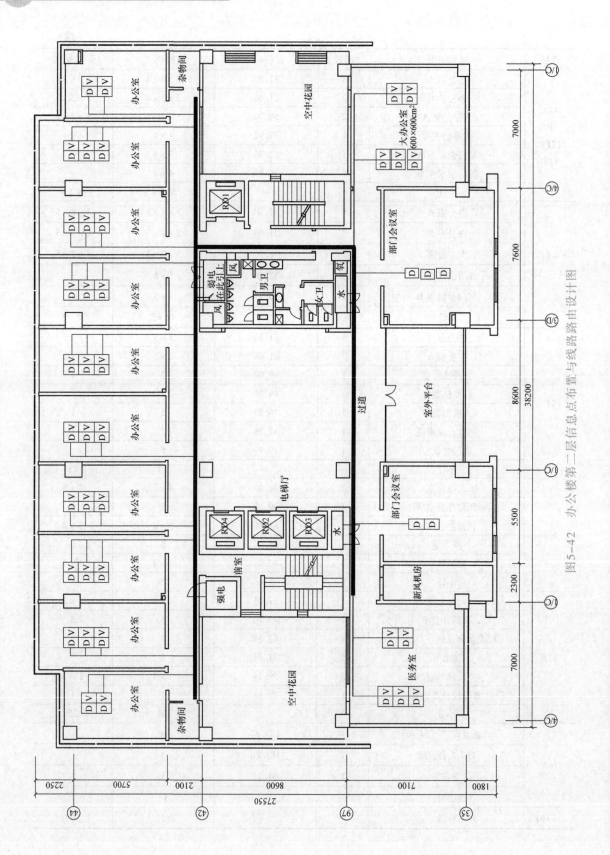

图5-42 办公楼第二层信息点布置暨与线路路由设计图

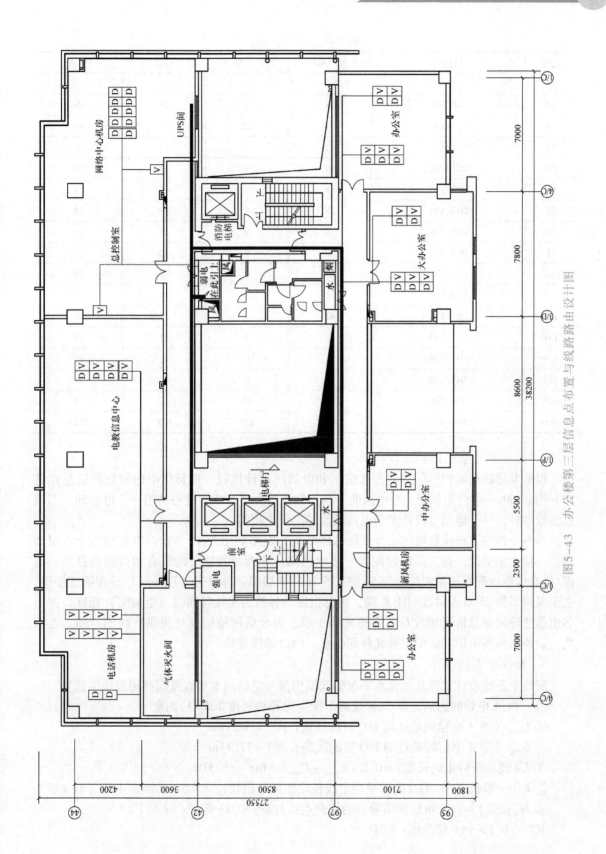

图5-43　办公楼第三层信息点布置与线路路由设计图

表 5-21　工作区材料

| 楼层 | 信息点 | 面板（双口） | 面板（单口） | 底盒 | 模块 |
|---|---|---|---|---|---|
| 1F | — | — | — | — | — |
| 2F | D46/V38 | 38 | 8 | 46 | 84 |
| 3F | D33/V31 | 21 | 22 | 43 | 64 |
| 4F | D51/V42 | 42 | 9 | 51 | 93 |
| 5F | D51/V42 | 42 | 9 | 51 | 93 |
| 6F | D47/V38 | 38 | 9 | 47 | 85 |
| 7F | D47/V38 | 38 | 9 | 47 | 85 |
| 8F | D47/V38 | 38 | 9 | 47 | 85 |
| 9F | D32/V23 | 23 | 9 | 32 | 55 |
| 10F | D29/V29 | 29 | 0 | 29 | 58 |
| 11F | D26/V22 | 22 | 4 | 26 | 48 |
| 12F | D51/V42 | 42 | 9 | 51 | 93 |
| 13F | D51/V42 | 42 | 9 | 51 | 93 |
| 14F | D47/V38 | 38 | 9 | 47 | 85 |
| 15F | D47/V38 | 38 | 9 | 47 | 85 |
| 16F | D17/V1 | 1 | 16 | 17 | 18 |
| 合计 | D622/V502 | 492 | 140 | 632 | 1124 |

### 2. 综合布线系统结构设计

根据大楼建筑面积、信息点分布情况和电信间设计建议：按每层电话和数据信息点各 200 个或 $800m^2$ 办公面积配一个电信间。当信息点较少时，相邻楼层共用一个电信间，当信息点较多时，一个楼层可设计多个电信间及其二级交接间。

本办公楼综合布线数据和语音系统总体结构方案图如图 5-44 所示。本大楼为十六层结构，一楼为架空层，每三层设计配置一个电信间，管理相邻楼层的语音和数据信息点，数据/语音信息点配线子系统均采用 5e 类 4 线对 UTP 线缆。总机房（设备间）设在第三楼层，主干采用 5 类 25 对大对数 UTP 线缆，将总机房与各楼层配线管理间（电信间）相连。并由各电信管理间至总机房预放 6 芯多模光缆 1 根，为今后网络的发展提供广阔的空间。也因此，设备间和各电信间需要配置光纤配线盒，用以端接光纤。

### 3. 配线子系统设计

配线子系统设计主要是计算水平布线线缆用量和电信间水平线缆端接用配线架数量。

（1）以 A 电信间为例计算 5e 4 线对 UTP（每箱线长度 305m）用量

① $L_{max}$（距 A 电信间最远的 I/O 口的线缆长度）= 44.10m

　　$L_{min}$（距 A 电信间最近的 I/O 口的线缆长度）= 11.11m

② $L'$（线缆平均走线长度）= $0.55(L_{max} + L_{min}) + 6m = 36.37m$

③ $k$（一箱长 305m 的线缆按平均走线长度能截取根数）= $305m/L' = 8.4$ 根（取 8 根）

④ $M$（箱数）= $n$（A 电信间所管理的信息点数）$/k = 30.13$ 箱（取 31 箱）

其中：$n$（2～4F 信息点）= 241 个

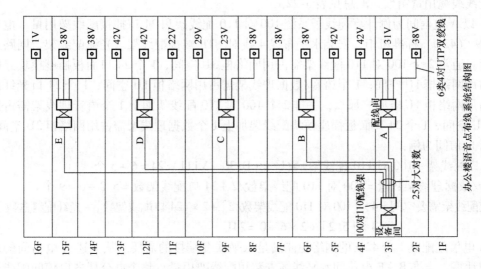

办公楼语音点布线系统结构图

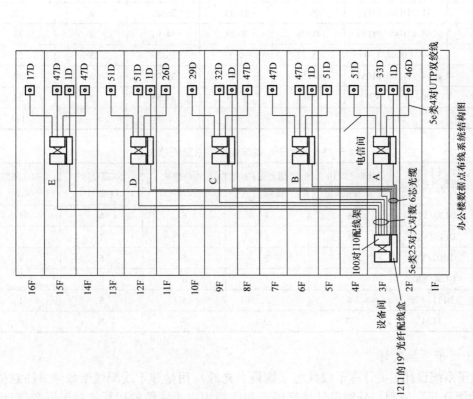

办公楼数据点布线系统结构图

图5-44 办公楼综合布线数据和语音系统总体结构方案图

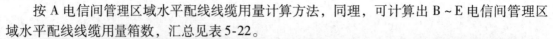

按 A 电信间管理区域水平配线线缆用量计算方法，同理，可计算出 B～E 电信间管理区域水平配线线缆用量箱数，汇总见表 5-22。

（2）以 A 电信间为例计算配线子系统 100 对 110 配线架和 24 口插接配线架用量　电信间采用 19″（42U）标准机柜，安装水平布线 4 线对 UTP 端接配线架、光缆配线架、网路互联设备等。通常 2 个 100 对 110 配线架需占用网络柜 3U 空间；1 个 24 口面板插座模块式配线架需占用网络柜 1U 空间；1 个语音/数据理线架需占用网络柜 1U 空间；1 个 24 口光纤配线盘需占用网络柜 1U 空间。那么，一排 2 个 100 对 110 配线架加上 1 个语音理线架需占用网络柜 4U 空间，1 个 24 口面板插座模块配线架加上 1 个数据理线架需占用网络柜 2U 空间。

以 A 电信间为例：

（24 口配线架 + 100 对 110 配线架）数量 = （D130 + V111）/24 = 6 + 5 个

语音/数据理线架数量 = 100 对 110 配线架数/2 + 24 口配线架数 = 5/2 + 6 = 9 个

安装配线架需要空间 = 4 × [100 对 110 配线架数/2] + 2 × [24 口配线架数] + 光纤配线盒数

$$= 4 \times [5/2] + 2 \times 6 + 0 = 24U$$

故 A 电信间配置 1 台 42U 的网络柜能满足水平线缆端接的需要。从上述 A 电信间的水平配线架计算，类推 B～E 电信间水平线缆安装用配线架用量，整个办公楼各电信间配线子系统配线架需求量汇总见表 5-23。

表 5-22　水平配线线缆用量

| 电信间 | 信息点点数 $n$ | $L_{max}$/m | $L_{min}$/m | $L'$/m | $k$/根数 | $M$/箱数 |
|---|---|---|---|---|---|---|
| A | 241 （D130/V111） | 44.10 | 11.11 | 36.37 | 8 | 31 |
| B | 263 （D145/V118） | 44.28 | 8.29 | 34.91 | 8 | 33 |
| C | 198 （D108/V90） | 45.25 | 10.31 | 36.56 | 8 | 25 |
| D | 234 （D128/V106） | 44.66 | 9.37 | 35.72 | 8 | 30 |
| E | 188 （D111/V77） | 43.88 | 8.09 | 34.58 | 8 | 24 |
| 合计 | 1124 | — | — | — | — | 143 |

表 5-23　配线子系统配线架需求量汇总表

| 电信间 | 信息点点数 $n$ | 100 对 110 配线架/个 | 语音点理线架/个 | 24 口模块配线架/个 | 数据点理线架/个 | 42U 网络柜/台 |
|---|---|---|---|---|---|---|
| A | D130/V111 | 5 | 3 | 6 | 6 | 1 |
| B | D145/V118 | 5 | 3 | 7 | 7 | 1 |
| C | D108/V90 | 4 | 2 | 5 | 5 | 1 |
| D | D128/V106 | 5 | 3 | 6 | 6 | 1 |
| E | D111/V77 | 4 | 2 | 5 | 5 | 1 |
| 合计 | 1124 | 23 | 13 | 29 | 29 | 5 |

### 4. 干线子系统设计

干线子系统设计主要计算干线线缆（铜缆、光纤）用量和干线配线架数量。注意依据主干"功能分开"原则，分别设计计算语音和数据用主干线缆的用量。对于语音信息点，主干线为每语音信息点设计预留 3 对线；对于数据信息点，主干线为每数据信息点设计预留 4 对线。为将来扩容考虑，对于主干电缆（语音和数据系统）设计有 20% 的余量，并且各电信管理间至总机房预放 6 芯多模光缆 1 根。5e 类 25 对大对数 UTP 电缆的包装为 305m 一卷。

（1）干线电缆用量　设备间设在 3 楼（楼层净高为 4.6m），设备间到 A 电信间的干线电缆用量计算如下：

$T$（A 电信间语音信息点所需 25 对大对数线缆根数）

$\quad\quad\quad$ = 语音点 × 3 × （1 + 20%）/25 （上取整，若整除则 + 1）

$\quad\quad\quad$ = 111 × 3 × 1.2/25 根 = 16 根

$S$（A 电信间数据信息点所需 25 对大对数线缆根数）

$\quad\quad\quad$ = 数据点 × 4 × （1 + 20%）/25 （上取整，若整除则 + 1）

$\quad\quad\quad$ = 130 × 4 × 1.2/25 根 = 26 根

$X$（线缆总根数）= $S + T$ = （26 + 16）根 = 42 根

$W$（总线长）= $X \times L$ = 42 × 22m = 924m

$V$（线缆箱数）= $W$/305 = 3.03（取 4 箱）

设备间到各电信间（A ~ E）的主干线缆用量汇总见表 5-24。

表 5-24　主干线缆用量汇总表

| 电信间 | 信息点点数 | 25 对大对数/根 | 布线长/m | 总长度/m | 箱数 | 6 芯光纤长度/m |
|---|---|---|---|---|---|---|
| A | 241（D130/V111） | 42（26 + 16） | 22 | 924 | 4 | 22 |
| B | 263（D145/V118） | 46（29 + 17） | 35.8 | 1646.8 | 6 | 35.8 |
| C | 198（D108/V90） | 35（22 + 13） | 49.6 | 1736 | 6 | 49.6 |
| D | 234（D130/V108） | 42（26 + 16） | 63.4 | 2662.8 | 9 | 63.4 |
| E | 188（D111/V77） | 35（23 + 12） | 77.2 | 2702 | 9 | 77.2 |
| 合计 | 1124 | 200 | 248 | 9671.6 | 34 | 248 |

由表 5-24 可得出，本办公大楼设计需要 6 芯光纤总长为 248m。1 箱（卷）6 芯光纤（62.5/125μm）长度为 125m，故选用 2 箱 6 芯光纤基本上可以满足系统的需求。但考虑到光纤裁剪过程中的耗损，所以需购买 3 箱 6 芯光纤以满足施工的需要。

（2）语音 100 对 110 配线架用量　以 A 电信间为例：

语音 100 对 110 配线架数量 = 语音 25 对大对数线根数/4（上取整，若整除则 + 1）

$\quad\quad\quad$ = 16/4 = 4.0（取 5 个）

语音理线架数量 = 语音 100 对 110 配线架数量/2 = 5/2 = 2.5 个（取 3 个）

故：A 电信间应选配 5 个语音 100 对 110 配线架和 3 个理线架。

（3）数据点面板插座模块配线架用量　以 A 电信间为例：

面板插座模块配线架(24 口)数量 = 数据 25 对大对数线根数/4（上取整，若整除则 + 1）

$\quad\quad\quad$ = 26/4 = 6.5 个（取 7 个）

数据理线架数量 = 插座模块配线架（24 口）数量 = 7 个

故：A 电信间应选配 7 个面板插座模块式配线架（24 口）和 7 个理线架。

（4）光纤配线盒用量　根据设计对象的需要，本方案选用 12 口的光纤配线盒。光纤配线盒主要用于电信间、设备间完成主干光缆的端接，并连接局域网的网络交换设备。

以 A 电信间为例：

12 口光纤配线盒数量 = 6 芯光纤根数 × 6/12 = 1 × 6/12 = 0.5 个（取 1 个）

光纤活动连接器数量 = 6 芯光纤根数 ×6 = 1×6 = 6 套

ST 型多模单芯尾纤数量 = 6 芯光纤根数 ×6 = 1×6 = 6 条

故：A 电信间需选配 12 口光纤配线盒 1 个，以及 6 条 ST 型多模单芯尾纤。

从上述 A 电信间的配线架计算，以此类推，可得出其余电信间配线架用量。并且，由于干线线缆两端分别端接于电信间和设备间，因此，设备间配线架用量是所有电信间配线架用量的总和。整个办公楼主干配线架及光纤套件的需求量汇总见表 5-25。

表 5-25　主干配线架及光纤套件需求量汇总

| 电信间 | 100 对 110 配线架/个 | 语音理线架/个 | 24 口模块配线架/个 | 数据理线架/个 | 光纤配线盒/个 | 多模单芯尾纤/条 |
|---|---|---|---|---|---|---|
| A | 5 | 3 | 7 | 7 | 1 | 6 |
| B | 5 | 3 | 8 | 8 | 1 | 6 |
| C | 4 | 2 | 6 | 6 | 1 | 6 |
| D | 5 | 3 | 7 | 7 | 1 | 6 |
| E | 4 | 2 | 6 | 6 | 1 | 6 |
| 设备间 | 23 | 13 | 34 | 34 | 5 | 30 |
| 合计 | 46 | 26 | 68 | 68 | 10 | 60 |

5. 工程项目预算

汇总以上综合布线系统设计的计算结果，可得出本办公楼需要的布线设备清单见表 5-26，根据设备材料清单，通过市场产品询价和工程报价即可完成本综合布线工程项目预算。

表 5-26　办公楼综合布线设备清单

| 名称 | 型号 | 数量 | 其他说明 |
|---|---|---|---|
| RJ45 口信息面板 | 3GC-XM-G | 632 块 | 其中 492 块双口，140 块单口 |
| 六类 RJ45 插座模块 | GC-XM-C3 | 1124 个 | 无 |
| RJ45 模块底盒 | 无 | 632 个 | 无 |
| RJ45 水晶头 | 无 | 1300 个 | 无 |
| 超五类 4 对 UTP 双绞线 | 无 | 143 箱 | 305m/箱 |
| 超五类 110 配线架 | GC-XM-L、A | 46 个 | 100 对 110 配线架 |
| 超五类 24 口配线架 | GC-XM-24 | 68 个 | 选用 24 口型 |
| 12 口光纤配线盒 | GC-XM | 10 个 | 选用 12 口型 |
| 语音/数据理线架 | 1U 19″ | 94 个 | 无 |
| 多模单芯尾纤 | ST | 60 条 | 无 |
| 多模 6 芯室内光缆 | LZ150 | 3 箱 | 125m/箱 |
| 超 5 类 25 对大对数 UTP | 无 | 34 箱 | 305m/箱 |
| 19″ 标准网络柜（新） | WLG01 | 15 台 | 42U/台；核心层配 3 台 |

6. 系统图与施工平面图

将综合布线各子系统上述设计计算结果按照施工图设计规范要求，修改到办公楼综合布线数据和语音系统总体结构方案图以及办公楼各楼层信息点布置与管线路由设计图中，即得到综合布线系统的系统图与施工平面图。

## 5.3 综合布线系统测试指标

综合布线系统是整个网络系统的基础，是信息传递的神经系统，它为信号传输提供高速通道。据统计，一半以上的网络故障与线缆有关，线缆本身的质量及安装水平都直接影响到网络是否能健康地运行。

国际标准 ISO/IEC 11801 和 EIA/TIA-568A 目前只制定了测试频率到 100MHz 的方法。五类非屏蔽双绞线现场测试指标从 1993 年开始制定，于 1995 年 10 月正式公布，这就是TIA-568A TSB（Telecommunications Systems Bulletin）-67，布线系统现场测试传输性能规范。我国自 2017 年 4 月 1 日起实施 GB 50311—2016《综合布线系统工程设计规范》和 GB 50312—2016《综合布线系统工程验收规范》，在《综合布线系统工程验收规范》附录 B 综合布线系统工程电气测试方法及测试内容中，对综合布线测试模型、铜缆电气测试方法及测试内容以及光纤链路测试方法及测试内容进行了规范。

本节重点是系统学习综合布线系统测试标准及其技术指标，预期达成以下主要学习目标：理解并应用综合布线铜缆系统测试模型；理解和熟记综合布线铜缆系统测试主要电气性能指标项。

### 5.3.1 综合布线系统测试模型

GB 50312—2016《综合布线系统工程验收规范》指明，3 类和 5 类布线系统按照基本链路（Basic Link）和信道（Channel）进行测试，模型应分别符合图 5-45 和图 5-46 的方式，基本链路测试长不得大于 94m（包含 4m 测试线缆长度）。5e 类和 6 类布线系统按照信道和永久链路（Permanent Link）进行测试，测试按图 5-46 和图 5-47 进行连接。永久链路连接模型适用于测试固定链路（水平电缆及相关连接器件）性能，永久链路测试长度不得大于90m。信道连接模型在永久链路连接模型的基础上，包括工作区和电信间的设备电缆和跳线在内的整体信道性能，信道测试长不得大于 100m。

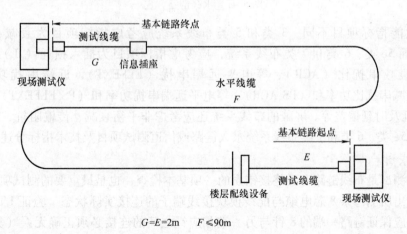

$$G=E=2m \quad F \leqslant 90m$$

图 5-45 基本链路方式

### 5.3.2 铜缆系统电气性能指标

在双绞线综合布线系统中，不同等级的布线系统信道及永久链路、CP 链路要求测试的

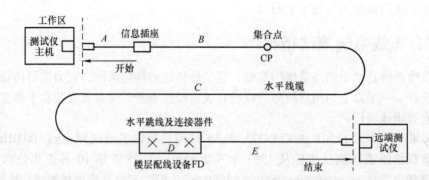

图 5-46　信道方式

A—工作区终端设备电缆　B—CP 线缆　C—水平线缆　D—配线设备连接跳线　E—配线设备到设备连接线缆

注：$B+C \leqslant 90\text{m}$，$A+D+E \leqslant 10\text{m}$；信道包括：最长 90m 的水平线缆、信息插座、集合点、电信间的配线设备、
　　跳线、设备线缆在内，总长不得大于 100m。

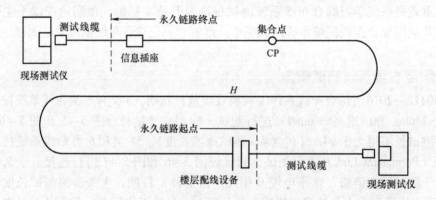

H—从信息插座至楼层配线设备(包括集合点)的水平线缆，$H \leqslant 90\text{m}$

图 5-47　永久链路方式

具体电气性能指标项目不同，3 类和 5 类布线系统应考虑指标项目为衰减、近端串音（NEXT）。而 5e 类、6 类和 7 类布线系统，应考虑指标项目为插入损耗（IL）、近端串扰（NEXT）、衰减串扰比（ACR）、等电平远端串扰（ELFEXT）、近端串扰功率和（PS NEXT）、衰减串扰比功率和（PS ACR）、等电平远端串扰功率和（PS ELFEXT）、回波损耗（RL）、时延及时延偏差等。屏蔽的布线系统还应考虑非平衡衰减、传输阻抗、耦合衰减及屏蔽衰减。5e 类、6 类和 7 类布线系统永久链路或信道测试项目及技术指标分述如下。

1. 接线图

接线图测试是布线链路有无终接错误的一项基本检查，也是最重要的测试项目。测试的接线图显示出所测每条 8 芯电缆与配线模块接线端子的连接实际状态，验证 UTP 线对连接是否正确，应保证链路一端的 8 针与另一端相应针之间的连接必须正确无误（见图 5-48），即保证 4 对导线端到端的连通性，对于布线系统来说，这是一项必测的内容。

综合布线连接图测试包括以下内容：开路、短路、反接、错对、串绕和其他错误。

对于短路、开路这种常见故障无需特别说明，关于反接、错对及串绕则需说明一下，图 5-49 是几种接线图错的情况。

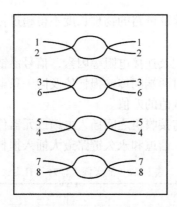

图 5-48 布线的正确连接

反接是指同一对线，两端在端接时对换了位置，接反了。如图 5-49 所示，12 线对，1 根线的一端端接到 1 号引脚，另一端却端接到了 2 号引脚上。

错对是指两对线之间在端接时出现错位。如图 5-49 所示，12 线对在一端端接时与 36 线对错位。

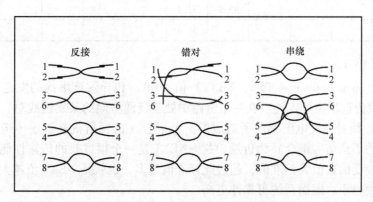

图 5-49 接线图错的几种情况

对于串绕，就是原有的两绕对 3&6 与 5&4 分别拆开后组成了新的绕对 3&4 与 5&6，在传输高速数据信号时会引起很大的近端串扰干扰，而这种故障从端到端的连通性来看是没有问题的，用万用表是查不出来的，只有用专用电缆测试仪才能测出。

2. 线缆长度

根据 TIA/EIA 606 商业建筑的电信通道结构的管理，提供一个独立于实际应用的单一形式的管理方案。按标准的规定，每一条线缆长度都应记录在管理系统中，线缆长度可以用电子长度测量来估算，而电子长度测量是基于链路的传输延迟和电缆的额定传输速率（NVP）值来实现的，传输延迟和 NVP 值大多由绝缘材料和绞合率来决定。由于 NVP 值有 10% 的误差，所以在测量电缆长度时要考虑到该项误差的影响。增加测量准确性的方法是对一根已知长度的 UTP 电缆进行测量，找出测量长度与实际的差值，并调整 NVP 值，使得到的测量值与实际情况相同，这时的测量误差最小。

"基本链路（Basic Link）"线缆长度≤94m（包括 4m 测试仪跳线）

"永久链路（Permanent Link）"线缆长度≤90m（包括水平电缆及相关连接器件）

"信道（Channel）"线缆长度≤100m（包括设备跳线和快接式跳线）

通过对线缆长度的测试，验证链路的物理长度不得超过标准所允许的数值。

### 3. 衰减（Attenuation）

由于绝缘损耗、阻抗不匹配及连接电阻等因素，信号沿链路传输损失的能量为衰减。衰减主要测试传输信号在每个线对两端间传输损耗值及同一条电缆内所有线对中最差线对的衰减量，相对于所允许的最大衰减值的差值。

此外，插入损耗为发射机与接收机之间插入电缆或元器件产生的信号损耗。在综合布线系统中，插入损耗通常指衰减。信道和永久链路最大插入损耗（IL）见表5-27。

表5-27　最大插入损耗（IL）

| 频率/MHz | 信道/dB | | | | | | 永久链路/dB | | | | | |
|---|---|---|---|---|---|---|---|---|---|---|---|---|
| | A 级 | B 级 | C 级 | D 级 | E 级 | F 级 | A 级 | B 级 | C 级 | D 级 | E 级 | F 级 |
| 0.1 | 16.0 | 5.5 | | | | | 16.0 | 5.5 | | | | |
| 1 | | 5.8 | 4.2 | 4.0 | 4.0 | 4.0 | | 5.8 | 4.0 | 4.0 | 4.0 | 4.0 |
| 16 | | | 14.4 | 9.1 | 8.3 | 8.1 | | | 12.2 | 7.7 | 7.1 | 6.9 |
| 100 | | | | 24.0 | 21.7 | 20.8 | | | | 20.4 | 18.5 | 17.7 |
| 250 | | | | | 35.9 | 33.8 | | | | | 30.7 | 28.8 |
| 600 | | | | | | 54.6 | | | | | | 46.6 |

### 4. 近端串扰（NEXT）

近端串扰（Near End Cross Talk，NEXT）值（dB）和导致该串扰的发送信号（参考值定为0）之差值为近端串扰损耗。在一条链路中处于线缆一侧的某发送线对，对于同侧的其他相邻（接收）线对通过电磁感应所造成的信号耦合（由发射机在近端传送信号，在相邻线对近端测出的不良信号耦合）为近端串扰。NEXT是一个很重要的传输性能指标，近端串扰是以系统可接受的数值为标准值，超过此标准值越多，也就是NEXT值越大，信号传输时出错的可能性便越小，因而系统可靠性更高。

NEXT表征在UTP链路内一对电缆与另一对电缆之间信号的耦合程度，具体地可以这样说，串扰衰减是电磁能量从一个传输回路通过电感耦合和电容耦合串入另一个传输回路的结果，除近端串扰（NEXT）衰减外，同时存在远端串扰（FEXT）衰减，如图5-50所示。

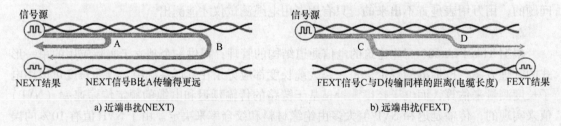

a) 近端串扰(NEXT)　　　　　　　　　　b) 远端串扰(FEXT)

图5-50　近端串扰与远端串扰

NEXT表示在近端点测得的串扰值，而这个值将随电缆长度的增加而减弱，同时，发送端的信号也沿传输方向衰减，对其他线对的串扰也相对减少。在UTP布线系统中近端串扰是主要的影响因素，实验证明，只有在40m内量得的NEXT是比较准确的，如果在大于40m的另一端有一个信息插座，当然也会对它产生一定程度的串扰，但测试仪可能无法测到这个串扰值，所以布线系统不仅必须通过NEXT的测试，而且应该进行双端的测试，结果应是对称的。

5 类链路必须在 1~100MHz 的频带范围内进行测试，测试步长如下：

在 1~31.25MHz 范围内，最长步长为 0.1MHz；

在 31.25~100MHz 范围内，最长步长为 0.25MHz；

测试仪器会对 4 对线之间进行组合测试，并记录下最坏的 NEXT 值及其对应的频率值。信道和永久链路最小近端串扰（NEXT）见表 5-28。

表 5-28　最小近端串扰（NEXT）

| 频率/MHz | 信道/dB | | | | | | 永久链路/dB | | | | | |
|---|---|---|---|---|---|---|---|---|---|---|---|---|
| | A 级 | B 级 | C 级 | D 级 | E 级 | F 级 | A 级 | B 级 | C 级 | D 级 | E 级 | F 级 |
| 0.1 | 27.0 | 40.0 | | | | | 27.0 | 40.0 | | | | |
| 1 | | 25.0 | 39.1 | 60.0 | 65.0 | 65.0 | | 25.0 | 40.1 | 60.0 | 65.0 | 65.0 |
| 16 | | | 19.4 | 43.6 | 53.2 | 65.0 | | | 21.1 | 45.2 | 54.6 | 65.0 |
| 100 | | | | 30.1 | 39.9 | 62.9 | | | | 32.3 | 41.8 | 65.0 |
| 250 | | | | | 33.1 | 56.9 | | | | | 35.3 | 60.4 |
| 600 | | | | | | 51.2 | | | | | | 54.7 |

**5. 近端串扰功率和（PS NEXT）**

近端串扰功率和（PS NEXT）是在 4 对双绞电缆一侧测量 3 个相邻线对对某线对近端串扰总和（所有近端干扰信号同时工作时，在接收线对上形成的组合串扰）。信道和永久链路最小近端串扰功率和（PS NEXT）见表 5-29。

表 5-29　最小近端串扰功率和（PS NEXT）

| 频率/MHz | 信道/dB | | | 永久链路/dB | | |
|---|---|---|---|---|---|---|
| | D 级 | E 级 | F 级 | D 级 | E 级 | F 级 |
| 1 | 57.0 | 62.0 | 62.0 | 57.0 | 62.0 | 62.0 |
| 16 | 40.6 | 50.6 | 62.0 | 42.2 | 52.2 | 62.0 |
| 100 | 27.1 | 37.1 | 59.9 | 29.3 | 39.3 | 62.0 |
| 250 | | 30.2 | 53.9 | | 32.7 | 57.4 |
| 600 | | | 48.2 | | | 51.7 |

**6. 衰减串扰比（ACR）**

衰减串扰比（ACR）指在受相邻发送信号线对串扰的线对上，其近端串扰（NEXT）损耗与本线对传输信号衰减值的差值。信道和永久链路最小衰减串扰比（ACR）见表 5-30。

表 5-30　最小衰减串扰比（ACR）

| 频率/MHz | 信道/dB | | | 永久链路/dB | | |
|---|---|---|---|---|---|---|
| | D 级 | E 级 | F 级 | D 级 | E 级 | F 级 |
| 1 | 56.0 | 61.0 | 61.0 | 56.0 | 61.0 | 61.0 |
| 16 | 34.5 | 44.9 | 56.9 | 37.5 | 47.5 | 58.1 |
| 100 | 6.1 | 18.2 | 42.1 | 11.9 | 23.3 | 47.3 |

（续）

| 频率/MHz | 信道/dB | | | 永久链路/dB | | |
|---|---|---|---|---|---|---|
| | D 级 | E 级 | F 级 | D 级 | E 级 | F 级 |
| 250 | | -2.8 | 23.1 | | 4.7 | 31.6 |
| 600 | | | -3.4 | | | 8.1 |

### 7. 等电平远端串扰（ELFEXT）

等电平远端串扰（ELFEXT）指某线对上远端串扰损耗与该线路传输信号衰减的差值。

经过链路衰减，在远端通过电磁耦合干扰相邻接收线对（同样在远端传送信号，在相邻线对近端测出的不良信号耦合）为远端串扰（FEXT）。信道和永久链路最小等电平远端串扰（ELFEXT）见表5-31。

表5-31　最小等电平远端串扰（ELFEXT）

| 频率/MHz | 信道/dB | | | 永久链路/dB | | |
|---|---|---|---|---|---|---|
| | D 级 | E 级 | F 级 | D 级 | E 级 | F 级 |
| 1 | 57.4 | 63.3 | 65.0 | 58.6 | 64.2 | 65.0 |
| 16 | 33.3 | 39.2 | 57.5 | 34.5 | 40.1 | 59.3 |
| 100 | 17.4 | 23.3 | 44.4 | 18.6 | 24.2 | 46.0 |
| 250 | | 15.3 | 37.8 | | 16.2 | 39.2 |
| 600 | | | 31.3 | | | 32.6 |

### 8. 等电平远端串扰功率和（PS ELFEXT）

等电平远端串扰功率和（PS ELFEXT）指在4对双绞电缆一侧测量3个相邻线对对某线对远端串扰总和（所有远端干扰信号同时工作时，在接收线对上形成的组合串扰）。信道和永久链路最小等电平远端串扰功率和（PS ELFEXT）见表5-32。

表5-32　最小等电平远端串扰功率和（PS ELFEXT）

| 频率/MHz | 信道/dB | | | 永久链路/dB | | |
|---|---|---|---|---|---|---|
| | D 级 | E 级 | F 级 | D 级 | E 级 | F 级 |
| 1 | 54.4 | 60.3 | 62.0 | 55.6 | 61.2 | 62.0 |
| 16 | 30.3 | 36.2 | 54.5 | 31.5 | 37.1 | 56.3 |
| 100 | 14.4 | 20.3 | 41.4 | 15.6 | 21.2 | 43.0 |
| 250 | | 12.3 | 34.8 | | 13.2 | 36.2 |
| 600 | | | 28.3 | | | 29.6 |

### 9. 回波损耗（RL）

回波损耗（RL）是由于链路或信道特性阻抗偏离标准值导致功率反射（布线系统中阻抗不匹配产生的反射能量）而引起的。它由输出线对的信号幅度和该线对所构成的链路上反射回来的信号幅度的差值导出。信道和永久链路最小回波损耗（RL）见表5-33。

表 5-33　最小回波损耗（RL）

| 频率 | 信道/dB | | | | 永久链路/dB | | | |
|---|---|---|---|---|---|---|---|---|
| /MHz | C 级 | D 级 | E 级 | F 级 | C 级 | D 级 | E 级 | F 级 |
| 1 | 15.0 | 17.0 | 19.0 | 19.0 | 15.0 | 19.0 | 21.0 | 21.0 |
| 16 | 15.0 | 17.0 | 18.0 | 18.0 | 15.0 | 19.0 | 20.0 | 20.0 |
| 100 | | 10.0 | 12.0 | 12.0 | | 12.0 | 14.0 | 14.0 |
| 250 | | | 8.0 | 8.0 | | | 10.0 | 10.0 |
| 600 | | | | 8.0 | | | | 10.0 |

## 10. 传播时延

传播时延是信号从链路或信道一端传播到另一端所需的时间。信道和永久链路最大传播时延见表 5-34。

表 5-34　最大传播时延

| 频率 | 信道/μs | | | | | | 永久链路/μs | | | | | |
|---|---|---|---|---|---|---|---|---|---|---|---|---|
| /MHz | A 级 | B 级 | C 级 | D 级 | E 级 | F 级 | A 级 | B 级 | C 级 | D 级 | E 级 | F 级 |
| 0.1 | 20.000 | 5.000 | | | | | 19.400 | 4.400 | | | | |
| 1 | | 5.000 | 0.580 | 0.580 | 0.580 | 0.580 | | 4.400 | 0.521 | 0.521 | 0.521 | 0.521 |
| 16 | | | 0.553 | 0.553 | 0.553 | 0.553 | | | 0.496 | 0.496 | 0.496 | 0.496 |
| 100 | | | | 0.548 | 0.548 | 0.548 | | | | 0.491 | 0.491 | 0.491 |
| 250 | | | | | 0.546 | 0.546 | | | | | 0.490 | 0.490 |
| 600 | | | | | | 0.545 | | | | | | 0.489 |

## 11. 传播时延偏差

传播时延偏差是以同一线缆中信号传播时延最小的线对作为参考，其余线对与参考线对的时延差值（最快线对与最慢线对信号传输时延的差值）。信道和永久链路最大传播时延偏差见表 5-35。

表 5-35　最大传播时延偏差

| 等级 | 频率/MHz | 信道/μs | 永久链路/μs |
|---|---|---|---|
| A | $f = 0.1$ | | |
| B | $0.1 \leqslant f \leqslant 1$ | | |
| C | $1 \leqslant f \leqslant 16$ | 0.050[1] | 0.044[3] |
| D | $1 \leqslant f \leqslant 100$ | 0.050[1] | 0.044[3] |
| E | $14 \leqslant f \leqslant 250$ | 0.050[1] | 0.044[3] |
| F | $14 \leqslant f < 600$ | 0.030[2] | 0.026[4] |

注：信道[1]0.050 为 0.045 + 4 × 0.00125 计算结果；[2]0.030 为 0.025 + 4 × 0.00125 计算结果。

　　永久链路[3]0.044 为 0.9 × 0.045 + 3 × 0.00125 计算结果；[4]0.026 为 0.9 × 0.025 + 3 × 0.00125 计算结果。

对于信道的电缆导体的指标要求应符合以下规定：

1）在信道每一线对中，两个导体之间的不平衡直流电阻对各等级布线系统不应超过 3%。

2）在各种温度条件下，布线系统 D、E、F 级信道线对每一导体最小的传送直流电流应为 0.175A。

3）在各种温度条件下，布线系统 D、E、F 级信道的任何导体之间应支持 72V 直流工作电压，每一线对的输入功率应为 10W。

### 5.3.3 光纤系统指标

在脉冲数字信息传输系统中将电信号转换成光脉冲信号，利用光纤介质（或称光纤）作为传输介质的信息传输系统称为光纤系统。电信号在铜缆中传输与光信号在光纤中传输有很大的差别，主要体现在衰减、串扰、抗干扰等方面光纤有很大的优势，此外，光纤传输速率要快得多，达到 Gbit/s 级或更高，传输距离也远很多，这就是光纤系统得以广泛应用的原因。

#### 1. 光纤传输

光纤技术要比传统的铜介质复杂得多。光纤传输将网络数据的 0 和 1 转换为某种光源的灭和亮。这个光源通常是激光管或发光二极管。光源发出的光按照被编码的数据亮和灭。通过光纤，几乎一瞬间光就可以从光源到达目的地。光纤上外涂包层的折射系数比芯层要小，使光信号能够在光纤内部充分反射，并可能沿一个角度而不是笔直地在光纤中传输。当光信号到达了目的地，一个传感器会检测出光信号是否出现，将光信号的灭和亮转换回电信号的 0 和 1。

有一点很重要，就是光信号反射的次数越多，信号损失的可能性就越大（也被称为信号衰减）。此外，在信号源与目的地之间的每个光纤连接器处，都有可能发生信号损失，因此，每个连接处的连接器都必须进行可靠的安装。

大多数局域网和广域网的光纤传输系统都使用两根光纤：一根用来发送，另一根用来接收。使用这样的系统是因为光信号在光纤中只能沿一个方向传输，而将一个光信号反射装置改造成双模式的发射/接收装置（用一个连接器同时实现发射和接收功能）不仅很困难，而且很昂贵。

光纤信道分为 OF-300、OF-500 和 OF-2000 三个等级，各等级光纤信道应支持的应用长度不应小于 300m、500m 及 2000m。

室内通信光纤类型分为多模 OM1、OM2 光纤（光纤直径 50 或 62.5μm）和多模 OM3 光纤（光纤直径 50μm），传输光波标称波长为 850nm 和 1300nm；室外通信多采用单模光纤，OSI 单模光纤传输光波标称波长为 1310nm 和 1550nm。

#### 2. 光纤通信的优缺点

（1）光纤通信的优点　光纤作为一种网络传输介质现在越来越流行，主要原因是它相对于其他的线缆系统有很多优点，这些优点主要包括抗电磁干扰性（EMI）、高传输速率、较长的最大传输距离、更好的安全性。

所有的铜介质布线网络都有一个共同的问题，容易受到电磁干扰的影响。电磁干扰是因为漏电磁场而发生的对正常数据传输的一种干扰。所有的通电导线都会围绕它的中心轴产生一个磁场。如果将一个金属导体穿过这个磁场，导体上就会产生一个电流。同样，如果将一个导体穿过一个电场，环绕导体的中心轴也会产生一个磁场。当将两根铜导线并排放在一起的时候，其中一根的信号就会在另一根中引起感应。一根铜导线的长度越长，发生串扰的可能就越大。因此，决不要把铜介质线缆布设在交流电线或电源附近。这些设备会产生强大的磁场，对其附近的任何铜导线都将产生大量的串扰。对数据线来说，这几乎肯定会造成特定线路上的数据传输完全失败。

光导纤维具有抗串扰的能力，因为它是使用光信号在玻璃纤维中传输数据而不是使用电信号。也正因为如此，它不会产生磁场，也就不会受到电磁干扰。由于它的抗电磁干扰性，光导纤维能够布设在对传统的铜介质网线来说是"禁区"的地方（如电梯中、靠近变压器的地方、被其他电线紧紧包围的地方等）。

标准的铜导线传输介质的传输距离是有限制的，最大传输长度不能超过1km。光信号在光纤中的衰减较少，所以光纤可以跨超1km的传输距离。使用光纤传输比传统的铜导线传输能实现更高的传输速率，数据传输速率达到Gbit/s的数量级或更高成为可能。

铜导线传输介质很容易通过使用"分接头"或截获传输信号的电磁辐射（电磁分接头）而被窃听。分接头（网线分接头的简称）是指某种刺入铜导线外皮与里面的铜芯接触的设备。光纤使用的是光信号而不是电信号，它可以抵抗大多数的窃听方式。普通的分接头不能工作，因为任何的网线损坏都会导致光传输阻断，而使网线的连接不再起作用。

（2）光纤通信的缺点 光纤作为一种传输介质的第一个缺点就是成本高，随着越来越多的人开始使用光纤架设他们的网络，光纤的价格有所下降，越来越多的机构能够承受将光纤直接接到桌面的费用。光纤的另一个主要缺点是难于安装。当切断或"劈开"光纤芯层时，芯层的末端会出现大量的很细小的玻璃碎片，这些玻璃碎片干扰光信号。这会影响整个光信号的正确接收。芯层的末端必须使用特殊的打磨工具打磨，保证芯层末端的绝对光滑，以使光信号能够正确通过。光纤芯很细（常用规格光纤直径$62.5\mu m$），这些都给光纤的端接带来额外的复杂性。这种额外的复杂性使设备安装的周期更长，造价更昂贵。

3. 光纤测试与指标

光纤布线系统测试包括两个方面：一是施工前进行器材检验，一般检查光纤的连通性，必要时采用光纤损耗测试仪（稳定光源和光功率计组合）对光纤链路的插入损耗和光纤长度进行测试；二是对光纤链路（包括光纤、连接器件和熔接点）的衰减进行测试，同时测试光跳线的衰减值作为设备连接光缆的衰减参考值，整个光纤信道的衰减值应符合设计要求。

（1）光纤链路测试模型 光纤链路测试是在两端对光纤逐根进行双向（收与发）测试，连接方式如图5-51所示。测试前应对所有的光连接器件进行清洗，并将测试接收器校准至零位。光缆可以为水平光缆、建筑物主干光缆和建筑群主干光缆。光纤链路中不包括光跳线在内。

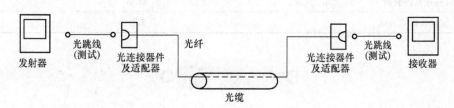

图5-51 光纤链路测试连接方式

注：光连接器件可以为工作区TO、电信间FD、设备间BD、CD的SC、ST、SFF连接器件。

（2）光纤及光纤信道指标 布线系统所采用光纤的性能指标及光纤信道指标应符合设计要求。不同类型的光缆在标称的波长，每千米的最大衰减值应符合表5-36的规定。光缆布线信道在规定的传输窗口测量出的最大衰减（插入损耗）应不超过表5-37的规定，该指标已包括接头与连接插座的衰减在内。

表5-36　光缆最大衰减

| 项目 | OM1，OM2 及 OM3 多模 | | OS1 单模 | |
|------|------|------|------|------|
| 波长/mm | 850 | 1300 | 1310 | 1550 |
| 衰减/（dB/km） | 3.5 | 1.5 | 1.0 | 1.0 |

表5-37　光缆布线信道最大衰减　　　　　　　　　　　　（单位：dB）

| 级别 | 单模 | | 多模 | |
|------|------|------|------|------|
| | 1310nm | 1550nm | 850nm | 1300nm |
| OF-300 | 1.80 | 1.80 | 2.55 | 1.95 |
| OF-500 | 2.00 | 2.00 | 3.25 | 2.25 |
| OF-2000 | 3.50 | 3.50 | 8.50 | 4.50 |

注：每个连接处的衰减值最大为1.5dB。

光纤链路的插入损耗极限值可用以下公式计算：

$$光纤链路损耗 = 光纤损耗 + 连接器件损耗 + 光纤连接点损耗 \qquad (5\text{-}5)$$

$$光纤损耗 = 光纤损耗系数（dB/km）× 光纤长度（km） \qquad (5\text{-}6)$$

$$连接器件损耗 = 连接器件损耗/个 × 连接器件个数 \qquad (5\text{-}7)$$

$$光纤连接点损耗 = 光纤连接点损耗/个 × 光纤连接点个数 \qquad (5\text{-}8)$$

光纤链路损耗参考值见表5-38。

表5-38　光纤链路损耗参考值

| 种类 | 工作波长/nm | 衰减系数/（dB/km） |
|------|------|------|
| 多模光纤 | 850 | 3.5 |
| 多模光纤 | 1300 | 1.5 |
| 单模室外光纤 | 1310 | 0.5 |
| 单模室外光纤 | 1550 | 0.5 |
| 单模室内光纤 | 1310 | 1.0 |
| 单模室内光纤 | 1550 | 1.0 |
| 连接器件衰减 | 0.75dB | |
| 光纤连接点衰减 | 0.3dB | |

◀▷ 思考与练习 ◀▷

5-1　通常综合布线系统划分为哪几个部分？简述各部分在建筑中的位置及作用。

5-2　综合布线符合的国际、国内标准有哪些？

5-3　综合布线的设计分为哪几个等级？简述各设计等级间的区别。

5-4　适用于RJ45插座的国际标准有哪些？它们的线对位置是如何排列的？在一个工程中，能否混合使用？

5-5　怎样确定干线系统用100对110A配线架的数量？计算时应注意哪些事项？干线电缆的分色分配

结构如何？列写出 25 对主干电缆的每对色标。

5-6 综合布线系统设计的原则是什么？

5-7 综合布线产品的选型原则是什么？综合布线产品的生产厂家有哪些？各厂家推出的系统的缩写是什么？

5-8 综合布线系统设计的重点和难点在哪个系统的设计上，为什么？

5-9 综合布线系统设计的步骤有哪些？

5-10 简述综合布线系统信息点的确定方法。

5-11 如何看待综合布线系统施工与其他工程施工的关系？

5-12 试述进行综合布线测试的重要性。

5-13 简述两个测试模型，并说明各自的最大长度。

5-14 简述反接、错对、串绕等连接故障。

5-15 试述衰减、NEXT 与频率的关系。

5-16 某建筑的信息点分布和信息点距离的参数见表 5-39，为增强型配置，每层楼设一间楼层管理间，设备间（兼作楼层管理间）设在三层楼。

表 5-39 某建筑的信息点分布和信息点距离的参数

| 楼层 | 信息点数/个 | 最远点/m | 最近点/m |
|------|------------|----------|----------|
| 一层 | 85 | 60 | 20 |
| 二层 | 55 | 65 | 25 |
| 三层 | 25 | 55 | 20 |
| 四层 | 55 | 65 | 25 |
| 五层 | 85 | 60 | 20 |

试计算：1) 本建筑所需 100 对 110A 配线架的数量（不包括设备用配线架）；

2) 本建筑所需 1000ft（305m）一箱的线多少箱？

# 第6章

# 卫星通信与有线电视系统

有线电视（CATV）是相对于无线电视而言的一种新型的电视广播方式，常称为闭路电视（CCTV），所谓闭路，是指不向空间辐射电磁波。有线电视采用了与无线电视同样的广播制式和调制方式，无需改变电视机的基本性能。有线电视具有播出频道多、图像质量高、服务功能强、运行机制好等多方面的优势。

数字电视（Digital Television，DTV）是指采用数字技术将图像和声音等信号加以处理、压缩、编码，经存储或实时广播后，供用户接收、播放的电视系统。系统的各个环节，包括从演播室节目制作，到处理、传送、存储/传输，直至接收、显示等过程都采用数字信号。与传统的模拟电视相比，数字电视在图像和声音质量两方面都有重大改进。根据清晰度，数字电视可分为标准清晰度数字电视（Standard Definition Television，SDTV）和高清晰度数字电视（High Definition Television，HDTV）。

卫星电视是利用地球同步卫星将数字编码压缩的电视信号传输到用户端的一种广播电视形式。它的传输方式主要有两种：一种是将数字电视信号传送到有线电视前端，再由有线电视台转换成模拟电视传送到用户家中，这种形式已经在世界各国普及应用多年；另一种方式是将数字电视信号直接传送到用户家中，即DTH（Direct to Home）方式。采用卫星作为信号源的数字有线电视系统称为卫星有线电视系统。

本章围绕卫星电视系统，简单介绍卫星通信系统，着重介绍数字卫星有线电视系统。通过本章学习培养学生卫星有线电视系统方案图识别能力。

## 6.1 卫星通信系统

### 6.1.1 卫星通信系统及组成

卫星通信就是地球上的多个通信站（称为地球站）利用空中的人造地球卫星进行通信，相应的系统称为卫星通信系统，如图6-1所示。卫星通信系统主要由通信卫星和地球站两部分组成。一个系统至少有一颗卫星，也可以有多颗，如移动卫星通信系统通常有多颗卫星。卫星的天线既可接收在其覆盖区内所有地球站发射给它的信号，又可向地面辐射所接收到的信号，在其波束覆盖区内的所有地球站均可接收到卫星辐射的信号。地球站可以是位于陆地上的固定地球站、移动地球站，也可以是位于飞机上的机载站，还可以是位于轮船上的船载站。

卫星通信是现代电信传输的重要手段之一，一颗静止轨道卫星可覆盖42.4%的地球表面，实现地球上相距18000km的两个地球站间的通信。如此距离的通信用微波接力，则需要建设约360座中转塔及相应的收发设备，而用光纤通信，则必须敷设18000km的光缆。

卫星通信采用微波波段，可用带宽非常宽，目前卫星通信系统使用的频段有：

UHF 频段——上行 400MHz，下行 200MHz；

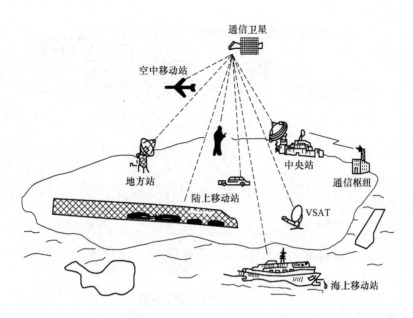

图 6-1　卫星通信系统示意图

L 频段——上行 1.6GHz，下行 1.5GHz；

C 频段——上行 6GHz，下行 4GHz；

X 频段——上行 8GHz，下行 7GHz；

Ku 频段——上行 14GHz，下行 12GHz 或 11GHz；

Ka 频段——上行 30GHz，下行 20GHz。

日本和欧洲的部分国家目前正在开展 EHF 波段卫星通信系统的有关研究和实验工作，EHF 波段卫星通信系统主要面向宽带多媒体个人移动通信系统。

### 6.1.2　卫星通信技术

#### 1. 多路复用

在卫星通信系统中，一个地球站一般要传输多个电话信号，如何把多个电话信号（基带信号）组成一个信号，然后调制到一个载波上？这种基带信号的组合方式就是多路复用方式。简而言之，多路复用指把多个电话信号（基带信号）组合在一起，然后共用同一个中频（IF）或射频（RF）信道。卫星通信系统中有两种多路复用方式，频分复用（FDM）和时分复用（TDM）。

目前大多数卫星通信系统为数字的，因此 FDM 已用得很少，TDM 方式用得最普遍，如频分多址体制中的中速数据业务（IDR）和时分多址系统基带信号采用的都是 TDM。

#### 2. 多址方式

卫星通信系统中多个地球站分用一个卫星转发器的方式称为多址方式，实质上是卫星通信系统中区分不同地球站信号的方法。卫星通信系统中用到四种多址方式：频分多址（FDMA）、时分多址（TDMA）、码分多址（CDMA）及空分多址（SDMA）。

频分多址（FDMA）卫星通信系统（见图 6-2）中，不同地球站所发射的射频信号频率不同，在卫星转发器的频率轴上频谱互不重叠，因而容易区分多个地球站的信号。

时分多址（TDMA）卫星通信系统（见图 6-3）中，不同的通信站在不同的时间段（称

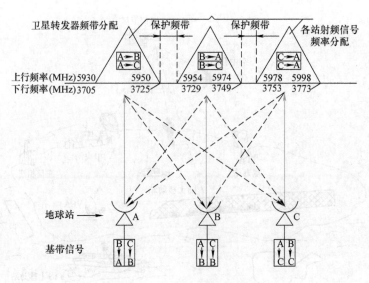

图 6-2　FDMA 系统示意图

为时隙）内发射信号，各个站发射的信号到达卫星转发器时在时间轴上互不重叠，因而可以区分出各站的信号。

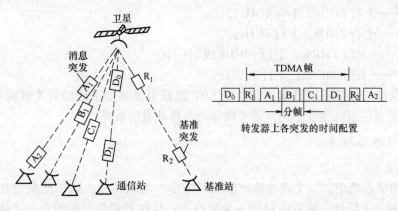

图 6-3　TDMA 卫星通信系统

　　码分多址（CDMA）卫星通信系统中，各个地球站发射的载波信号频率相同，并且各个站可以同时发射信号，但不同的地球站有不同的地址码，各个站的载波信号由该站的基带数字信号和地址码调制，接收站只有使用发射站的地址码才能解调出发射站的信号，其他接收站解调时由于采用的地址码不同，因而不能解调该发射站的信号。

　　地球站所采用的地址码一般为伪随机码（PN 码），基带数字信号的码元宽度一般为 PN 码的若干倍（如 1023 倍），因此基带信号在进行扩频调制后其频率是原来基带信号的若干倍，故 CDMA 通常也称扩频调制。目前 CDMA 卫星通信系统有两大类，分别是直接序列码分多址（DS – CDMA）和跳频码分多址（FH – CDMA，如图 6-4 和图 6-5 所示）。

　　空分多址（SDMA）是卫星通信系统中所特有的多址方式，在移动通信系统等其他无线通信系统中一般没有这种多址方式。在 SDMA 卫星通信系统中，通信卫星具有多个点波束，这些波束覆盖不同的地球表面，只有位于某一个波束覆盖范围内的地球站才能向该波束天线

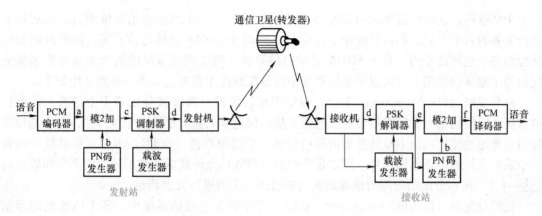

图 6-4 DS – CDMA 卫星通信系统

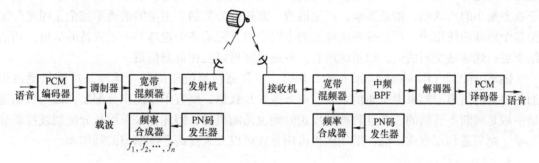

图 6-5 FH – CDMA 卫星通信系统

发射信号和由该波束接收信号。SDMA 卫星通信系统如图 6-6 所示。

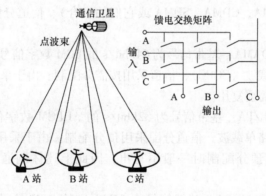

图 6-6 SDMA 卫星通信系统

在 SDMA 卫星通信系统中，通信卫星上具有交换设备，某个区域中某个地球站的发射信号送到通信卫星转发器，通过转发器上的交换设备将该信号转换到通信卫星上的另一副天线，该天线把此信号发射到地球表面上的另一区域，位于该区域的地球站就可接收到该信号。如果一个点波束的覆盖区内有几个地球站，则这些地球站的区分要靠 FDMA 或 TDMA 方式来完成，因此在实际卫星通信系统中，SDMA 一般与其他多址方式结合起来使用，如 FDMA/SDMA 和 TDMA/SDMA。

3. 卫星通信系统的多址分配制度

如果是 FDMA 卫星通信系统，多址分配制度指的是通信卫星转发器的可用带宽分割成若干个信道后，这些信道如何分配给各站使用；对于 TDMA 卫星通信系统而言，指通信卫星转发器的若干个时隙如何分配给各站使用；而对于 CDMA 卫星通信系统，指地址码如何分配给各个地球站使用；对于 SDMA 卫星通信系统，则指通信卫星的若干个点波束如何分配给各个地球站使用。目前卫星通信系统中的分配制度主要有三大类，分别介绍如下。

预分配制（Pre Assignment，PA）：通信卫星转发器的带宽被分成若干个信道，每个信道占据一定的通信卫星转发器带宽。通信卫星的信道事先就分配给各个地球站，各个地球站知道本地球站使用通信卫星转发器的哪些信道。单路单载波（SCPC）卫星通信系统中的每一个载波只传输一路电话信号。固定预分配制（FPA）允许地球站使用分配信道时间较长的（达一年），按预分配制分配给地球站使用的信道一天内进行几次调整。

按需分配制（Demand Assignment，DA）：实际的卫星通信系统中，各个地球站的通信业务量是随时变化的，如果采用预分配制，当地球站业务量大时，该站的信道不够用，而对于业务量小的地球站，信道多余，产生浪费。而按需分配制，卫星的信道不完全是固定分配给各个地球站使用的，而是按照地球站的申请实时分配给各个地球站一定数量的信道，通话结束后，地球站交回信道，归系统所有，各站之间可以互相调剂信道。

随机分配制（Random Assignment，RA）：卫星通信系统中的各个地球站可随机地占用通信卫星的信道。如果卫星通信系统的业务主要是数据，则宜采用随机分配制，因为数据通信一般是间断不连续的，并且数据的发送时间也是随机的，因此如果采用预分配制或按需分配制，则信道利用率就很低，采用随机占用方式可以大大提高系统信道的利用率。

4. 卫星通信的体制

完整的卫星通信体制通常包括这样几个部分：所用基带信号的类型（数字或模拟，数字信号的编码方法）、基带信号的复用方式（FDM，TDM）、调制方式（FM，PSK 或其他）、多址方式（FDMA，TDMA，CDMA，SDMA 或它们的组合）、信道分配方式等。下面给出体制表示的几个例子。

PCM/QPSK/SCPC/DAMA：基带信号为 64kbit/s 的 PCM 数字信号，采用 4 相相移键控调制，多址方式为单路单载波（SCPC），信道采用按需分配制。由于采用的是单路单载波多址方式，因而基带信号不需要复用。

ADPCM/BPSK/SCPC/PA：基带信号为 32kbit/s 的 ADPCM 数字信号，采用二相相移键控调制，多址方式为单路单载波，信道分配采用预分配制。由于采用 SCPC，因此基带信号不需要复用，信道采用预分配制时一般不写出，因此上述体制通常写成 ADPCM/BPSK/SCPC。

PCM/TDM/QPSK/FDMA/PA：基带信号为 64kbit/s 的 PCM 信号，多路 PCM 信号采用 TDM 复用成一个信号，采用 QPSK 调制，多址方式为 FDMA，信道采用 PA。目前国内电信部门的地球站大多采用这种体制，该体制通常称为中速数据业务（IDR），因为这种地球站把若干路数字信号按照 TDM 复合成一路信号，该复合数字信号的码速率比 SCPC 系统的 64kbit/s 的数字信号码速率要高，而比 120Mbit/s 的 TDMA 系统要低，码速率介于 SCPC 和 TDMA 系统。

### 6.1.3 移动卫星通信

移动卫星通信（Mobile Satellite Communications）最初用于海上通信（船只与船只间的通信、船只与海岸站间的通信），目前移动卫星通信系统是唯一能够同时实现陆、海、空通信的移动通信系统。

按照移动卫星通信系统的用途，可分成海事移动卫星通信系统（MMSS）、陆地移动卫星通信系统（LMSS）和航空移动卫星通信系统（AMSS）。

按照通信卫星轨道的高度把移动卫星通信系统分成同步轨道（GEO）、高椭圆轨道（HEO）、中轨道（MEO）和低轨道（LEO）四个系统。GEO 移动卫星通信系统使用静止轨道通信卫星，技术成熟，但因其通信卫星和地球站间的距离远，要实现手机间的通信很困难，典型的 GEO 移动卫星通信系统有国际海事卫星通信组织的 INMARSAT 系统等。近年来，移动卫星通信的发展重点是 MEO 和 LEO 系统，因为这类系统的通信卫星与地面间的距离短，因而信号的传输时延小，信号损耗小，可以使用手持终端进行通信。

地面移动通信系统（蜂窝系统或大区制系统）由于经济原因，不可能覆盖人烟稀少的边远地区，而移动卫星通信系统可方便经济地实现全球覆盖，是实现全球移动通信的最好手段。陆地移动卫星通信系统按照轨道的高度可分成静止轨道系统、中轨道系统和低轨道系统等。LEO 移动卫星系统是利用离地面 500～1500km 高度范围内的多个卫星构成卫星星座，从而形成全球或区域内的移动通信系统。典型 LEO 移动卫星系统有 Motorola 公司的铱（Iridium）系统和劳拉公司的全球星（Globalstar）等。

## 6.2 卫星有线电视系统

卫星有线电视系统由四个子系统组成：信号源、前端子系统、干线传输子系统和用户分配子系统。小型卫星电视系统组成示意图如图 6-7 所示。

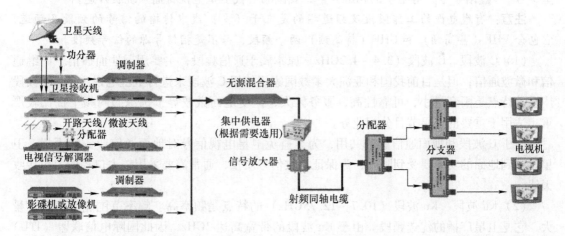

图 6-7 小型卫星电视系统组成示意图

信号源是提供和传送广播电视信号节目的源头。前端子系统是位于信号源与干线传输子系统之间的信号处理和转换设备。干线传输子系统担负向前端子系统及用户分配子系统高质量地传送信号的功能。用户分配子系统的任务是把干线传输来的电视信号均匀地送到千家万户。

国际上目前投入使用的标准有三种：美国的 ATSC（先进电视系统委员会）、欧洲的 DVB（数字视频广播）及日本的 ISDB（综合服务数字广播）。每一种数字电视标准又可分为卫星传输、电缆传输和地面传输方式三个标准。

欧洲的 DVB 标准包括数字卫星广播系统标准（DVB-S）、数字有线电视广播系统标准

（DVB-C）及数字地面电视广播系统标准（DVB-T）。

我国数字有线电视参考的是 DVB-C 标准，数字卫星参考的是 DVB-S 标准，而地面电视已经有投入使用的较成熟的国家标准。

2006 年我国颁布的数字电视地面传输标准 GB 20600—2006，是清华大学的 DMB-T 方案（多载波）和上海交通大学的 ADTB-T 方案（单载波）的融合标准，即 DMB-TH 标准。该标准支持高清晰度电视（HDTV）、标准清晰度电视（SDTV）和多媒体数据广播等多种业务，满足大范围固定覆盖和移动接收的需要。该标准支持固定（含室内、外）接收和移动接收两种模式。在固定接收模式下，可以提供标准清晰度数字电视业务、高清晰度电视业务、数字声音广播业务、多媒体广播和数据服务业务；在移动接收模式下，可以提供标准清晰度数字电视业务、数字声音广播业务、多媒体广播和数据服务业务。

### 6.2.1　信号源

有线电视节目的来源包括卫星地面站接收的电视信号、本地微波站发射的电视信号和本地电视台发射的电视信号等。这里主要介绍卫星电视信号系统。

#### 1. 卫星电视广播的波段

无线电波是指频率在 3000GHz 以下的电磁波，主要用于广播、电视或其他通信。按照波长和用途不同，无线电波又分成许多波段。卫星电视广播使用无线电波中的超高频（SHF）的微波波段，采用微波信号的目的是保证地面上发射的电磁波能够穿透电离层到达卫星。目前世界各国卫星电视广播主要应用在 C 波段和 Ku 波段。从 2008 年起，随着"中星 9 号""鑫诺 4 号"等卫星的相继升空，我国第一代卫星电视直播系统展开运营。

**注意**：有线电视的工作频段及频道指的是在干（支）线中传输的信号的频段及频道，它包含 VHF（甚高频）和 UHF（特高频）两个频段，并不是指信号源的信号频段。

（1）C 波段　C 波段（3.4 ~ 4.2GHz）原本属于通信频段，主要用于地面通信、中继通信和微波通信，但是目前我国和亚洲大多数国家仍使用 C 波段来进行卫星电视广播。C 波段广播的特点是雨衰量小，可靠性高，服务区大，但受地面微波等干扰源的同频干扰比较严重，适用于重要的卫星节目分配业务。

由于 C 波段和地面通信业务共用，为了避免卫星电视信号对地面通信业务的干扰，卫星发射到地面的功率要受到限制；为保证接收信号质量，通常需要采用较大口径的卫星接收天线。

（2）Ku 波段　Ku 波段（10.7 ~ 12.75GHz）的特点是频率高、频率范围宽、信道容量大，它是卫星广播的优选频段。由于 Ku 波段的带宽高达 2GHz，因此国际电信联盟（ITU）将它分成 Ku1 ~ Ku5 频段，这和收音机中的短波段又细分为多个常用的米波段是一样的道理。其中 Ku4 频段专门划给广播卫星（Broadcast Satellite，BS），一般情况下作为直播频段，采用圆极化方式为个体家庭服务，如我国的"中星 9 号"直播卫星就是采用了 Ku4 频段。Ku5 频段专门用于通信卫星（Communication Satellite，CS），包括电视和数据的传输业务，作为普通频段，一般采用线极化方式工作。由于 Ku 波段卫星发射到地面的功率通量密度不受限制（一般不小于 50dBW），这样卫星可以采用高功率的转发器。加上 Ku 波段的信号波长短，采用同样口径天线的增益要比 C 波段高，从而使得利用 0.5 ~ 1.2m 较小口径的天线就能获得满意的收视效果，因此更适于个体直接接收。通过 Ku 波段卫星电视广播，可广泛开展卫星直接到户（Direct To Home，DTH）、卫星新闻采集系统（Satellite News Gathering，

SNG）、互联网接入、远距离教学、电视购物等多项服务。不过 Ku 波段受降水的影响较大，遇到大暴雨时甚至能导致传输信号中断，造成 Ku 信号衰减的主要原因，是雨水积聚在天线的反射面和馈源口上，尤其是凝结成水珠后，对 Ku 信号产生强烈的散射而衰减，使接收效果变差。此外卫星信道和地面射频设备的成本较高。

### 2. 卫星接收天线

卫星接收天线的作用是通过接收天线的反射面，将收集到的卫星电视信号聚集到馈源上，形成适合波导传输的电磁波给高频头处理，如图 6-8 所示。

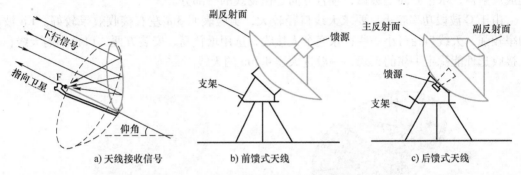

图 6-8　卫星天线的构成及接收信号示意图

（1）抛物面天线　抛物面天线适用于卫星电视 C 波段和 Ku 波段。根据结构分类，抛物面天线分为板状天线和网状天线，如图 6-9a 所示。根据馈源的安装位置分类，抛物面天线可分为前馈式抛物面天线、后馈式抛物面天线和偏馈式抛物面天线，如图 6-9b 所示。不同天线的优缺点见表 6-1。

表 6-1　天线的类别与应用

| 分类 | 名称 | 优点 | 缺点 |
|---|---|---|---|
| 按结构分 | 板状天线 | 增益较高，应用广泛 | 价格较高 |
| | 网状天线 | 抗风能力强，价格低，适合风力比较大的地区 | 增益比板状天线低，相比板状天线容易变形 |
| 按馈源安装位置分 | 前馈式抛物面天线 | 价格便宜 | 效率较低 |
| | 后馈式抛物面天线 | 效率较高，结构结实，用于卫星信号弱的地区或大型系统 | 价格较高 |
| | 偏馈式抛物面天线 | 体积小、架设方便、效率高 | 接收面积小 |

前馈式天线又称中心聚焦天线、正焦天线或正馈天线（Prime Focus Antenna）。馈源位于天线抛物面焦点处，卫星信号经天线的抛物面反射后，聚焦到馈源上。前馈天线反射面一般呈圆形，也有矩形的，其结构简单。考虑到安装和调整馈源的方便，天线的口径一般在 4m 以内。前馈式天线多用于接收 C 波段信号。

后馈式天线属于二次反射式天线，有两个反射面，主反射面是抛物面，其焦点处设有一副反射面，将聚焦的卫星信号进行二次反射，经波导管传到天线背部的高频头上。采用后馈式天线的目的主要是提高接收效率，改善驻波比。后馈式天线的效率最高可达 75%，而普通的前馈式天线效率最高只有 70%。另外，后馈式天线可避免高频头在炎热地区受光照过多而造成的高温影响，但由于其结构复杂，制造成本比较高，通常口径较大的天线才采用这种后馈式结构。

偏馈式天线（Offset Antenna）是利用前馈或后馈式天线部分反射面，其馈源或副反射面偏离反射面的正前方，不会阻挡卫星信号，因而效率较高，偏馈式天线的反射面大多呈椭圆形或菱形，该天线常用于 Ku 波段信号的接收。偏馈式天线有一次反射式天线和二次反射式天线两种，一次反射式天线即常见的普通偏馈式天线；二次反射式天线属于多曲面天线（多焦天线），其反射器使用变形的球面或抛物面，如用球面上截取的矩形，或用两种曲线构成反射器，水平方向是圆弧，垂直方向是抛物线的一部分。

由于 C 波段功率较小，要求天线口径较大，实验表明 3m 左右接收效果较好。Ku 波段功率较强，天线口径可小一些；家庭个人接收，选用增益高、安装方便、口径小的天线；单位接收选性能稳定可靠的天线，一般选大于 4.5m 的天线。

a) 按结构分（左：网状天线，右：板状天线）

b) 按馈源安装位置分（从左至右：前馈式、偏馈式、后馈式）

图 6-9　抛物面天线类型

（2）馈源　馈源是在卫星天线的焦点处设置的一个汇集卫星信号的喇叭，其意为馈送能量的源，要求能将汇聚到焦点的能量全部收集起来，因此也称集波器、馈波器。馈源的作用是用于发射时，馈源把电功率转化为电磁波；用于接收时，馈源把电磁波转化为电功率。

馈源系统由馈源盘、极化器和 90°移相器共同构成，统称为馈源。馈源系统是天线系统中的重要部分，针对卫星信号接收来讲，馈源系统的主要功能有两个：一是为抛物面天线提供高效的信号汇聚；二是对接收的电磁波进行极化。

（3）低噪声降频器　低噪声降频器俗称高频头，如图 6-10 所示。低噪声降频器的作用为：将卫星传来的极其微弱的 C 或 Ku 波段的信号（3.4 ~ 4.2GHz 或 10.7 ~ 12.75GHz）经内部电路的放大、处理，转换为适合卫星接收机处理的、统一频段（950 ~ 2150MHz）的中频信号，以利于同轴电缆的传输及卫星接收机的解调。简单地说，低噪声降频器就是地面天线接收到的信号到卫星接收机之间的一个中转站。

低噪声降频器与馈源往往一体化，这样有助于将馈源和低噪声降频器两者的驻波系数综

a) 外观             b)铭牌

图 6-10　低噪声降频器

合考虑，以达到最佳的噪声匹配；同时又省去了馈源与低噪声降频器的连接，有利于减少损耗和降低安装不当带来的增益损失和噪声增加。

卫星天线低噪声降频器上的变频器需要外部供电才能工作，一般电源由卫星接收机提供（例如一般接收机通电后其信号输入口有 18V 电压输出，可作为变频器的工作电压）。当一个接收天线使用功率分配器同时接几台卫星接收机时，而功率分配器只有一个端口是馈电输入口，因此要确保与该馈电口连接的卫星接收机必须长期工作，否则将收不到卫星节目。

低噪声降频器的主要参数有输入频率范围、输出频率范围、本振频率（L. O.）、噪声（Noise）及温度等。

### 3. 卫星接收天线的参数和调整

卫星天线调整的主要是方位角、仰角、极化角这三个参数，其中方位角和仰角可通过接收所在地的经纬度计算出来，也可以用"寻星计算软件"输入所在的县市名，天线的角度接收参数就可以在表中自动得出，如图 6-11 所示。极化角则是根据接收星的信号极化方式来进行设置。

寻星计算程序 V2.1 - http://asm.yeah.net

文件(F) 卫星参数(S) 帮助(H)

| 卫星名称 | | 卫星经度 | 天线仰角 | 天线方位角 | 极化角 |
|---|---|---|---|---|---|
| 国际703 | (InterSat-707) | 57.0 | 28.14 | 南偏西59.99度 | -45.36 |
| 国际604 | (InterSat-604) | 60.0 | 30.41 | 南偏西57.32度 | -43.75 |
| 国际602 | (InterSat-602) | 62.0 | 31.90 | 南偏西55.45度 | -42.59 |
| 国际804 | (InterSat-804) | 64.0 | 33.35 | 南偏西53.51度 | -41.35 |
| 国际704 | (InterSat-704) | 66.0 | 34.78 | 南偏西51.50度 | -40.01 |
| 泛美4/7 | (PanamSat-4/7) | 68.5 | 36.51 | 南偏西48.86度 | -38.22 |
| 俄星LMI1 | (LMI1) | 75.0 | 40.69 | 南偏西41.33度 | -32.86 |
| 亚太2R | (ApStar-2R) | 76.5 | 41.58 | 南偏西39.44度 | -31.46 |
| 航向1号 | (Luch-1) | 77.0 | 41.87 | 南偏西38.80度 | -30.99 |
| 泰星2/3 | (ThaiCom-2/3) | 78.5 | 42.71 | 南偏西36.83度 | -29.51 |
| 快车6号 | (Express-6) | 80.0 | 43.51 | 南偏西34.81度 | -27.97 |
| 印度2E | (InSat-2E) | 83.0 | 45.00 | 南偏西30.59度 | -24.71 |
| 中卫1号 | (ChinaStar-1) | 87.5 | 46.90 | 南偏西23.81度 | -19.37 |
| 中新1号 | (ST-1) | 88.0 | 47.09 | 南偏西23.03度 | -18.75 |
| 马星1号 | (MeaSat-1) | 91.5 | 48.21 | 南偏西17.39度 | -14.21 |

计算新的接收地点

城市 深圳

经度 114.07

纬度 22.62

重新计算(C)

接收地点

河南
经度：东经101.62度
纬度：北纬34.75度

图 6-11　软件查询天线接收

## 6.2.2　前端子系统

前端设备是接在信号源与干线传输网络之间的设备。它把接收来的电视信号进行处理后，再把全部电视信号经混合器混合，然后送入干线传输网络，以实现多信号的单路传输。

前端设备的输出信号频率范围为 5MHz ~ 1GHz。前端输出可接电缆干线，也可接光缆和微波干线。前端子系统包括的设备有功率分配器、卫星接收机、调制器、混合器等，如图 6-12 所示。

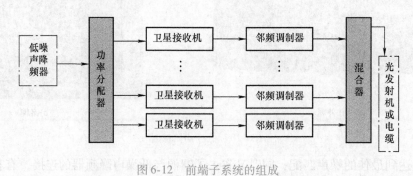

图 6-12　前端子系统的组成

### 1. 功率分配器

功率分配器简称功分器，它是将接收到的高频信号经同轴电缆均等地分成多路输出的器件。功率分配器有两个功能：一是将传输的第一中频信号平均分配为若干路，提供给各个卫星接收机；二是对卫星接收机进行有效的隔离，以减少由各个接收机本振泄漏而引起的相互干扰，还可防止接收机之间供电电源交叉短路。功率分配器的输出端均接有隔直电容，并在各隔直电容上并联一只反偏二极管，保证高频头的工作电压无论从哪个端口都可以从接收机中获得。功率分配器的参数主要有损耗、频率范围等，见表 6-2。功率分配器通常有二功率分配器、四功率分配器及六功率分配器等。六功率分配器如图 6-13 所示。

表 6-2　功率分配器的参数

|  | 损耗/dB | 频率范围 |
|---|---|---|
| 二功率分配器 | ≤7 | |
| 四功率分配器 | ≤12 | |
| 有源六功率分配器 | 0 | 5 ~ 2300MHz |
| 有源八功率分配器 | 0 | |

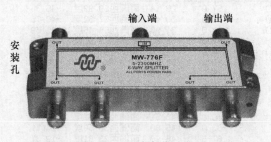

图 6-13　六功率分配器

### 2. 卫星接收机

卫星接收机是卫星电视接收系统中的关键组成部分，根据接收信号的特点，有模拟卫星接收机和数字卫星接收机两种。数字卫星接收机（Digital Satellite Receiver）种类繁多，应用在不同的领域内，叫法也各不相同。

卫星接收机的主要作用如下：

1）选台解调。从功率分配器输出的宽带第一中频信号，通过变容二极管调谐选择接收频道，然后从中频调制信号中解调出图像信号和第二伴音中频。

2）图像信号处理。对解调后的视频信号进行去加重、去扩散、放大等处理，还原标准的全电视图像信号输出。

3）伴音信号处理。从第二伴音中频信号中解调出音频信号，再经去加重、放大等处理后输出。

卫星接收机内部主要由变频调谐部分、解调部分、图像信号处理部分和伴音信号处理部分及其他附属功能电路组成，如图6-14所示。

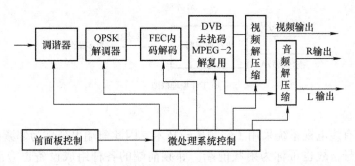

图6-14 数字卫星接收机原理框图

卫星接收机有很多技术参数，见表6-3。卫星接收机机内调谐器的输入频率均为950～2150MHz，输入电平为 -65 ～ -25dBm，能够输出水平（18V）和垂直（13V）极化切换电压，可用于单载波（SCPC）和多路载波（MCPC）方式，符号率能达2～45MB/s标准。在功能上，一般接收机的前面板上都设有上、下、左、右、菜单、确认六个基本按键，其他的操作功能设置在附配的遥控器上。接收机的后面板上都具有至少一组音视频输出（L、R、V）接口，并具有RS232串口，以便卫星接收机系统软件的升级。

表6-3 卫星接收机参数

| 项目 | 参数 | 项目 | 参数 |
| --- | --- | --- | --- |
| 输入频率范围 | 950～2150MHz | 视频制式 | PAL 或 NTSC |
| 输入阻抗 | 75Ω | 输出电平 | $1V_{p-p}$ |
| LNB 电源输出 | 13V/18V 300mA MAX | 音频解码 | MPGE-1 Lay I Lay II |
| 解调方式 | QPSK | 音频通道 | 单声道，立体声道（可选） |
| SCPC/MCPC 方式 | 兼容 | 音频输出 | 2 * RCA |
| 符号率 | 2～50MB/s | 视频输出 | 1 * RCA |
| 视频解码 | MPGE-2MP@ML | S-Video 输出 | 1 * Min Din |
| 视频格式 | 4：3 | 数据 | RS232（485） |

3. 调制器

调制器是将视频信号和音频信号调制成符合电视标准规定的射频信号的输出设备，是有线电视前端设备系统中不可缺少的部件。有线电视系统中使用的调制器有电视调制器、调频立体声调制器和数字调制器。调制器有邻频调制器和隔频调制器，可按传输方式选用。邻频调制器的各项指标做得比较高，能有效抑制频道间的干扰。

所谓邻频传输，是相对于隔频传输而言的，是指两个以上相邻的电视频道信号在同一根同轴电缆里传输而不产生肉眼可见的干扰。邻频传输的特点是系统容量大，但技术复杂。

邻频调制器即采用邻频传输技术将音/视频信号通过载波调制成射频信号，供电视系统使用。邻频调制器的外观与工作原理框图如图 6-15 所示。

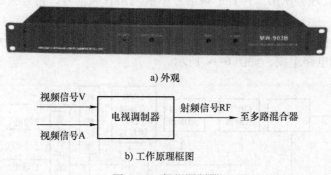

a) 外观

视频信号V → 
视频信号A → 电视调制器 → 射频信号RF → 至多路混合器

b) 工作原理框图

图 6-15　邻频调制器

由于大多数有线电视系统采用了邻频传输技术，因此前端也被称为邻频前端。另外，由于输出为射频信号，故也可称为射频前端。邻频前端的各种组成设备也应满足邻频传输要求，设备质量与调试效果的好坏，将直接影响整个有线电视系统的信号传输质量和最终收视效果。调制器的输入视频、音频信号通常来自卫星接收机、解调器以及各种自办节目设备，如摄像机、DVD 机等。

捷变频调制器与固定频道调制器：捷变频调制器就是输出频道可以任意改变的调制器，而固定频道调制器的输出频道是固定不可改变的。捷变频调制器必须是中频调制器，而固定频道调制器可以是中频调制器，也可以是高频调制器。捷变频调制器方便灵活，但其输出是一个宽带，无法进行频道滤波，固定频道调制器方便进行频道滤波。

调制器参数较多，涉及射频、音频、视频及常规等几个部分。

### 4. 混合器

多路混合器的作用是将前端设备输出的多路射频电视信号混合成一路，送至同一根电缆，以达到多路复用的目的。

混合器按输入信号路数（输入端口数）的多少可分为二混合器、三混合器、…、八混合器、…、十六混合器、二十四混合器等，这种分类方法简单直观，在实际中，习惯于这样区分混合器，往往很少提及混合器的具体结构类型和工作方式。图 6-16 是八混合器的外观示意图。

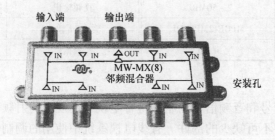

输入端　　输出端

安装孔

图 6-16　八混合器的外观示意图

按混合方式分，混合器可分为四种：频道混合、频段混合、频道频段混合、宽带混合。

按电路结构划分，则混合器可分为两类：一是滤波器式混合器，它属于频率分隔混合方式，由若干个带通滤波器并联而成，带通滤波器的个数与要混合的频道数相同，且工作频带——对应；二是宽带传输线变压器式混合器，这种混合器属于功率混合方式，它对频率没有选择性，在电路结构上，相当于将分配器或定向耦合器反过来使用。混合器的主要参数见表6-4。

表6-4 混合器的主要参数

| 项　　目 | MW-MX（8） | MW-MX（16） |
|---|---|---|
| 频率范围/MHz | 47～1000 | 47～1000 |
| 插入损耗/dB | 12±1.5 | 21±1.5 |
| 反射损耗/dB | ≥16 | ≥16 |
| 相互隔离/dB | ≥30 | ≥30 |

### 6.2.3 干线传输子系统

干线传输网络处于前端设备和用户分配网络之间，其作用是将前端输出的各种信号远距离不失真地、稳定地传输给用户分配部分。传输媒介可以是射频同轴电缆、光缆、微波或它们的组合，当前使用最多的是光缆和同轴电缆混合（HFC）传输。

1. 干线传输方式

干线有三种传输方式：同轴电缆传输方式、光缆传输方式及光缆+电缆传输方式，如图6-17所示。

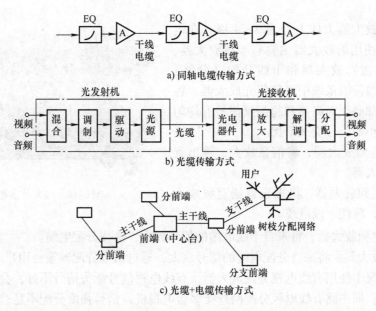

a) 同轴电缆传输方式

b) 光缆传输方式

c) 光缆+电缆传输方式

图6-17 干线传输方式

（1）同轴电缆传输 同轴电缆传输方式是一种在前端和用户之间用同轴电缆作为传输媒质的有线传输方式，如图6-17a所示 。图中EQ是均衡器，均衡器是一个频率特性与电缆相反的无源器件。同轴电缆是有损耗的，用质量好、粗一些的同轴电缆可以减小损耗。

表 6-5 是同轴电缆的百米衰减常数。

表 6-5　同轴电缆的百米衰减常数

| 同轴电缆型号 | SYWV-75-12 | SYWV-75-09 | SYWV-75-07 | SYWV-75-05 |
| --- | --- | --- | --- | --- |
| 测试频道 | dBu | dBu | dBu | dBu |
| CH-3　65.75MHz | 2.27 | 2.88 | 3.75 | 5.56 |
| CH-12　216.25MHz | 4.11 | 5.22 | 6.79 | 10.27 |
| CH-13　471.25MHz | 6.07 | 7.70 | 10.03 | 15.16 |
| CH-24　559.25MHz | 6.62 | 8.39 | 10.92 | 16.51 |

（2）光缆传输　光纤的损耗很小，在一定距离内不需放大；光纤的频率特性好，可不需要进行均衡处理。

（3）光缆 + 电缆传输　这是一种常见的混合传输方式，其特点是用光缆做主干线和支干线，在用户小区用电缆做树枝状的分配网络。

### 2. 干线传输设备

传输网络主要由光发射机、可调光衰减器、固定衰减器、光接收机、可调衰减器、电缆、光纤及放大器等组成。双向传输网络主要通过卫星、Cable、地面发射及 MMDS 等方式将节目传送到用户家中，回传可采用 HFC 回传通道、PSTN 和其他网络。

（1）放大器　放大器是有线电视系统中最重要的部件之一，如图 6-18 所示。放大器广泛用于系统的传输和用户分配网络，其作用是放大射频电视信号，把输入信号的电压或功率放大，提高信号电平，弥补系统中的电缆、分支器、分配器等无源器件对电视信号的衰减。

有线电视放大器大体上分为 3~4 级，在电缆传输系统中使用的放大器主要有干线放大器、干线分支（桥接）放大器和干线分配（分路）放大器，在光缆传输系统中要使用光放大器。各级宽频放大器都必须对高频和超高频信号有均匀的放大率和很小的信号交叉干扰。

1）首端宽频放大器，将信息放大，输出到各干线宽频放大器。

2）干线宽频放大器，将来自首端宽频放大器的信号放大，输往干线电缆。

图 6-18　放大器实物图

3）支线宽频放大器，将来自干线电缆的信号放大，输往分配电缆。

4）分配放大器，将来自分配电缆的信号放大，通过信号分配器输往用户。

在以下情况中使用有线电视分配放大器，有线电视信号源头信号不好，会导致图像有雪花点，不清晰；同一路有线电视分配网连接多台电视机，信号强度分配不足；客厅或房间有线电视信号经过多路分配后，信号严重衰减；宽带接入信息接收系统中使用放大器，可以减少信息误码率和提高接收速度。

放大器参数很多，主要参数有正向增益、反向增益等，见表 6-6。表中分割频率是指正向放大和反向放大的频率范围划定，需根据实际情况确定。

表6-6 双向干线放大器的主要参数

| 频率/MHz | 5 ~ 750 |
|---|---|
| 正向增益/dB | 30 |
| 反向增益/dB | 24 |
| 分割频率/MHz | 47 |
| 供电电源 | 220V/50Hz |

（2）光发射机和光接收机 光发射机和光接收机合称为光端机，它有单路和多路两类。单路光端机主要用于电视台机房与发射塔之间，多路光端机主要用于有线电视网。

1）光发射机。光发射机的作用是将前端来的射频电信号转变成光信号，并有效地把光信号送入传输光纤进行远距离传输。光发射机的外观和原理框图如图6-19所示。光发射机的参数涉及光特性参数、射频特性参数及一般特性参数，其主要参数见表6-7。

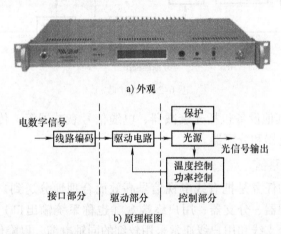

a) 外观

b) 原理框图

图6-19 1310nm 数字光发射机

表6-7 光发射机的主要参数

| | 测试项目 | 性能参数 |
|---|---|---|
| 光特性参数 | 光波长/nm | 1310 ± 20 |
| | 输出光功率/mW | 2，4，6，8，10，12，14，16，18，20，… |
| | 光电转换效率/（mW/mA） | ≥0.1（6mW），≥0.2（8 ~ 20mW） |
| | 光纤连接器类型 | FC/APC 或 SC/APC |
| 射频特性参数 | 频率范围/MHz | 47 ~ 860 |
| | 输入阻抗/Ω | 75 |
| | 输入反射损耗/dB | ≥16 |
| | 输入电平/dBμV | 80 ~ 85 |
| | 电平调节范围/dB | 7 |
| | 带内平坦度/dB | ±0.6 |

2）光接收机。光接收机的任务是以最小的附加噪声及失真，恢复出光纤传输后由光载波所携带的信息，因此光接收机的输出特性综合反映了整个光纤通信系统的性能。图6-20

是一种光接收机及其原理框图。判决器、时钟提取电路的作用是对信号进行再生。AGC 电路是改变接收机的增益，扩大接收机的动态范围。

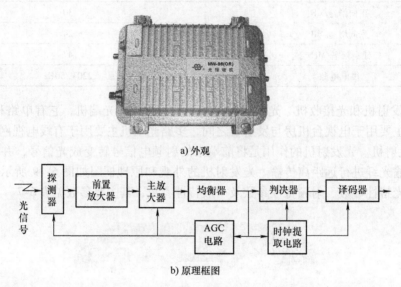

a) 外观

b) 原理框图

图 6-20　光接收机

（3）其他设备　其他设备包括光衰减器、电缆信号衰减器等。传输系统根据网络拓扑的不同，还常使用分支器和分配器。

### 6.2.4　用户分配子系统

用户分配子系统的任务是把有线电视信号高效而合理地分送到户。它一般由分配放大器、延长放大器、分配器、分支器、用户终端盒（也称系统输出口）以及连接它们的分支线、用户线等组成。分支线和用户线通常采用较细的同轴电缆，以降低成本和便于施工。

#### 1. 用户分配网络的形式

从分配放大器等输出的信号，要经过大量的分配器、分支器等无源器件分配到各个用户。一般的分配网络主要有下列四种形式，如图 6-21 所示。

1）分配—分配网络。这是一种全部由分配器组成的网络。它适用于平面辐射系统，多用于干线分配。它的分配损耗是各分配器的分配损耗和电缆损耗之和。通常采用两级分配器，每一级都可使用二分配器、三分配器和四分配器。

2）分支—分支网络。这是一种全部采用分支器组成的网络。这种网络中，把前面分支器的支线作为后面分支器的干线。需要注意的是，这里连成一串的分支器应选用分支损耗不同的分支器；越靠近输入端的分支损耗越大，插入损耗越小。这种方式的分配损耗较大，所能带动的用户比分配—分配网络要少，其优点是有的电视机不用时对系统影响较小，但在线路终端也要接 75Ω 负载，这种网络特别适用于用户网络不多，而且比较分散的情况。

3）分配—分支网络。这是一种由分配器和分支器混合组成的网络。先由分配器把一条干线分成若干条支线，每条支线上再串接若干分支器组成这种分配网络。这种分配方式集中了分配器分配损耗小和分支器不怕空载的优点，即能带动较多的用户，在实际的分配网络中都采用这种方式。

4）分配—分支—分配网络。这种网络是在分配—分支网络中每一个分支器后再加一个

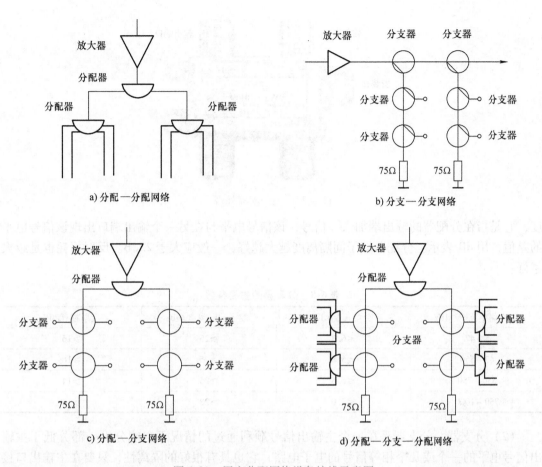

a) 分配—分配网络

b) 分支—分支网络

c) 分配—分支网络

d) 分配—分支—分配网络

图6-21 用户分配网络设备接线示意图

四分配器组成。这种方式的优点是带的用户更多,但要注意各用户终端尽量不要空载。

### 2. 用户分配设备

用户分配设备包括分配器、分支器、用户终端盒等。分配器和分支器是用来把信号分配给各条支线和各个用户的无源器件,要求有较好的相互隔离、较宽的工作频带和较小的信号损耗,以使用户能共同收看、互不影响并获得合适的电平。

（1）分配器

1）分配器的功能。分配器是有线电视传输系统中分配网络里最常用的部件,用来分配信号的部件。它的功能是将一路输入信号均等地分成几路输出,通常有二分配、三分配、四分配、六分配等,图6-22是三分配器外观。普通家庭有多台电视,可以用这种分配器。它可以将一路入户的有线信号分成多路信号输出到电视,输出信号相互隔离,不会发生串扰的现象。各路输出的信号对比输入信号会有一定的衰减,衰减也都相同。

2）分配器的类型。分配器的类型很多,有电阻型、传输线变压器型和微带型;室内型和室外型;VHF型、UHF型和全频道型。

3）分配器的主要性能指标。分配器的主要性能指标包括分配损耗、端子间隔离度、工作频率范围和反射损耗。分配器的主要参数见表6-8。分配损耗指分配器输入端信号电平与输出端信号电平的差,用dB表示。端子间隔离度也叫隔离损耗,即为端子之间的隔离程

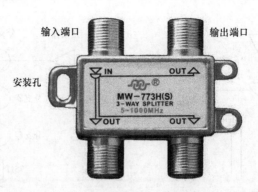

输入端口　　　　　　　　　输出端口

安装孔

图6-22　三分配器外观

度，它是指在分配器的输出端加入一信号，该信号电平与在另一个输出端口出现该信号电平的差值，用 dB 表示。分配器端子间隔离度越大越好，一般应大于 22dB。反射损耗也是越大越好。

表6-8　分配器的主要参数

| 工作频率范围/MHz | 分配损耗/dB | 端子间隔离度/dB | 反射损耗/dB |
| --- | --- | --- | --- |
| 5～47 | ≤6.3 | ≥25 | ≥16 |
| 47～550 | ≤5.8 | ≥25 | ≥16 |
| 550～750 | ≤6.5 | ≥25 | ≥14 |
| 750～1000 | ≤7.0 | ≥22 | ≥14 |

（2）分支器　分支器是在一个主输出信号顺利通过的情况下，能分出一部分低于主输出信号电平的一个或几个相等信号的电子电路，它也具有很好的隔离性，只要在主输出口接有标准阻抗的同轴电缆或终端匹配电阻，分支口开路或短路对输入口网络的影响不大，有线电视网络运用这个特性来连接用户终端主输入口。分支器外观如图6-23 所示。

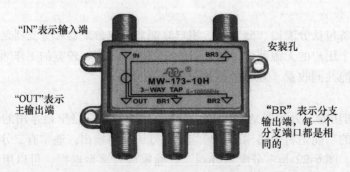

"IN"表示输入端　　　　　　　　　　　　安装孔

"OUT"表示
主输出端　　　　　　　　　　　　"BR"表示分支
输出端，每一个
分支端口都是相
同的

图6-23　分支器外观

1）分支器的类型。根据分支输出端口的多少将其称为一分支器、二分支器、三分支器或四分支器等。它的输出只有一个 OUT 口，其余为若干个 BR 口，OUT 口的衰减很小，为分支器与分支器之间的连接接口。BR 口的信号衰减较大，不可再作为分支器串联的干路连接，一般直接连接到终端。

2）分支器的主要性能指标。分支器的主要性能指标包括插入损耗、分支损耗、相互隔离和反射损耗等。分支器的主要参数见表6-9。

插入损耗表示接入分支器后主路干线的能量损失，其值为

$$L(\mathrm{dB}) = E_1(\mathrm{dB}) - E_2(\mathrm{dB})$$

式中，$E_1$ 为主路输入信号电平；$E_2$ 为主路输出信号电平。

分支损耗表示分支输出端从干线耦合能量的多少，即主路输入与分支输出端的电平差。表6-9中，10H、12H等表示分支损耗为10dB、12dB等。

分支器的隔离有反向隔离和相互隔离。反向隔离为分支输出端加入的信号电平与在主路输出端该信号电平之差，用 dB 表示。它是表示主路输出端相互影响的指标。这个值越大，表示隔离越好，抗干扰越强。相互隔离是表示分支输出端之间相互影响程度的指标，即在某一分支输出端加入的信号电平与同一分支器其他分支输出端该信号电平之差，常用 dB 表示，值越大，表示该分支器各分支输出端之间影响越小。

表 6-9　分支器的主要参数

| 项目 | 频率范围 | 型号/规格 MW-173- | | | | | | | |
|---|---|---|---|---|---|---|---|---|---|
| | | 10H | 12H | 14H | 16H | 18H | 20H | 22H | 24H |
| 插入损耗/dB | 5～47MHz | ≤3.5 | ≤3.2 | ≤2.5 | ≤1.8 | ≤1.5 | ≤1.2 | ≤1.2 | ≤1.0 |
| | 47～550MHz | ≤3.5 | ≤3.5 | ≤2.7 | ≤2.0 | ≤1.8 | ≤1.5 | ≤1.5 | ≤1.2 |
| | 550～750MHz | ≤3.8 | ≤3.5 | ≤2.7 | ≤2.0 | ≤1.8 | ≤1.5 | ≤1.5 | ≤1.2 |
| | 750～1000MHz | ≤4.2 | ≤3.8 | ≤3.0 | ≤2.5 | ≤2.0 | ≤1.8 | ≤1.8 | ≤1.5 |
| | 5～1000MHz | ±1.5 | | | | | | | |
| 反向隔离/dB | 5～47MHz | ≥23 | ≥25 | ≥27 | ≥29 | ≥30 | ≥30 | ≥30 | ≥30 |
| | 47～550MHz | ≥23 | ≥23 | ≥25 | ≥27 | ≥28 | ≥28 | ≥28 | ≥28 |
| | 550～750MHz | ≥23 | ≥23 | ≥25 | ≥27 | ≥28 | ≥28 | ≥28 | ≥28 |
| | 750～1000MHz | ≥21 | ≥21 | ≥23 | ≥25 | ≥25 | ≥25 | ≥25 | ≥25 |
| 相互隔离/dB | 5～47MHz | ≥25 | | | | | | | |
| | 47～550MHz | ≥28 | | | | | | | |
| | 550～750MHz | ≥25 | | | | | | | |
| | 750～1000MHz | ≥22 | | | | | | | |
| 反射损耗/dB | 5～47MHz | ≥14 | | | | | | | |
| | 47～550MHz | ≥16 | | | | | | | |
| | 550～750MHz | ≥14 | | | | | | | |
| | 750～1000MHz | ≥14 | | | | | | | |

3）分支器与分配器的区别。分配器能把有线电视信号分成相等的几路，这是它的分配特性。而每个输出口的信号都可以传入输入端，但几乎不能传输到其他输出端，这是它的隔离特性。只有在各输出口都接有标准阻抗的同轴电缆或终端负载75Ω 的前提下，分配器输入口才呈现与标称阻抗相等的输入阻抗，这是它的匹配特性。分配器的分配、隔离特性只有在各输出口负载匹配（75Ω）的情况下才能成立。在使用时，如任何一个输出口出现短路或开路现象，以上三个特性将发生大的变化，引起强烈的信号反射，用户的信号质量大大下降。为了防止出现此故障，有线网中接用户一般不使用分配器，以避免用户插拔信号线引起上述问题。分支器可以在主输出信号顺利通过的情况下，分出

一部分信号，这是它的分支特性。它也具有和分配器相似的隔离特性，但它只要求在主输出口接有标准阻抗的同轴电缆或匹配电阻，分支口开路或短路对输入口阻抗和网络传输影响不大，特别是分支大于18dB时，这种影响基本可以忽略。我们正是利用分支器的这个特性来连接各用户输入口的。

由于分支器有较高的相互隔离度和反射损耗，故常用在干-支线上，而分配器的相互隔离度和反射损耗比较低，则在用户分配系统上比较多见。

分支器与分配器最大的区别就在于输出到电视的输出口不同，分支器输出到电视的是BR输出口，而分配器是OUT输出口。分支器的OUT输出口是输出给需要接分支、分配器用的输出口，因为分支器的OUT输出口的衰减很小，所以作为干路的分支设备，使后面串联线路中的电视信号衰减减小，配合干路放大器使整个线路中的信号均衡。

分支器可以连级接，而分配器则不能连级接，因为分配器连级接衰减大。放大器后接一个分配器到电视，若需要两个以上分配器才能到电视的，中间用分支器。

### 3. 用户终端面板

用户终端面板是有线电视系统与用户电视机之间的接口。按输出口数目，用户终端面板分为单输出口（TV）、双输出口（TV、FM）、双向一体化数码输出口（TV、DP）等，如图6-24所示。用户终端面板的主要参数见表6-10。

a) 单输出口，只输出射频电视信号

b) 双向一体化数码输出口，
分别输出射频电视信号和数据信号

c) 双输出口，分别输出射频
电视信号和调频广播信号

图 6-24　用户终端面板

表 6-10　用户终端面板的主要参数

| 项目 | | 频率范围 | 性能参数 |
|---|---|---|---|
| 插入损耗/dB | IN-TV | 5～35MHz | ≥45 |
| | | 35～65MHz | ≥35 |
| | | 87～1000MHz | ≤8.0 |
| | IN-DP | 5～1000MHz | ≤8.0 |
| | IN-OUT | 5～750MHz | ≤4.0 |
| | | 750～1000MHz | ≤4.5 |
| 相互隔离/dB | | 87～750MHz | 26 |
| | | 750～1000MHz | 22 |
| 反向隔离/dB | | 5～750MHz | 25 |
| | | 750～1000MHz | 22 |
| 反射损耗/dB | IN、DP、TV | 5～1000MHz | ≥16 |
| 平坦度/dB | | 5～1000MHz | ±1.5 |

### 4. 其他设备

如果入户信号不强，分配给多个电视后，由于分配器会产生对信号衰减的副作用，电视画面会出现较大的雪花。这时可以在分配器前加一个放大器，增强信号增益，减少画质劣化。即使不使用分配器，也可以使用放大器放大信号。

## 6.2.5 有线电视系统设计实例

### 1. 设计对象及需求分析

设计对象是某大型五星级酒店的卫星数字有线电视系统。按照五星级酒店的标准，该酒店建设独立的卫星数字有线电视系统，传输 66 套以上电视节目，其中 30 套当地数字电视节目，30 套国内卫星电视节目和 5 套境外卫星免费电视节目（也可以根据需要上卫星收费电视节目），1 套 DVD 自办节目，集中在一根同轴电缆上传输到酒店各房间（房间不受限制），房间内不需配备其他设备就可以直接收看。

采用 860MHz 频率带宽设计，双向干线网络设计，铺设的为双向干线放大器，保证了今后网络的升级使用。

### 2. 设计依据

1）GB/T 50200—1994《有线电视网络工程设计标准》。

2）GY/T 143—2000《有线电视系统调幅激光发送机和接收机入网技术条件和测量方法》。

### 3. 本系统设计技术指标

系统传输带宽：860MHz；

系统前端信号输出值：（85±10）dBuV；

用户终端电平值：（80±5）dBuV；

载噪比（C/N）：≥44dB；

交扰互调比（CM）：≥47dB；

载波互调比（IM）：≥58dB。

### 4. 系统设计方案

卫星有线电视系统设计方案（部分）如图 6-25 所示。系统采用材料清单（部分）见表 6-11。

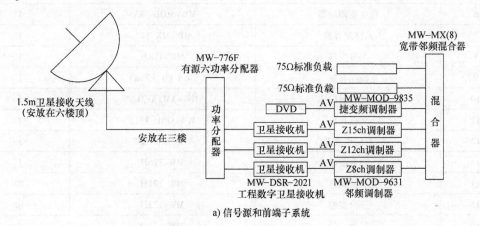

图 6-25 某酒店卫星有线电视系统图（部分）

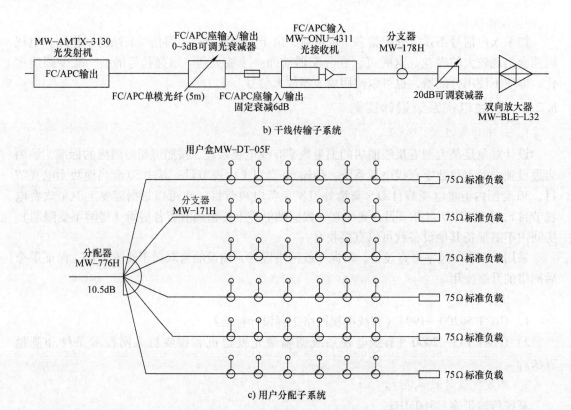

b) 干线传输子系统

c) 用户分配子系统

图6-25　某酒店卫星有线电视系统图（部分）（续）

表6-11　卫星有线电视系统材料清单

| 序号 | 产品名称 | 产品型号 | 数量 |
|---|---|---|---|
| 1 | 1.5m卫星接收天线 | Ku | 1 |
| 2 | 高频头 | C | 1 |
| 3 | 六功率分配器 | MW-776F | 1 |
| 4 | 工程数字卫星接收机 | MW-DSR-2021 | 3 |
| 5 | 邻频调制器 | MW-MOD-9631 | 3 |
| 6 | 捷变频调制器 | MW-MOD-9835 | 1 |
| 7 | 八路混合器 | MW-MX（8） | 1 |
| 8 | 八分支器 | MW-178H | 1 |
| 9 | 液晶电视 | 14in（0.356m） | 1 |
| 10 | 光发射机 | MW-AMTX-3130 | 1 |
| 11 | 光接收机 | MW-ONU-4311 | 1 |
| 12 | 双向放大器 | MW-BLE-L32 | 3 |
| 13 | 六分配器 | MW-776H | 1 |
| 14 | 一分支器 | MW-171H | 10 |
| 15 | 二分支器 | MW-172H | 10 |
| 16 | 三分支器 | MW-173H | 10 |

（续）

| 序号 | 产品名称 | 产品型号 | 数量 |
|---|---|---|---|
| 17 | 四分支器 | MW-174H | 10 |
| 18 | 用户盒类（TV/DT） | MW-DT-05F | 27 |
| | | | |

信号源子系统：一是采用三个卫星接收天线；二是接入当地有线电视系统；三是酒店 DVD 自办节目。

前端子系统：三个卫星信号经各自的功率分配器提供给工程卫星接收机，然后输入到各自的调制器；当地有线电视系统经分支器提供给各自的调制器；酒店自办节目提供给调制器。这些调制器的输出信号最终汇集到一个混合器，提供给光发射机。

干线传输子系统：采用 HFC 系统即光缆＋电缆，干线采用光缆，使用常用的单模光纤。系统电缆全部选用 C-F 系列物理发泡聚乙烯绝缘同轴电缆，各楼层分支分配系统水平电缆采用-7 电缆，用户终端电缆采用-5 电缆。

用户分配子系统：采用分配—分支网络形式。

◀ 思考与练习 ▶

6-1　说明数字有线电视系统的简单构成。

6-2　信号源子系统由哪几部分组成？

6-3　如何调试卫星接收天线？

6-4　前端子系统由哪几部分组成？

6-5　说明功率分配器的作用。

6-6　说明卫星接收机的作用。

6-7　说明邻频调制器的作用。

6-8　说明混合器的作用。

6-9　干线传输子系统由哪几部分组成？

6-10　光功率计的面板按键各起什么作用？

6-11　如何调试放大器？

6-12　用户分配子系统由哪几部分组成？

6-13　分配器和分支器的区别是什么？

6-14　如何选用分配器和分支器？

# 参 考 文 献

[1] 付保川. 建筑信息化应用系统［M］. 北京：中国建筑工业出版社，2021.

[2] 李学华，吴韶波，杨玮，等. 通信原理简明教程［M］. 4 版. 北京：清华大学出版社，2020.

[3] 毛京丽，等. 现代通信网［M］. 4 版. 北京：北京邮电大学出版社，2021.

[4] 段标. 网络布线与小型局域网搭建［M］. 3 版. 北京：电子工业出版社，2016.

[5] 汪双项，姚羽. 网络互联技术与实践教程［M］. 2 版. 北京：清华大学出版社，2016.

[6] 黎连业. 网络综合布线系统与施工技术［M］. 4 版. 北京：机械工业出版社，2011.

[7] 储钟圻. 现代通信新技术［M］. 3 版. 北京：机械工业出版社，2013.

[8] 于宝明，王均铭. 通信技术基础［M］. 大连：大连理工大学出版社，2011.

[9] 朱正明. 通信网络技术［M］. 天津：天津大学出版社，2010.

[10] David Groth，Jim McBee. 网络布线从入门到精通［M］. 王启斌，等译. 北京：电子工业出版社，2001.

"十二五"职业教育国家规划教材 修订版

国家级精品资源共享课配套教材

# 通信网络与综合布线

## 第 2 版

# 实训任务

主　编　陈　红

副主编　周韵玲　齐向阳

参　编　贾晓宝　高　熹

机械工业出版社

# 目　录

# 第1篇

# 局域网组网训练任务

本篇围绕小型局域网组建，规划局域网组网相关的七个实训任务：双绞线制作，组建对等局域网，WLAN组网，网络操作系统的安装与配置，小型局域网组网与管理，以太网交换机的配置，防火墙的操作与配置。循序渐进训练局域网的组网能力，以期实现"以学生为中心"的教学理念，学以致用，通过局域网组网实践，使学生理解网络体系结构和TCP/IP，熟悉局域网组网设备，掌握局域网组网技术，熟悉局域网安全技术与策略。

## 任务1　双绞线制作

### 【任务描述】

按照T568A或T568B标准，采用超五类非屏蔽双绞线（UTP 5e）制作网线，并用综合布线验证测试仪测试所制作网线。

### 【实操要求】

双绞线制作

1. 识别4对双绞线的色标。
2. 正确压接RJ45水晶头。
3. 会使用综合布线验证测试仪测试网线。

### 【知识准备】

#### 1. T568A与T568B标准

T568A和T568B是指用于8针配线（最常见的就是RJ45水晶头）模块插座/插头的两种颜色代码。按国际标准共有四种线序：T568A、T568B、USOC（8）、USOC（6）。一般常用的是前两种。双绞线中共有四对互相缠绕的绝缘线：绿对、蓝对、橙对、棕对，简单来说，这个技术规范就是为结构化布线的插头和插座定义配线图。图1-1为美国EIA/TIA（电子工业协会/电信工业协会）制定T568A和T568B标准的配线线序示意图。当把RJ45接头插入方向朝上，金属引脚面朝自己时，由左至右的引脚定义为1、2、…、8号，T568A标准双绞线各线对与RJ45水晶头引脚的对应关系如图1-2所示。

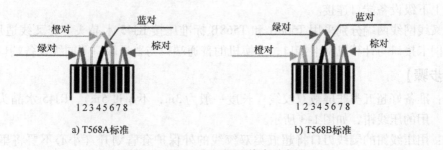

图1-1　T568A和T568B线序示意图

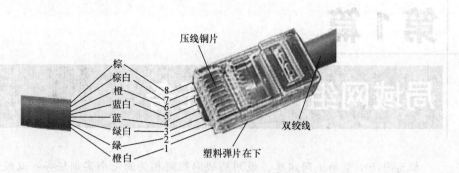

图1-2　T568A 标准双绞线各线对与 RJ45 水晶头引脚的对应关系

常见的 10Base－T/100Base－TX 局域网 RJ45 引脚的定义见表1-1，由引脚定义可以看出，在 10Base－T/100Base－TX 网络中，RJ45 引脚中仅 1、2、3、6 四个引脚用于计算机之间通信，其他引脚都闲置。

表1-1　10Base－T/100Base－TX 局域网 RJ45 引脚的定义

| 引脚号 | 名称 | 说　明 |
|---|---|---|
| 1 | TX + | Tranceive Data +（发送端高电平） |
| 2 | TX － | Tranceive Data －（发送端低电平） |
| 3 | RX + | Receive Data +（接收端高电平） |
| 4 | n/c | Not connected（不使用） |
| 5 | n/c | Not connected（不使用） |
| 6 | RX － | Receive Data －（接收端低电平） |
| 7 | n/c | Not connected（不使用） |
| 8 | n/c | Not connected（不使用） |

当两台计算机相连时，由于网卡引脚定义都遵循以上规定，因此使用交叉线缆正好使一台计算机网卡的发送端连接到另一台计算机网卡的接收端，满足正常通信的要求。

路由器就是具有多个网络接口的一类特殊的计算机，端口引脚定义与计算机一致。集线器和交换机接口内已经进行1、3引脚和2、6引脚的交叉。因此，当把计算机或路由器与之相连时，使用直通线缆正好满足通信要求。

2. 平行线与交叉线

平行线又称直通线，网线两端均采用相同标准，即都为 T568A 或者都为 T568B。平行线适用的场合：计算机网卡接口与交换机的普通端口，交换机的 UPLINK 口与交换机的普通端口等上下级设备端口连接。

交叉线网线两端分别采用 T568A 和 T568B 标准压接 RJ45 水晶头。交叉线适用的场合：计算机网卡接口与计算机网卡接口，交换机的普通端口与普通端口等同级设备端口连接。

【操作步骤】

步骤一：准备好超五类非屏蔽双绞线（长度一般为 3m，不超过 5m）、RJ45 水晶头和一把专用的压线钳，如图1-3 所示。

步骤二：用压线钳的剥线刀口将超五类双绞线的外保护套管划开（小心不要将里面的双绞线的绝缘层划破），刀口距超五类双绞线的端头至少 20mm，如图1-4 所示。

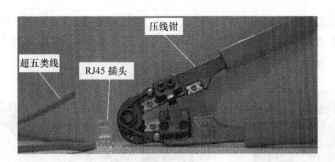

图 1-3　准备器材和工具

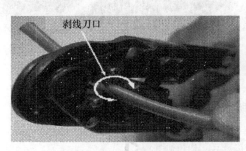

图 1-4　剥线

步骤三：根据所选用布线标准和线对颜色，将 8 根导线按规定的序号排好，如 T568B 标准线序是橙白、橙、绿白、蓝、蓝白、绿、棕白、棕，并整理平整，如图 1-5 所示。

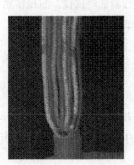

图 1-5　排序理线

步骤四：用压线钳的剪线刀口将 8 根导线剪断。请注意：伸出保护套管外芯线长度为 12 ~ 13mm，一定要剪得很整齐，如图 1-6 所示。

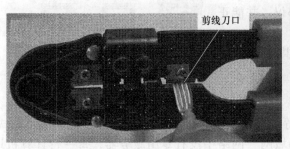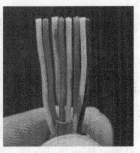

图 1-6　剪线

步骤五：将 8 根芯线沿水晶头内的线槽插入，直到线槽底部，请注意：导线插入 RJ45 水晶头位置正确，套管深入 RJ45 水晶头后端至少 6mm，用压线钳压紧 RJ45 水晶头，如图 1-7 所示。

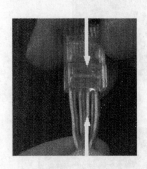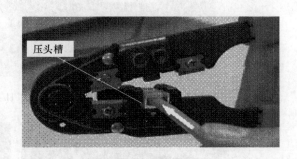

压头槽

图 1-7　压线

步骤六：用同样的方法将双绞线的另一头接入 RJ45 水晶头。

步骤七：用综合布线验证测试仪测试所制作网线的正确性和导通性。

思考问题

1. 简述 T568A、T568B 标准的区别。

2. 直通双绞线与交叉双绞线有何不同？交叉双绞线适用于什么场合？

3. 使用综合布线验证测试仪，测试按照 T568B 标准制作的网线的导通性时，如果 1、4 指示灯不亮，这应该是哪两种颜色的线没有连通？

# 任务 2　组建对等局域网

【任务描述】

使用非屏蔽双绞线和集线器或交换机组建最简单的对等局域网，如图 1-8 所示，实现资源共享。此网络中没有专用服务器，每一台计算机地位平等，既可充当服务器又可充当客户机。

【实操要求】

1. 认识交换机，学会级联交换机。

2. 学会选用合格网线，正确连接交换机和工作站。

3. 学会添加工作站的网络协议，并能正确设置 TCP/IP 参数。

4. 会测试网络的连通性，会共享资源。

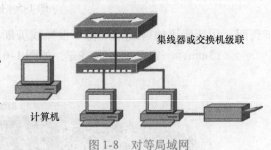

集线器或交换机级联

计算机

图 1-8　对等局域网

【知识准备】

1. 局域网工作模式

当前，局域网工作模式有对等局域网、专用服务器网、C/S 模式网和 B/S 模式网四种。

（1）对等（Peer-to-Peer）局域网　网络中没有专用服务器，每一台计算机地位平等，接入网络的计算机都是服务器，也是工作站。

对等网上的计算机可以实现相互访问、文件交换和共享其他计算机上的打印机、光驱等硬件设备。对等局域网结构简单，每台计算机都需要单独管理和设置，安全性和效率较差。

（2）专用服务器（Server-Based）网　网络中工作站可以共享服务器文件、应用程序、网络操作系统，各工作站之间也能互访。Netware 网络操作系统是工作于专用服务器局域网的典型代表。

（3）C/S（Client/Server）模式网　网络中服务器用来管理、控制网络运行，客户机可共享服务器中的软、硬件资源，并且可直接访问其他客户机。Windows Server 网络操作系统是工作于客户机/服务器局域网的典型代表。

C/S 模式网上的客户机/服务器必须配置完全相同的协议，客户机只有在服务器上建立自己的账户，才能成为服务器资源的用户，网络安全性好。

C/S 模式网的计算机数量一般控制在 200 台以下，但其中必须有一台是服务器，能提供资源共享、文件传输、网络安全和管理功能；必须有专用的网络操作系统。C/S 模式网如图 1-9 所示。

（4）B/S（Brower/Server）模式网　网络中客户机上只要安装一个浏览器（Browser），如 Netscape Navigator；服务器（Server）安装 Oracle、Sybase、Informix 或 SQL Server 等数据库。浏览器

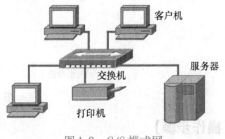

图 1-9　C/S 模式网

通过 Web Server 同数据库进行数据交互（无需网络操作系统）。

2. 局域网组网设备

对等局域网组网设备包括工作站、网络接口卡、RJ45 直通工作跳线及交换机等。

3. 交换机的级联与堆叠

（1）级联（Uplink）　交换机的级联指使用线缆将 2 台以上的交换机连接在一起，以扩充网络端口，延伸网络范围。交换机之间的级联有两种方式：使用级联端口连接和普通端口连接，如图 1-10 所示。

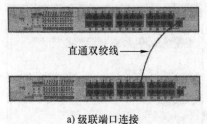

直通双绞线 →

a）级联端口连接

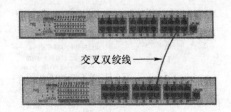

交叉双绞线 →

b）普通端口连接

图 1-10　交换机的级联

有些交换机配有专门的级联（Uplink）端口，级联端口是专门用于与其他交换机连接的端口，用一根直通双绞线跳线一端连接一台交换机的级联端口，另一端连接另一台交换机的普通端口，就可以完成两台交换机的级联，如图 1-10a 所示。

此外，使用一根交叉双绞线跳线将两台交换机的普通 RJ45 端口连接起来，也能实现两台交换机的级联。

有的中高档交换机上没有设置级联端口，这种交换机的端口具有自动适应网线的能力。因此，使用直通线或交叉线连接两台交换机的普通 RJ45 端口，均可实现两台交换机的级联。

（2）堆叠　交换机的堆叠（STACK）是指将一台以上的交换机用专门的堆叠模块和堆叠连接电缆连接起来。多台交换机堆叠在一起可以看成一台交换机，简化了网络管理，同时堆叠的交换机基于总线技术，交换机之间的带宽远大于级联交换机之间的带宽。交换机堆叠模式有星形和菊花链两种模式，星形堆叠有一台堆叠主机，如图 1-11a 所示；菊花链堆叠用专门的堆叠电缆级联交换机的堆叠端口，如图 1-11b 所示。

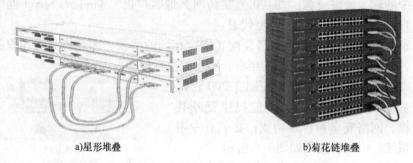

a)星形堆叠　　　　　　　　　　　　b)菊花链堆叠

图 1-11　交换机堆叠

【操作步骤】

步骤一：选择或制作正确的网线，按图 1-8 所示结构，至少使用 2 台交换机，实现 2 台 PC 互联。

步骤二：观察网卡指示灯，判断连接是否正常，如果不正常，检测线缆、排除故障，直到连接正常。

步骤三：分别在两台工作站中添加 Internet 协议（TCP/IP），正确设置 IP 地址，如图 1-12 所示。

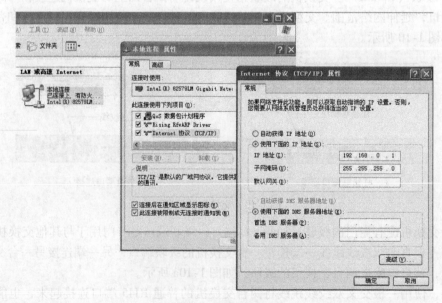

图 1-12　设置 TCP/IP

步骤四：使用 ping 命令检测两台工作站的连通性。

单击计算机"开始"→"运行"，输入"cmd"命令，弹出 DOS 命令窗。

输入"ping"命令，ping 本机网卡 IP，如 ping 192.168.0.1（检测本机网络配置是否正常）。

ping 另一台计算机的 IP，检测网线、网卡连接是否正常。

步骤五：设置网络共享，新建共享文件夹，直至在"网上邻居"中显示出两台工作站，能查收共享文件。

## 思考问题

1. 对等局域网有什么特点？
2. 将两台交换机相连的方法有哪两种？二者之间的核心区别是什么？
3. 什么是 MAC 地址，你通过什么方法获知主机的 MAC 地址？
4. 记录本次组建局域网中各计算机的 MAC 地址及其配置的 IP 地址，记入表 1-2 中。

表 1-2　局域网工作站的 IP 地址和 MAC 地址

| 计算机 | IP 地址 | 子网掩码 | MAC 地址 |
| --- | --- | --- | --- |
| PC1 | | | |
| PC2 | | | |

# 任务 3　WLAN 组网

## 【任务描述】

利用两台无线路由器（AP-A 和 AP-B）建立应用网络环境，模拟实现办公楼 A 和办公楼 B 两个局域网的无线桥接服务。通过对无线路由器及计算机的连接与配置，组建如图 1-13 所示的 WLAN 网络。将局域网计算机和无线路由器 AP 配置在同一个网段内，配置无线网桥 AP 的连接属性，两台计算机通过无线网桥 AP 实现网络连接和资源共享。

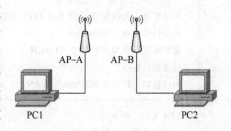

图 1-13　WLAN 组网

## 【实操要求】

1. 会选择合格网线，正确连接 PC 和无线路由器，组建 WLAN。
2. 会设置无线路由器的无线网桥参数。
3. 会设置 PC 的 TCP/IP 参数。
4. 会排除网络连接故障，验证 WLAN 的连通性。

## 【知识准备】

### 1. WLAN

无线局域网（Wireless LAN，WLAN）是不使用任何导线或传输电缆连接的局域网，由无线接入点（AP）、无线网卡及其计算机或有关设备组成。无线接入点包括无线交换机、无线路由器和无线网桥等。WLAN 的传送距离一般只有几十米，其主干网路通常使用有线电缆（Cable），无线用户通过一个或多个无线接入点接入主干。WLAN 现在已经广泛地应用在商务区、大学、机场及其他公共区域。无线局域网最通用的标准是 IEEE 定义的 802.11 系列标准。

WLAN 具有灵活性和移动性、安装便捷、易于进行网络规划和调整、故障定位容易以及易于扩展等优势。无线局域网在能够给网络用户带来便捷和实用的同时，也存在一些缺陷。

1）性能。无线局域网是依靠无线电波进行传输的，这些电波通过无线发射装置进行发射，而建筑物、车辆、树木和其他障碍物都可能阻碍电磁波的传输，所以会影响网络的性能。

2）速率。无线信道的传输速率与有线信道相比要低，只适合于个人终端和小规模网络应用。

3）安全性。本质上无线电波不要求建立物理的连接通道，无线信号是发散的。从理论上讲，很容易监听到无线电波广播范围内的任何信号，造成通信信息泄漏。

### 2. WDS

无线网桥（Wireless Distribution System，WDS）即无线分布系统，它建构在跳频扩频（FHSS）与直接序列扩频（DSSS）通信方式下，具有较强的保密性与抗干扰性，可让无线基站 AP-A 与基站 AP-B 之间得以沟通。无线路由器 WDS 的天线具备中继器的功能，可实现多台基站对一台基站，组建星型无线局域网。

TP-LINK TL-WR842N 是一款无线路由器，外置全向天线，支持 WDS 无线桥接。频率范围是单频（2.4~2.4835GHz），支持 IEEE802.11n/g/b 网络标准，最高传输速率为 300Mbit/s。

### 3. 技术参数

TP-LINK TL-WR842N 主要性能和功能参数见表 1-3。

表 1-3  TP-LINK TL-WR842N 主要性能和功能参数

| 主要性能 | 产品类型：SOHO 无线路由器<br>网络标准：无线标准 IEEE 802.11n、IEEE 802.11g、IEEE 802.11b；有线标准 IEEE 802.3、IEEE 802.3u<br>最高传输速率：300Mbit/s<br>频率范围：单频（2.4~2.4835GHz）<br>信道数：1~13<br>网络接口：1 个 10/100Mbit/s WAN 口，4 个 10/100Mbit/s LAN 口 |
|---|---|
| 功能参数 | VPN 支持：不支持<br>防火墙功能：内置防火墙<br>WDS 功能：支持 WDS 无线桥接<br>无线安全：无线 MAC 地址过滤<br>无线安全功能开关<br>64/128/152 位 WEP 加密<br>WPA-PSK/WPA2-PSK、WPA/WPA2 安全机制<br>QSS 快速安全设置<br>网络管理：流量统计<br>系统安全日志<br>远程 Web 管理<br>配置文件导入与导出<br>TFTP 软件升级 |

【操作步骤】

步骤一：无线局域网组网。

按照图 1-20 的要求，接线连接计算机网络。

步骤二：规划 IP 地址。

规划无线网桥 AP-A、AP-B，计算机 PC1、PC2 的 IP 地址，见表 1-4。

表 1-4 无线局域网设备 IP 地址规划

| 序号 | 设备名称 | 描述 | IP 地址 | 子网掩码 |
|---|---|---|---|---|
| 1 | AP-A | 无线网桥 | 192.168.1.1 | 255.255.255.0 |
| 2 | AP-B | 无线网桥 | 192.168.1.2 | 255.255.255.0 |
| 3 | PC1 | 计算机 | 自动获取 | 自动获取 |
| 4 | PC2 | 计算机 | 自动获取 | 自动获取 |

步骤三：配置无线网桥 AP-A 的网络属性。

1）设置计算机 PC1 的 IP 地址为自动获取。

2）打开 PC1 的 IE 浏览器，输入 http://192.168.1.1，登录无线路由器 AP-A 的 Web 管理界面，如图 1-14 所示。首次登录，设置密码（如 admin）后单击"→"。

3）上网设置。提示"WAN 口无连接，请检查网线是否已接好"，如图 1-15 所示，关闭此提示。"上网方式"选择为"固定 IP 地址"；输入固定 IP（如 10.100.0.1）、子网掩码、网关、首选 DNS 服务器等，如图 1-16 所示，单击"→"。

图 1-14 无线 AP-A 的 Web 管理界面

图 1-15 设置时的提示信息

图 1-16 无线路由器 AP-A 的上网设置

4）无线设置。设置无线名称（如 20znh）、无线密码（如 admin123），如图 1-17 所示，单击"→"，然后单击"确定"，完成路由器的"常规设置"。

5）进入无线路由器"连接设备管理"界面，可看到连接路由器的本计算机名及其 IP

地址，也可以查看常规设置"上网设置""无线设置"等，如图1-18所示。

图1-17　无线设置

图1-18　无线路由器"常规设置"

6）单击路由器Web界面右上角"高级设置"，配置路由器的"网络参数"→"DHCP服务器"，并启用DHCP服务器，如图1-19所示，单击"保存"。

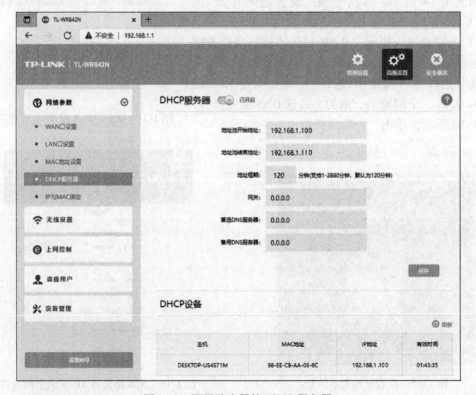

图1-19　配置路由器的DHCP服务器

7）单击"无线设置"，如图1-20所示，选择要桥接的主路由器（另一台路由器AP-B），完成无线网络组网。

图 1-20　无线 AP-B 操作模式选择界面

**提示：**

另一台路由器 AP-B 连接计算机 PC2，其配置步骤与路由器 AP-A 配置步骤 1）~5）相同，不同的是第 6）步"高级设置"，配置路由器的"网络参数"方法如下：

1）修改"LAN 口设置"，将路由器 AP-B 的 LAN 口 IP 地址修改为 192.168.1.2，单击"保存"。路由器将重启，计算机 PC2 将以路由器 AP-B 新设置的 IP 地址 192.168.1.2 登录其 Web 界面。

2）配置路由器 AP-B 的 DHCP 服务器，地址范围如 192.168.1.120 ~ 192.168.1.130（注意：此地址范围不能与路由器 AP-A 的 DHCP 服务器地址范围重叠）。

**步骤四：PC1 与 PC2 连通测试**

1）在 PC1 中，运行"cmd"命令，进入 DOS 命令控制台操作，ping 计算机 PC2 的网络 IP 地址（在网络连接状态中，查询本机自动获取的 IP 地址），应能够正常通信。

2）计算机 PC1 设置共享文件夹（存放需要共享的文件），计算机 PC2 通过搜索，查找到 PC1，并能打开其共享文件夹，提取共享文件。

**◀ 思考问题 ▶**

1. 什么是网桥？简述无线网桥的配置过程。
2. 试述 IEEE 802.11g 标准对无线通信速率的规定。
3. 试按照图 1-20 组建无线局域网，按照表 1-5 指定无线网桥 IP 地址，配置无线路由器，记录 PC1 和 PC2 自动获取的 IP 地址与子网掩码。实现两台计算机 PC1、PC2 的文件共享。

表 1-5　无线局域网设备 IP 地址规划

| 序号 | 设备名称 | 描述 | IP 地址 | 子网掩码 |
|------|----------|------|---------|----------|
| 1 | AP-A | 无线网桥 | 192.168.2.1 | 255.255.255.0 |
| 2 | AP-B | 无线网桥 | 192.168.2.2 | 255.255.255.0 |
| 3 | PC1 | 计算机 1 | 自动获取 | 自动获取 |
| 4 | PC2 | 计算机 2 | 自动获取 | 自动获取 |

4. 采用 1 台无线路由器，如图 1-21 所示，组建局域网。按照表 1-6 配置无线路由器的 WAN 口和 LAN 口地址，规划、配置并记录 2 台计算机的 IP 地址，实现两个局域网段的互联，实现两台计算机互 ping 和文件共享。

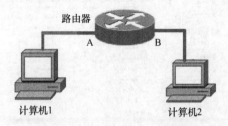

图 1-21　路由器配置与组网

表 1-6　局域网 IP 地址规划

| 设备 | 描述 | IP 地址 | 子网掩码 |
|------|------|---------|----------|
| 路由器 A 口 | WAN 口 | 10.100.0.1 | 255.255.0.0 |
| 路由器 B 口 | LAN 口 | 192.168.1.1 | 255.255.255.0 |
| PC1 | 计算机 1 | | |
| PC2 | 计算机 2 | 自动获取 | 自动获取 |

# 任务4　网络操作系统的安装与配置

## 【任务描述】

连接客户计算机、交换机和服务器构成简单局域网，如图 1-22 所示。使用系统安装光盘完成 Windows Server 网络服务器操作系统的安装。要求：对硬盘进行合理分区；按照规划修改计算机名、用户名和密码。

角色：客户端主机
IP地址：192.168.1.100/24
操作系统：Windows 8

角色：独立服务器
主机名：Win2012-1
IP地址：192.168.1.10/24
操作系统：Windows Server 2012 R2
工作组名：Workgroup

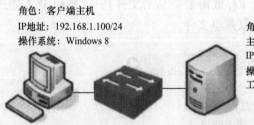

图 1-22　简单局域网构成

## 【实操要求】

1. 正确选择硬盘分区文件格式，学会对计算机硬盘进行合理分区。
2. 学会通过光盘安装 Windows Server 操作系统。

## 【知识准备】

1. 网络操作系统对硬件的要求

Windows Server 安装系统前，需要确认服务器的硬件条件。Windows Server 2012 R2 操作系统对计算机系统及硬件环境要求见表 1-7。

表 1-7 Windows Server 2012 R2 计算机系统及硬件环境需求

| 硬件环境 | 要求 |
|---|---|
| 计算机最低系统 | 处理器：1.4GHz 64 位，RAM：512MB，磁盘空间：32GB |
| 计算机设备 | DVD 驱动器，超级 VGA（800×600 像素）或更高分辨率的显示器、网卡、键盘和鼠标 |
| 规划分区 | Windows Server 2012 R2 要求必须安装在 NTFS 格式的分区上，全新安装时直接按照默认设置，格式化磁盘即可。系统分区剩余空间必须大于 32GB，建议将 Windows Server 2012 R2 目标分区设置为 60GB 或更大 |

（1）Windows Server 2012 R2 的特点　Windows Server 2012 R2 是基于 Windows 8.1 以及 Windows RT 8.1 界面的新一代 Windows Server 操作系统，提供企业级数据中心和混合云解决方案，易于部署，具有成本效益，以应用程序为重点，以用户为中心。

（2）Windows Server 2012 R2 的版本　Windows Server 2012 R2 有 4 个版本，分别是基础版、标准版、精华版和数据中心版，各自特点见表 1-8。

表 1-8 Windows Server 2012 R2 4 个版本比较

| 版本 | 基础版 | 标准版 | 精华版 | 数据中心版 |
|---|---|---|---|---|
| 英文名称 | Foundation Edition | Standard Edition | Essentials Edition | Datecenter Edition |
| 特点 | 这是最低级别的版本，主要参数都很受限。所支持的处理器芯片不超过 1 个，内存最大为 32GB，用户数最多为 15 个，远程桌面连接限制为 20 个，不支持虚拟化，不能作为虚拟机主机 | 旗舰版，可用于构建企业级云服务器。能够充分满足企业组网要求，既可以作为多用途服务器，又可以作为专门服务器。其所支持的处理器芯片不超过 64 个，内存最大为 4TB，用户数不受限制，但是最多仅支持 2 个虚拟机，不适合虚拟化环境 | 适合小型企业及部门级应用的版本。精华版可以支持一个虚拟机或一个物理服务器，但两者不可以同时使用。其所支持的处理器芯片不超过 2 个，内存最大为 64GB，用户数最多为 25 个，远程桌面连接限制为 250 个 | 最大优势在于虚拟化权限无限，可支持的虚拟机数量不受限制，最适合高度虚拟化的企业环境。与标准版的差别是授权，特别是虚拟机实例授权 |

2. 硬盘的分区

安装操作系统和软件之前，首先需要对硬盘进行分区和格式化，然后才能使用硬盘保存各种信息。硬盘分区从实质上说就是对硬盘的一种格式化。当我们创建分区时，就已经设置好了硬盘的各项物理参数，指定了硬盘主引导记录（即 Master Boot Record，一般简称为 MBR）和引导记录备份的存放位置。而对于文件系统以及其他操作系统管理硬盘所需要的信息则是通过之后的高级格式化，即 Format 命令来实现。

许多人认为，既然是分区就一定要把硬盘划分成好几个部分，其实我们完全可以只创建一个分区使用全部或部分的硬盘空间。但是，硬盘只创建一个分区，当系统需要还原时，整个盘也就是系统盘都被格式化，如果资料都存在系统盘里就会全部灰飞烟灭。系统盘装了太多其他东西还会拖慢系统运行速度。如果硬盘分成多个区，则不同类型的资料装相应的盘，分门别类，自己好找。还有硬盘分区之后，簇的大小也会变小。簇是指可分配的用来保存文件的最小磁盘空间，操作系统规定一个簇中只能放置一个文件的内容，因此文件所占用的空间，只能是簇的整数倍；而如果文件实际大小小于一簇，它也要占一簇的空间，所以，簇越小，保存信息的效率就越高。

硬盘分区之后，会形成三种形式的分区状态；即主分区、扩展分区和非 DOS 分区。

主分区则是一个比较单纯的分区，通常位于硬盘的最前面一块区域中，构成逻辑 C 磁盘。其中的主引导程序是它的一部分，此段程序主要用于检测硬盘分区的正确性，并确定活动分区，负责把引导权移交给活动分区的 DOS 或其他操作系统。此段程序损坏将无法从硬盘引导，但从软区或光区可对硬盘进行读写。不论我们划分了多少个分区，也不论使用的是 SCSI 硬盘还是 IDE 硬盘，都必须把硬盘的主分区设定为活动分区，这样才能够通过硬盘启动系统。

DOS 和 FAT 文件系统最初都被设计成可以支持在一块硬盘上最多建立 24 个分区，分别使用从 C 到 Z 共 24 个驱动器盘符。但是主引导记录中的分区表最多只能包含 4 个分区记录，为了有效地解决这个问题，DOS 的分区命令 FDISK 允许用户创建一个扩展分区，并且在扩展分区内再建立最多 23 个逻辑分区，其中的每个分区都单独分配一个盘符，可以被计算机作为独立的物理设备使用。关于逻辑分区的信息都被保存在扩展分区内，而主分区和扩展分区的信息被保存在硬盘的 MBR 内。这也就是说无论硬盘有多少个分区，其主启动记录中只包含主分区（也就是启动分区）和扩展分区两个分区的信息。

硬盘中，非 DOS 分区（Non-DOS Partition）是一种特殊的分区形式，它是将硬盘中的一块区域单独划分出来供另一个操作系统使用，对主分区的操作系统来讲，是一块被划分出去的存储空间。只有非 DOS 分区内的操作系统才能管理和使用这块存储区域，非 DOS 分区之外的系统一般不能对该分区内的数据进行访问。

### 3. 硬盘分区文件系统格式

（1）FAT16　采用 16 位的文件分配表，能支持的最大分区为 2GB，是目前应用最为广泛和获得操作系统支持最多的一种磁盘分区格式，几乎所有的操作系统都支持这一种格式，从 DOS、Windows3.x、Windows95、Windows97、Windows98、Windows NT、Windows2000/XP/VISTA 等，甚至火爆一时的 Linux 都支持这种分区格式。

FAT16 分区格式有一个最大的缺点，那就是硬盘的实际利用效率低。因为在 DOS 和 Windows 系统中，磁盘文件的分配是以簇为单位的，一个簇只分配给一个文件使用，不管这个文件占用整个簇容量的多少。而且每簇的大小由硬盘分区的大小来决定，分区越大，簇就越大。例如 1GB 的硬盘若只分一个区，那么簇的大小是 32KB，也就是说，即使一个文件只有 1 字节长，存储时也要占 32KB 的硬盘空间，剩余的空间便全部闲置在那里，这样就导致了磁盘空间的极大浪费。FAT16 支持的分区越多，磁盘上每个簇的容量也越大，造成的浪费也越多。所以随着当前主流硬盘的容量越来越大，这种缺点变得越来越突出。为了克服 FAT16 的这个弱点，微软公司在 Windows97 操作系统中推出了一种全新的磁盘分区格式 FAT32。

（2）FAT32　这种格式采用 32 位的文件分配表，使其对磁盘的管理能力大大增强，突破了 FAT16 对每一个分区容量只有 2GB 的限制。运用 FAT32 的分区格式后，用户可以将一个大硬盘定义成一个分区，而且在一个不超过 8GB 的分区中，FAT32 分区格式的每个簇容量都固定为 4KB，与 FAT16 相比，可以大大地减少硬盘空间的浪费，提高了硬盘利用效率。

目前，支持这一磁盘分区格式的操作系统有 Windows98、Windows2000/XP 等。但是，这种分区格式也有它的缺点，首先是采用 FAT32 格式分区的磁盘，由于文件分配表的扩大，运行速度比采用 FAT16 格式分区的硬盘要慢；另外，DOS 系统和某些早期的应用软件不支持这种分区格式。

（3）NTFS　NTFS 分区是 Windows 网络操作系统的硬盘分区格式，使用 Windows 网络操作系统的用户常使用这种分区格式。其显著的优点是安全性和稳定性极其出色，在使用中不易产生文件碎片，对硬盘的空间利用及软件的运行速度都有好处。它能对用户的操作进行记录，通过对用户权限进行非常严格的限制，使每个用户只能按照系统赋予的权限进行操作，充分保护了网络系统与数据的安全。Windows2000 以后操作系统支持这种硬盘分区格式。NTFS 5.0 的新特性有"磁盘限额"和"加密"功能："磁盘限额"使得管理员可以限制磁盘使用者能使用的硬盘空间；"加密"使得从磁盘读取和写入文件时，可以自动加密和解密文件数据等。

（4）exFAT　exFAT（Extended File Allocation Table File System，扩展 FAT，即扩展文件分配表）是 Microsoft 在 Windows Embedded 6.0（包括 Windows CE 6.0、Windows Mobile）中引入的一种适合闪存的文件系统。对于闪存，NTFS 文件系统过于复杂，exFAT 更为适用。相对 FAT 文件系统，exFAT 有如下好处：

1）增强了台式计算机与移动设备的互操作能力。

2）单文件大小最大可达 16EB（就是 16M 个 TB，1TB = 1024GB）。

3）簇大小可高达 32MB。

4）采用了剩余空间分配表，剩余空间分配性能改进。

5）同一目录下最大文件数可达 65536 个。

6）支持访问控制。

7）支持 TFAT。

采用该文件系统的闪存不支持 Windows Vista ReadyBoost。Windows Vista SP1 支持该文件系统。请注意：exFAT 只是一个折中的方案，只为闪存而生。需要严格注意的是，这种分区只有 Windows Vista 支持，其他系统不能使用，Windows XP 可以通过替换驱动文件的方式支持此格式，但是只能读写，不能格式化。

（5）Linux 操作系统磁盘分区格式　Linux 操作系统的磁盘分区格式与其他操作系统完全不同，共有两种格式：一种是 Linux Native 主分区；一种是 Linux Swap 交换分区。这两种分区格式的安全性与稳定性极佳，结合 Linux 操作系统后，死机的机会大大减少。

硬盘必须先经过分区才能使用，磁盘经过分区后，下一个步骤就是要对硬盘进行格式化（FORMAT）的工作，硬盘都必须格式化才能使用。格式化是在磁盘中建立磁道和扇区，磁道和扇区建立好之后，计算机才可以使用磁盘来存储数据。在 Windows 和 DOS 操作系统下，都有格式化程序，不过，一旦进行格式化硬盘的工作，硬盘中的数据会全部清除；所以进行格式化前，先确定磁盘中的数据是否还有用，如果是，一定要先进行备份。

【操作步骤】

步骤一：安装准备。

1）将计算机（含网卡、光驱）、网络操作系统光盘准备好。

2）确认安装网络操作系统的最低硬件要求，只有满足要求的计算机才能安装该网络操作系统，并能从光驱启动。

3）Windows Server 操作系统在安装过程中要求输入用户注册信息，指定计算机名和管理员密码（由教师指定密码），选择服务器 IP 地址配置，设置工作组（或计算机域）等信息。

步骤二：手动安装网络操作系统。

1）在启动计算机的时候进入 CMOS 设置，在 BIOS 中把系统启动选项修改为光盘启动，保存配置后，放置 Windows Server 2012 R2 安装光盘，重新启动计算机，使得计算机通过安装光盘启动。

2）默认设置语言和其他选项，单击"下一步"，如图 1-23a 所示。

3）单击"现在安装"即可，如图 1-23b 所示，如果不是新装（服务器坏了无法启动了），可以单击左下角的"修复计算机"。

a) Windows Server 安装界面

b) 单击"现在安装"

图 1-23　安装界面

4）选择要安装的操作系统"Windows Server 2012 Standard（带有 GUI 的服务器）"，如图 1-24 所示。

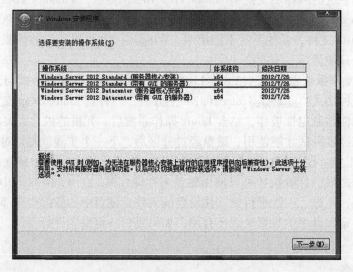

图 1-24　选择要安装的操作系统

提示：

服务器核心安装：没有图形界面；

带有 GUI 的服务器：有图形界面；

Standard（标准版）与 DataCenter（数据中心版）：区别在于虚拟化权限，数据中心版提供无限虚拟化，标准版仅提供两个虚拟机部署。标准版和数据中心版的其他功能都是一致的。

5)"许可条款"界面，勾选"我接受许可条款"，单击"下一步"，如图 1-25 所示。

6)安装类型选择。全新安装选择"自定义"，如图 1-26 所示。

图 1-25 接受许可条款 　　　　　　　图 1-26 选择自定义安装

7)选择安装的磁盘，这里就一个磁盘。单击"驱动器选项（高级）"→"新建"，可对磁盘进行自定义分区，如图 1-27 所示。如果不分区，单击"下一步"。

8)这里就一个磁盘，只分了一个区，却显示有另一个系统保留分区，如图 1-28 所示，这是系统自建的分区，请保留这个分区，然后单击"下一步"。

 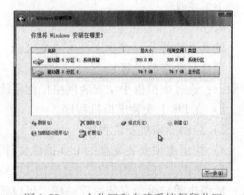

图 1-27 一个磁盘 　　　　　　　图 1-28 一个分区和自建系统保留分区

提示：

系统保留分区指的是 Windows 系统在第一次管理硬盘的时候，保留用于存放系统引导文件的分区。不分配盘符，用于存放系统引导文件（计算机启动时需要首先读取的一部分具有特殊功能的文件），请大家保留。

9)设置超级管理员的密码（建议复杂一些，由教师指定），单击"完成"，完成安装，如图 1-29 所示。

提示：

"强密码"示例如 $J*p2leO4>F$，"强密码"规定：

● 长度至少有 7 个字符；

● 不包含用户名、真实姓名或公司名称；

● 不包含完整的字典词汇；

● 与先前的密码大不相同；递增密码（如 $Password1$、$Password2$、$Password3\cdots$）不能算作强密码；

图1-29　设置超级管理员密码

● 包含全部下列 4 组字符类型：

| 组 | 示例 |
| --- | --- |
| 大写字母 | A、B、C … |
| 小写字母 | a、b、c … |
| 数字 | 0, 1, 2, 3, 4, 5, 6, 7, 8, 9 |
| 键盘上的符号（键盘上所有未定义为字母和数字的字符） | ` ~ ! @ # $ % ^ & * ( ) _ + - = { } \| [ ] \ : " ; ' < > ? , . / |

步骤三：通过虚拟机手动安装网络操作系统。

1）在 PC 上安装虚拟机程序。

2）启动虚拟机安装程序。

3）指定虚拟安装光盘的 ISO 镜像文件。

4）单击"新建虚拟机"，显示图 1-23a 所示安装界面，开始 Windows Server 2012 R2 安装，后面步骤与手动安装过程一样，可以练习网络操作系统安装过程。

◢◢ 思考问题 ◣◣

1. 什么是网络操作系统？
2. 试举例说明网络操作系统的种类。
3. Windows Server2012 R2 网络操作系统对安装环境有什么要求？

# 任务5　小型局域网组网与管理

【任务描述】

使用两台计算机和一台交换机构建的小型局域网应用系统，如图 1-30 所示，其中一台计算机预装有 Windows Server 网络操作系统作为服务器，另一台计算机预装有 Windows 操作系统作为客户端。要求：

1）在服务器上创建 DNS 服务器，建立域名与 IP 地址表。

2）在服务器上安装 IIS 组件；新建网站，实现客户端访问网站；新建 FTP 站点，设置用户名和密码，在客户端完成站点登录和文件上传与下载。

3）在服务器上创建 DHCP 服务器，客户端自动获取 IP 地址。

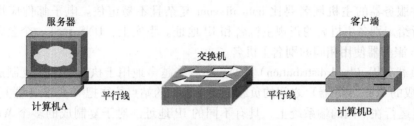

图 1-30　小型局域网组网结构

【实操要求】

1. 会设置服务器的 IP 地址，安装与配置 DNS 服务器。

2. 会安装 IIS 组件；会新建网站；会新建 FTP 站点，设置用户名和密码。

3. 会创建 DHCP 服务器，客户端自动获取 IP 地址。

4. 会使用 ipconfig 命令查询客户端自动获取的 IP 地址，并检查该地址属于 DHCP 服务器建立的地址池范围。

【知识准备】

1. DNS 服务器

我们知道，标识网络上的一台主机，既可以使用主机域名（字符地址），也可以使用 IP 地址。人们更愿意使用便于记忆的主机字符地址，而路由器则只愿使用长度固定有层次结构的 IP 地址。为调解这两种不同的偏好，我们需要一个把主机域名转换成 IP 地址的目录服务。这就是因特网的域名系统（Domain Name System，DNS）的主要任务。DNS 既是一个由域名服务器主机构成的层次结构中的分布式数据库，又是一个允许客户机和域名服务器主机（DNS）通信，使用域名转换服务的应用层协议。DNS 协议运行在 UDP 之上，端口号为 53。其他应用层协议（例如 HTTP、SMTP、FTP）普遍使用 DNS 把用户请求访问的主机域名转换成 IP 地址。

例如，某用户使用运行在本地机上浏览器（也就是 HTTP 客户）请求 http：//www. yesky. com 时会发生什么。为了把 HTTP 请求消息发送到域名为 www. yesky. com 的 Web 服务器主机，浏览器必须获悉这台主机的 IP 地址。我们知道，差不多每台客户机和主机都运行着 DNS 应用的客户端，浏览器从 URL 中抽取出主机域名后，把它传递给本地机上的 DNS 应用客户端。DNS 应用客户端于是向指定的 DNS 服务器发出一个包含该主机域名的 DNS 查询消息，指定 DNS 服务器则返回一个包含主机域名及其对应的 IP 地址的应答消息。浏览器接着打开一个到位于该 IP 地址的 HTTP 服务器的 TCP 连接。

除了从主机域名到 IP 地址的转换，DNS 还提供其他一些重要的服务：

（1）主机别名（hody aliasing）。具有复杂主机域名的主机还可以有一个或多个别名，例如，主机域名为 relay1. west - coast. enterprise. com 的主机有两个别名：enterprise. com 和 www. enterprise. com。这种情况下，主机域名 relay1. west - coast. enterprise. com 特称为正规主机名（canonical hostname），另外两个主机域名则是别名主机名（alias hostname）。别名主机名往往比正规主机名更便于记忆。应用可以调用 DNS 获取所给定别名主机名的正规主机名和 IP 地址。

（2）邮件服务器别名（mail server aliasing）。电子邮件地址显然要求便于记忆，例如，如果 Bob 有一个 hotmail 账号，那么它的电子邮件地址可能是简单的 bob@ hotmail. com。然而 hotmail 邮件服务器的主机域名要比 hotmail. com 复杂且不易记住。电子邮件应用可以调用 DNS 获取所给定别名主机名的正规主机名和 IP 地址。事实上，DNS 允许一个公司的邮件服务器和 Web 服务器使用相同的别名主机名。

（3）负载分担（load distribution）。DNS 还越来越多地用于执行在多个复制成的服务器（例如复制成的 Web 服务器）之间的负载分担。繁忙的站点往往把 Web 服务器复制成多个，每个服务器运行在不同的端系统上，具有不同的 IP 地址。对于复制成的多个 Web 服务器，与其单个正规主机名相关联的是一组 IP 地址。DNS 数据库中保存着这组 IP 地址。客户发出针对映射到一组 IP 地址的某个主机域名的 DNS 查询后，服务器响应以整组 IP 地址，不过每次响应的地址顺序是轮转的。访问 Web 站点时，浏览器一般把 HTTP 请求消息发送给 DNS 客户端查询到的一组 IP 地址中的第一个。DNS 响应地址轮转方式，把 Web 站点的访问负载分担给所有复制成的服务器。电子邮件应用也可以使用 DNS 响应地址轮转。

（4）符合 RFC 规范 的 DNS 服务器。DNS 是一种开放式协议，是通过一组征求意见文档（RFC）标准化的。Microsoft 支持并遵守这些标准规范，使用标准 DNS 数据文件和资源记录格式，因此可以成功地与大多数其他 DNS 服务器实现系统之间的互操作。

（5）支持活动目录（Active Directory，又称域控制器）。

### 2. IIS 与 Web、FTP 服务器

互联网信息服务 IIS（Internet Information Services），是由微软公司提供的基于运行 Microsoft Windows 的互联网基本服务，内置在 Windows Server 版本中一起发行，成为 Windows 组件。Web 服务、FTP 服务全部包容在 IIS 里。

Web 服务器也称为 WWW（World Wide Web）服务器，主要功能是提供网上信息浏览服务。Web 服务器通过 HTTP 协议提供服务，当 Web 服务器接收到一个 HTTP 请求（request），会返回一个 HTTP 响应（response），例如送回一个 HTML（超文本标记语言）页面。Web 服务器可以响应一个静态页面或图片，进行页面跳转，或"超级链接"从某一页跳到其他页，或者把动态响应的产生委托给一些其他的程序，例如 CGI 脚本、JSP（Java Server Pages）脚本、Servlets、ASP（Active Server Pages）脚本、服务器端 JavaScript，或者一些其他的服务器端技术。通过 Web 服务器可以浏览图像、动画、声音、3D 世界以及其他任何信息。HTML 页和文件可以放在 Internet 上的任何一个地方的 Web 服务器上，通过"超级链接"将它们连在一起，形成巨大的 WWW，就可以访问全球任何地方的信息，而不用受"长距离"或其他条件的制约。

FTP 服务器，则是在互联网上提供存储空间的主机，它们依照 FTP 协议提供服务。FTP 的全称是 File Transfer Protocol（文件传输协议），顾名思义，就是专门用来传输文件的协议。简单地说，支持 FTP 协议的服务器就是 FTP 服务器。与大多数 Internet 服务一样，FTP 也是一个客户机/服务器系统。用户通过一个支持 FTP 协议的客户机程序，连接到在远程主机上的 FTP 服务器程序。用户通过客户机程序向服务器程序发出命令，如"下载"（Download）和"上传"（Upload），服务器程序执行用户所发出的命令，并将执行的结果返回到客户机。

### 3. DHCP 服务器

DHCP（Dynamic Host Configuration Protocol）服务就是动态地址分配服务，指每台客户

机（工作站）都没有自己的固定 IP 地址，其 IP 地址是在启动了系统之后，从 DHCP 服务器上取得的、一个暂时提供给这台客户机使用的 IP 地址。在 DHCP 服务器上为这些 IP 地址指定了子网掩码、网关、DNS 服务器地址等信息。客户机启动系统时取得这个 IP 地址，当客户机关闭系统后就自动地释放这个 IP 地址。

用 DHCP 有什么好处？在主机多的情况下，一旦网络出现了什么变化的话，只需要在 DHCP 服务器上进行修改，整个网络就又可以重新使用了。而客户端仅仅需要重新获取一次 IP 地址，就实现了网络参数的修改。如果采用固定 IP 地址的方案，只能一台一台电脑修改 IP 设置。

不过它也有缺点，就是需要占用一台主机来专门做 DHCP 服务器，如果服务器不稳定，还会出现 IP 不能回收以及 IP 发放不出去这类问题。

### 4. 域控制器

域控制器是一台安装了活动目录（Active Directory）的服务器，域控制器为网络用户和计算机提供活动目录服务。域控制器是域的核心，是域管理任务重要角色。在安装第一个域控制器时，会创建第一个域。

安装第一台域服务器时有如下要求：①在网卡 TCP/IP 里，要配置好静态 IP 地址；②计算机上必须有一个 NTFS 分区；③该计算机没有加入到其他域中；④该计算机上没运行过"Active Directory"安装向导，没运行"路由和远程访问"服务，配置域服务器后可以重新配置和运行"路由和远程访问"服务；⑤计算机上没有证书颁发机构（CA），安装后先卸载"证书服务"组件，配置域服务器后可重新安装此服务，配置成证书颁发机构。

（1）"工作组"及其特点 "工作组"可以由任何一个计算机的管理员来创建，是最简单的资源管理模式。默认情况下，所有计算机都处在名为 workgroup 的工作组中。

Windows98 操作系统之后就引用了"工作组"这个概念，可以将不同的计算机按工作需要分别列入不同的组中。要访问某个部门的资源，就在"网上邻居"里找到那个部门的工作组名双击，就可以看到那个部门的计算机了。但是值得注意的是，并不是说不在同一个工作组中的计算机就不能互相访问，当两台计算机不在一个工作组时，"网上邻居"选择"整个网络→Microsoft Windows 网络"，就可以看到局域网中其他工作组，双击即可进入相应的工作组，看到另一台计算机。

在工作组模式下，任何一台计算机只要接入网络，就可以访问共享资源。但使用网络上任何一台计算机的共享资源都需要重新输入密码。要使用服务器上的共享资源，则计算机在登录 Windows 时应该输入自己在服务器端建立的用户和密码。进入系统后，通过"网上邻居"才可以使用服务器上的共享资源。

工作组模式管理的缺点是，缺乏集中管理与控制的机制。没有统一账户管理，没有对资源实施更加高效率的集中管理，没有实施工作站的有效配置和安全性严密控制，尽管工作组中计算机的共享文件可以加上访问密码，但这样的防范措施非常容易被破解。因此只适合于小规模用户的使用。

（2）"域"及其特点 "域"既是 Windows 网络系统的逻辑组织单元，也是 Internet 的逻辑组织单元，域"的真正含义指的是由服务器组建和管理的计算机用户的组合。"域"是一个相对严格的管理模式，"域"只能由服务器来创建。在"域"模式下，如图 1-31 所示，至少有一台服务器负责网络每一台加入"域"的计算机和用户的验证工作，这台服务器称为"域控制器（Domain Controller，DC）"。"域控制器"中包含了整个域的账户、密码以及属于这个域的计算机等信息的资料。当计算机连入网络时，域控制器首先要鉴别这台计算机是否属于这个域，用户使用的登录账号是否存在，密码是否正确。如果以上信息不正确，域控制器就拒绝这个用户从这台计算机登录服务器，用户就不能访问服务器上有权限保护的资源了，只能以对等网用户的方式访问 Windows 共享出来的资源，这样就在一定程度上保护了网络上的资源。

"域"的优点就是集中的管理和集中的安全控制，网络资源和安全职能（所有的用户账户）都集中由域控制器（Primary Domain Controller）管理。当然承担集中式的管理和安全职能域控制器必须安装 Windows Server 系列操作系统；域内的任何一台计算机登录 Windows 时，只有使用通过服务器认证后的用户名和密码登录时，才能拥有使用域内资源的权限。还有如果登录本机，访问其他计算机时必须提供该计算机的账户和密码；假如公司有 100 台计算机，现在需要对每台计算机都访问一下，岂不是要记住 100 个账户和 100 个密

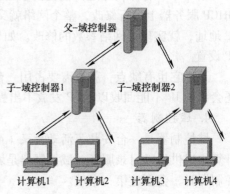

图 1-31  域应用管理模式示意图

码？而如果是登录到域的计算机，而公司其他的计算机也都加入了域，那么访问域中计算机的共享目录都不需要账户和密码了，极大地方便了资源共享和安全。

采用域的方式管理资源缺点是，配置起来相对麻烦，需要专门人员进行管理维护。

【操作步骤】

步骤一：组建局域网。

（1）连接服务器和客户端  根据小型局域网组网结构图（图 1-30），使用 T568B 的标准制作网线，通过交换机将 Windows Server 的服务器和客户端进行连接，组成局域网。

（2）配置服务器 IP 地址  配置 Windows Server 2012 的服务器的 IP 地址，为后续 DNS 服务器的配置做准备。如图 1-32 所示，服务器 IP 地址配置为 192.168.1.20，DNS 服务器即本主机 IP 地址为 192.168.1.20。

图 1-32  配置服务器 IP 地址

步骤二：创建 DNS 服务器。

（1）添加 DNS 服务器

1）在 Windows Server 2012 服务器上，打开服务器管理器，右击右上角"管理"，弹出下拉菜单，单击"添加角色和功能"，如图 1-33 所示。

图 1-33　添加角色 DNS 服务器

2）"添加角色和功能向导"界面如图 1-34 所示，单击"下一步"。

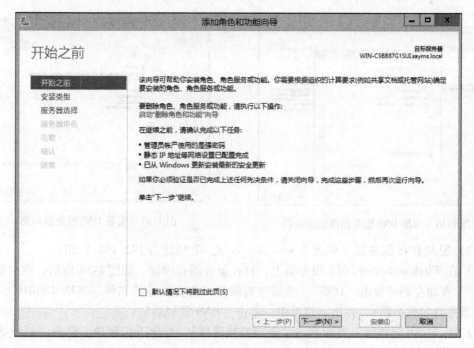

图 1-34　添加角色和功能向导

3）在"选择服务器角色"页勾选"DNS 服务器",单击"下一步",如图 1-35 所示。

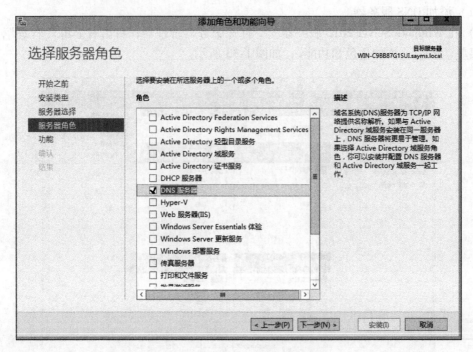

图 1-35　勾选"DNS 服务器"

4）弹出如图 1-36 所示界面,勾选"包括管理工具(如果适用)"→单击"添加功能",单击"下一步"。

5）等待 DNS 功能安装成功,单击"关闭"即可,如图 1-37 所示。

图 1-36　添加 DNS 服务器所需的功能

图 1-37　安装 DNS 服务器功能

（2）配置 DNS 服务器（域名为 www. szy. com,IP 地址为 192. 168. 1. 20）

1）在 Windows Server 2012 服务器上,打开服务器管理器,如图 1-38 所示,在"服务器管理器"界面左侧栏单击"DNS";然后在右侧栏,右击服务器名称"WIN-C9BB87G1SUI"（不同服务器名称不同）,弹出下拉菜单,单击"DNS 管理器"。

2）在"DNS 管理器"界面右击"正向查找区域",弹出下拉菜单,单击"新建区域",如图 1-39 所示。

图1-38 打开服务器管理器

3）在"新建区域向导"界面选择"主要区域"，单击"下一步"，如图1-40所示。

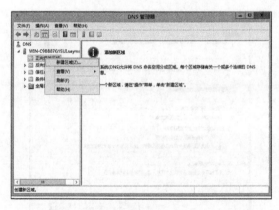

图1-39 新建区域

图1-40 新建区域向导

**提示：**

正向查找区域指通过主机域名查找其IP地址，反向查找区域指通过主机IP地址查找其域名。

4）区域名称输入"szy. com"，如图1-41所示，单击"下一步"。

**提示：**

如果网络中服务器要使用的完整域名是www. abc. com，则应该在区域名称中输入"abc. com"。

5）选择"创建新文件，文件名为"szy. com. dns（自动生成默认值），如图1-42所示，单击"下一步"。

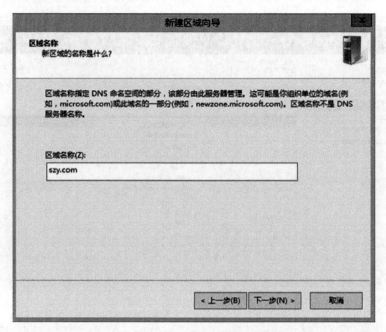

图1-41　填写新建区域名称

6）选择"不允许动态更新"，如图1-43所示，单击"下一步"；接下来单击"完成"，即完成"正向查找区域"的添加。

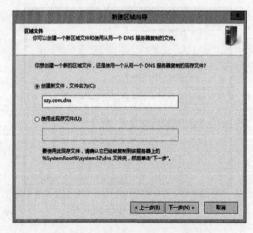

图1-42　选择创建新区域文件名

图1-43　选择"不允许动态更新"

7）右击"正向查找区域"下的域名"szy.com"，弹出下拉菜单，单击"新建主机"，如图1-44所示。

8）在新建主机界面，名称输入"server"，则完全限定的域名为"server.szy.com."（默认生成），IP地址填写"192.168.1.20"，单击"添加主机"，如图1-45所示；即完成一条DNS服务器域名server.szy.com与IP地址192.168.1.20正向查找记录的添加。

9）类似"正向查找区域"添加，在"DNS管理器"界面，右击"反向查找区域"，单击"新建区域"；在"新建区域向导"界面选择"主要区域"，单击"下一步"；选择"IPv4反向查找区域"，如图1-46所示，单击"下一步"。

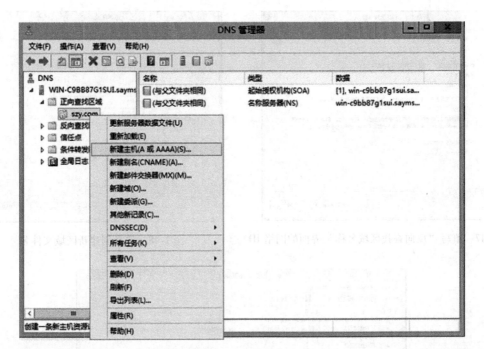

图 1-44 新建主机

图 1-45 填写新建主机名称和 IP 地址

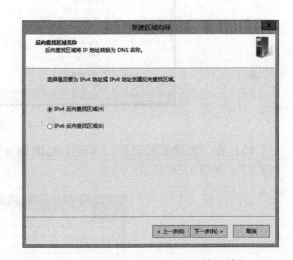

图 1-46 选择 "IPv4 反向查找区域"

10）填写 "反向查找区域名称" 界面的网络 ID 为 "192.168.1"，如图 1-47 所示，单击 "下一步"。

11）选择 "创建新文件，文件名为" 1.168.192.in-addr.arpa.dns（自动生成默认值），如图 1-48 所示，单击 "下一步"。选择 "不允许动态更新"，单击 "下一步"；接下来单击 "完成"，即完成 "反向查找区域" 的添加。

12）右击 "反向查找区域" 下的文件 "1.168.192.in-addr.arpa.dns"，弹出下拉菜单，单击 "新建指针"，如图 1-49 所示。

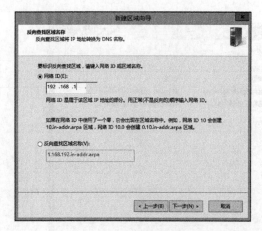

图1-47　填写"反向查找区域名称"界面的网络ID

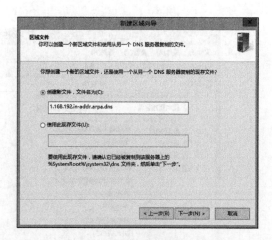

图1-48　选择创建新区域文件名

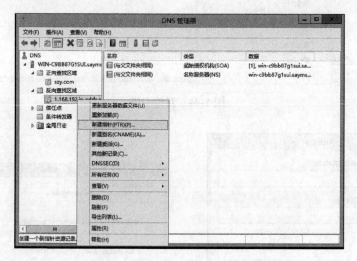

图1-49　新建指针

13）在"新建资源记录"界面主机IP地址输入为"192.168.1.20","主机名"处单击"浏览",如图1-50所示。

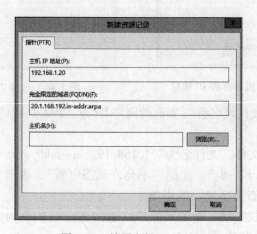

图1-50　填写主机IP地址

14）在"浏览"界面，浏览查找"server"记录，如图1-51所示，单击"确定"。

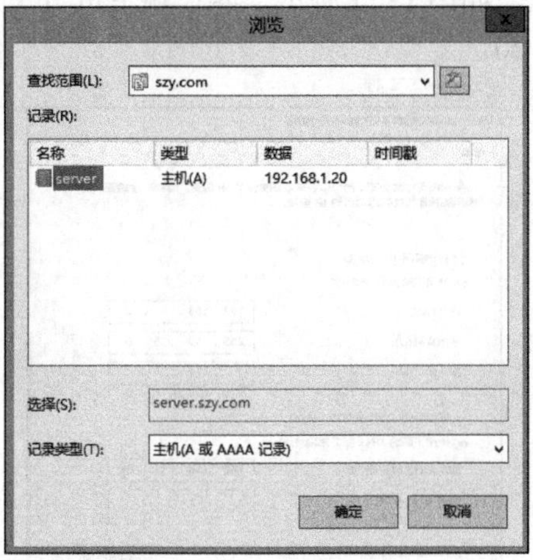

图1-51 浏览选择主机名

15）返回"新建资源记录"界面，如图1-52所示，单击"确定"，即完成新建指针资源记录的添加。

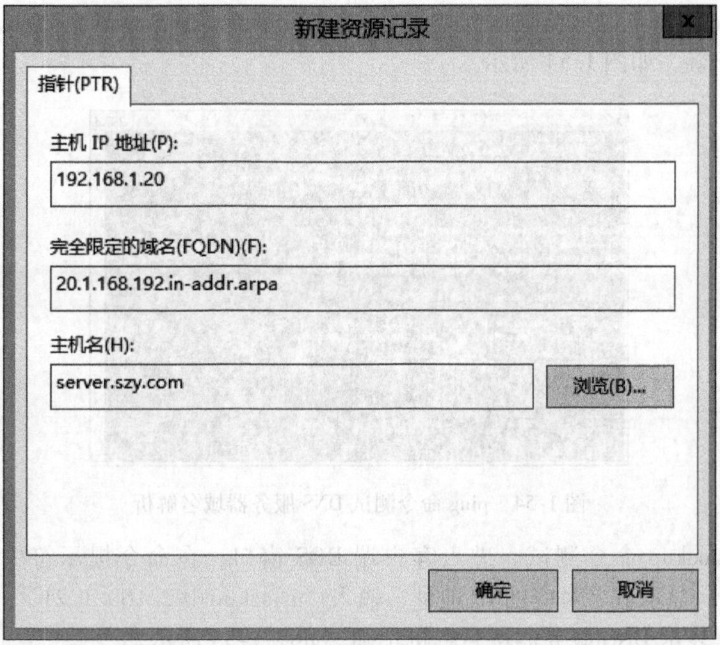

图1-52 新建指针资源记录

提示：

重复"正向查找区域"添加主机、"反向查找区域"添加指针步骤，在DNS服务器中添加Web服务器、FTP服务器、DHCP服务器记录，以备新建Web、FTP、DHCP站点使用。

Web服务器：主机名www.szy.com，IP地址192.168.1.20。

FTP服务器：主机名ftp.szy.com，IP地址192.168.1.20。

DHCP服务器：主机名dhcp.szy.com，IP地址192.168.1.20。

（3）客户端测试 DNS 服务器

1）客户端 IP 地址配置。如图 1-53 所示，客户端主机 IP 地址为 192.168.1.2，DNS 服务器地址指定为 192.168.1.20。

图 1-53　客户端 IP 地址和首选 DNS 服务器

2）使用 ping 命令测试。在客户端，"开始"→"搜索程序和文件"栏，输入"cmd"，弹出 DOS 窗口，在命令提示符中输入"ping server.szy.com"，ping 通信成功，表示内部网络 DNS 域名解析正确，如图 1-54 所示。

图 1-54　ping 命令测试 DNS 服务器域名解析

3）使用 nslookup 命令测试。进入客户端 DOS 窗口，在命令提示符中输入"nslookup server.szy.com"，显示域名对应的 IP 地址；输入"nslookup 192.168.1.21"命令，显示 IP 地址对应的域名，表示 DNS 服务器域名解析正确，如图 1-55 所示。

步骤三：创建 IIS 服务的 Web 和 FTP 站点

（1）安装 Web 服务器（IIS 角色）

1）在 Windows Server 2012 服务器上，打开服务器管理器，右击右上角"管理"，弹出下拉菜单，单击"添加角色和功能"。在弹出的"添加角色和功能向导"界面（如图 1-56 所示）打开"服务器角色"界面勾选"Web 服务器（IIS）"，单击"下一步"。

2）添加 Web 服务器所需的功能，勾选"包括管理工具（如果适用）"→单击"添加功能"；单击"下一步"。待 Web 服务器所需的功能安装成功，单击"关闭"即可。

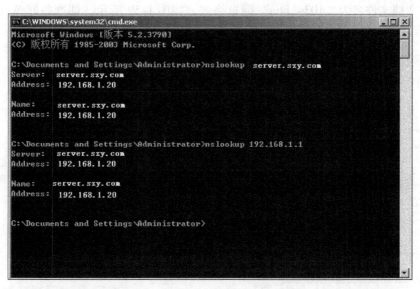

图 1-55 用 nslookup 命令测试 DNS 服务器域名解析

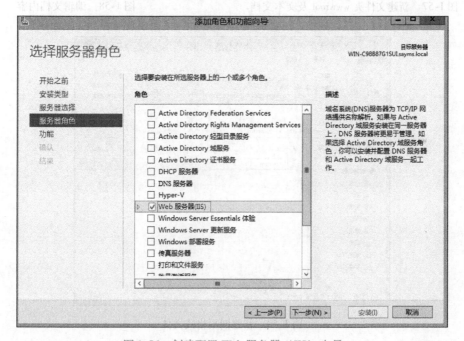

图 1-56 创建配置 Web 服务器（IIS）向导

（2）创建 Web 网站

1）新建 Web 网站文件夹和文档文件。在 D 盘下，新建文件夹 wwwroot，在 wwwroot 根目录下，空白处右击，弹出下拉菜单，单击"新建"→"文本文档"，如图 1-57 所示。

2）编辑文档内容。双击"新建文本文档"，即在"记事本"中打开文档，输入如"hello"等文本（此处可自由设计，注意文明用语），如图 1-58 所示，保存文档文件，关闭"记事本"。

3）修改文档文件为网页格式。右击"新建文本文档"，弹出下拉菜单，单击"重命名"，修改文档文件名为"1024. htm"网页格式，如图1-59所示，即准备好 Web 网站网页首页的内容。

图 1-57　新建文件夹 wwwroot 及文本文档

图 1-58　编辑文档内容

图 1-59　新建网页格式文件

4）在 Windows Server 2012 服务器上，在"服务器管理器"界面左侧栏中单击"IIS"，再在右侧栏右击服务器名称"WIN-C9BB87G1SUI"（不同服务器名称不同），弹出下拉菜单，单击"Internet Information Services（IIS）管理器"，如图 1-60 所示，打开 IIS 管理器。

5）在 Internet Information Services 界面右击"网站"，弹出下拉菜单，单击"添加网站"，如图 1-61 所示。

6）添加网站界面如图 1-62 所示，网站名称输入如"ch1"（可自己命名）；

"物理路径"处单击"…"选择，如 D 盘下的根目录 wwwroot（Web 服务器上，自己创建的保存 www 网站页面文件的文件夹）；

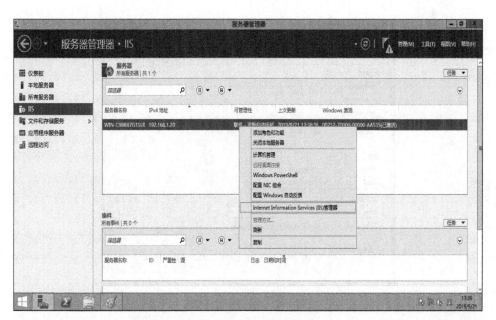

图 1-60　打开 IIS 管理器

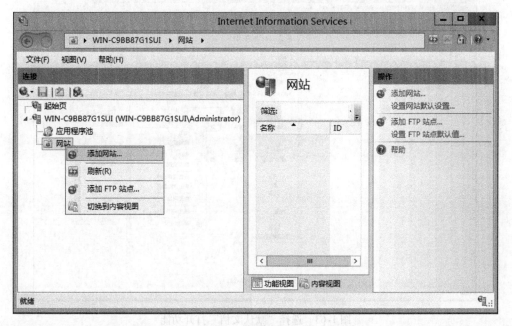

图 1-61　新建网站向导

"类型"处选择"http"（超文本链接格式文件）；

"IP 地址"指定"192.168.1.20"，"端口"自动分配"80"（TCP 标准端口号）；

"主机名"输入"www.szy.com"（此处与 DNS 服务器创建的 Web 网站域名一致）；

勾选"立即启动网站"，单击"确定"，完成"ch1"网站添加。

7）单击"ch1"，在"ch1 主页"栏右击"默认文档"，弹出下拉菜单，单击"打开功能"，如图 1-63 所示。

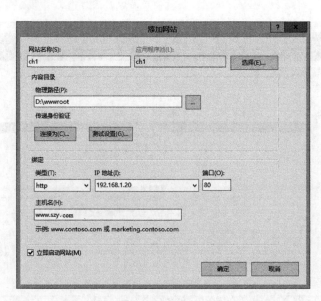

图 1-62　新建网站配置

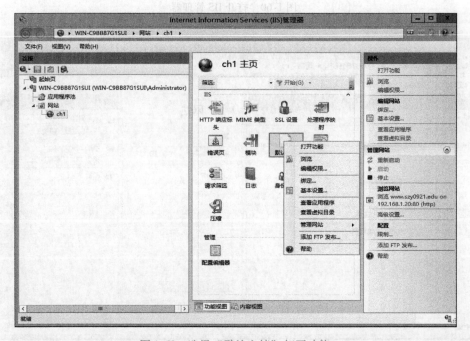

图 1-63　选择"默认文档"打开功能

8）在"默认文档"界面单击"操作"栏中的"添加"，弹出"添加默认文档"对话框，"名称"处填写"1024. htm"，单击"确定"，如图 1-64 所示，即指定好 Web 网站访问（首页）的默认文档为"1024. htm"。

（3）客户端访问 Web 服务器验证

1）配置客户端主机 IP 地址为 192. 168. 1. 2，其中 DNS 服务器地址指定为 192. 168. 1. 20。

2）客户端打开浏览器，输入网址"http：//www. szy. com"，客户端即可访问到 Web 服务器默认网页（首页）"1024. htm"的内容，如图 1-65 所示。

图 1-64 添加 Web 网站首页默认文档

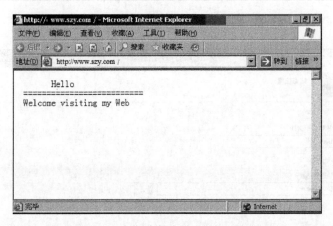

图 1-65 客户端浏览器访问 Web 网站

（4）创建 FTP 服务站点

1）预先建好 FTP 站点文件夹（如 D：\ surport），并存放待共享的文件资源，如图 1-66 所示文本文档"share. txt"。

2）在 Internet Information Services 界面右击"网站"，弹出下拉菜单，单击"添加 FTP 站点"。弹出"添加 FTP 站点"对话框，如图 1- 67 所示，"FTP 站点名称"处输入"louyu"，在"物理路径"处单击"⋯"，选择 D：\ surport（自己创建的），单击"下一步"。

3）FTP 站点地址绑定和 SSL 安全设置，如图 1- 68 所示，"绑定"IP 地址填写"192. 168. 1. 20"；端口自动分配为"21"（TCP 标准端口号），勾选"自动启动 FTP 站点"，SSL 勾选"无 SSL（L）"，单击"下一步"。

4）身份认证和授权信息。如图 1-69 所示，身份验证勾选"基本"，授权选择"所有用户"，权限勾选"读取"，单击"完成"，即完成 FTP 站点创建。

图 1-66 创建 FTP 站点共享文件夹及其共享文件

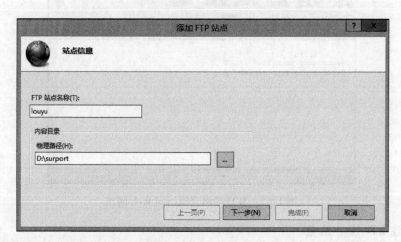

图 1-67 FTP 站点名称和共享资源文件夹根目录

（5）客户端登录访问 FTP 站点验证

1）配置客户端主机 IP 地址为 192.168.1.2，其中 DNS 服务器地址指定为 192.168.1.20；

2）打开客户端浏览器，地址栏输入"ftp：//ftp. szy. com"，自动访问到 FTP 服务器共享的资源"share. txt"，如图 1-70 所示。

步骤四：创建 DHCP 服务器

（1）安装 DHCP 服务器

1）在 Windows Server 2012 服务器上，打开服务器管理器，右击右上角"管理"，弹出下拉菜单，单击"添加角色和功能"。在"添加角色和功能向导"界面单击"下一步"，在"服务器角色"界面，勾选"DHCP 服务器"，单击"下一步"。

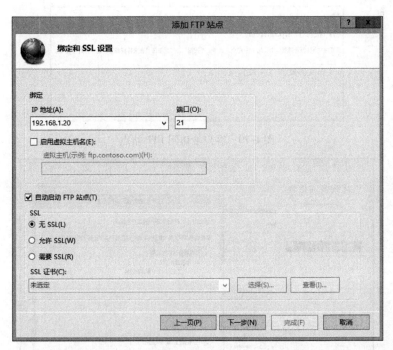

图 1-68 FTP 站点地址绑定和 SSL 安全设置

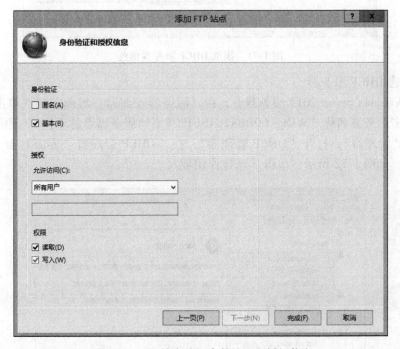

图 1-69 FTP 站点访问身份认证和授权信息

2）"添加 DHCP 服务器所需的功能"界面中勾选"包括管理工具（如果适用）"，单击"添加功能"，如图 1-71 所示，单击"下一步"。待 DHCP 服务器所需的功能安装成功，单击"关闭"即可。

图 1-70　客户端访问 FTP 站点

图 1-71　添加 DHCP 服务器角色

（2）创建 DHCP 服务器

1）在 Windows Server 2012 服务器上，在"服务器管理器"界面左侧栏单击"DHCP"，在右侧栏右击服务器名称"WIN－C9BB87G1SUI"（不同服务器名称不同），弹出下拉菜单，单击"DHCP 管理器"，打开"DHCP 管理器"。在"DHCP 管理器"界面右击"IPv4"，弹出下拉菜单，如图 1-72 所示，单击"新建作用域（P）…"。

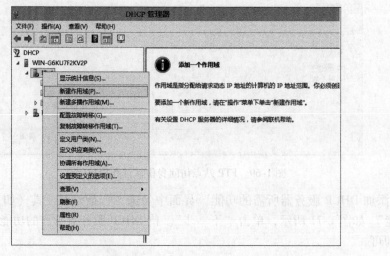

图 1-72　新建 DHCP 作用域

2）打开作用域名称对话框，如图1-73所示。输入新建作用域的名称，此名称只是作提示用，可根据识别需要自己命名，单击"下一步"。

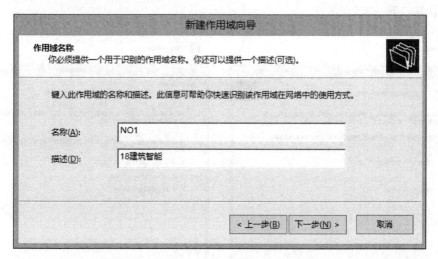

图1-73 命名识别作用域名称

3）打开指定IP地址范围对话框，如图1-74所示。在这个对话框中要求输入该作用域的起始和结束IP地址（如192.168.1.10～192.168.1.50），并在下面的"长度"和"子网掩码"项中自动生成该作用域IP地址，用于"网络ID"+"子网ID"的位数和子网掩码，单击"下一步"。

4）打开"添加排除和延迟"对话框，如图1-75所示。如果用户或者管理员希望将前面指定的地址范围中的部分地址保留下来（如服务器用IP地址192.168.1.20，路由器用IP地址192.168.1.1），即服务器不将这部分地址分配给客户端计算机时，用户或管理员可以在排除范围选项区域中的"起始IP地址"文本框中输入想要排除范围的起始IP地址，在"结束IP地址"文本框中输入结束的IP地址，否则直接单击"下一步"。

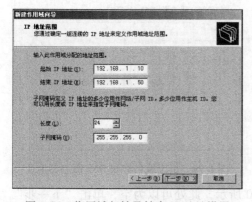

图1-74 作用域起始及结束IP地址设置

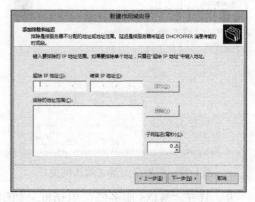

图1-75 排除IP地址范围

5）打开"租约期限"对话框，如图1-76所示。在该对话框中用户需指定一个客户机从DHCP服务器租用一个地址后，能够使用多长时间。用户可以在"选择这台服务器分配的DHCP租约期限"选项区域中选定"限制为"单选按钮，然后在下面的"天""小时"和"分钟"中具体指定客户机使用地址时间的长短。如果用户希望客户机能够一直使用地址的话，可选定"无限制"单选按钮，然后单击"下一步"。

6）打开"配置 DHCP 选项"对话框，如图 1-77 所示。选择"是，我想现在配置这些选项"，单击"下一步"。

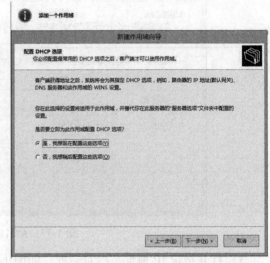

图 1-76　DHCP 租约期限设置　　　　　　图 1-77　配置 DHCP 选项

7）打开"路由器（默认网关）"对话框，如图 1-78 所示。"IP 地址"填写组网路由器 IP 地址（如 192.168.1.1），即自动分配给工作站的默认网关地址，单击"下一步"。

8）打开"域名称和 DNS 服务器"对话框，如图 1-79 所示。填写服务器名称为"szy.com"，单击"解析"，即解析出 DNS 服务器的 IP 地址，单击"添加"，自动派发的 DNS 服务器地址即添加到列表中。单击"下一步"。

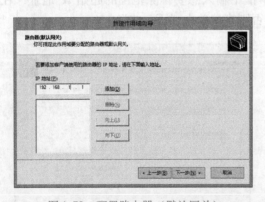

图 1-78　配置路由器（默认网关）　　　　图 1-79　指定域名称和 DNS 服务器地址

9）打开"WINS 服务器"对话框，如图 1-80 所示，此处可以为空，单击"下一步"。

10）打开"激活作用域"对话框，如图 1-81 所示。选择"是，我想现在激活此作用域"。单击"下一步"，单击"完成"按钮，返回到"管理您的服务器向导"对话框。

（3）客户端测试 DHCP 服务器

1）将任何一台本网内的工作站的 TCP/IP 设置成"自动获得 IP 地址"，自动获取 DNS，如图 1-82 所示。

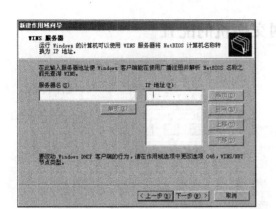

图 1-80 指定默认 WINS 服务器地址

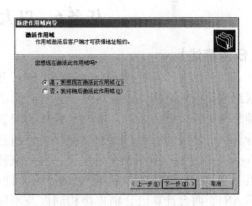

图 1-81 激活 DHCP 服务器

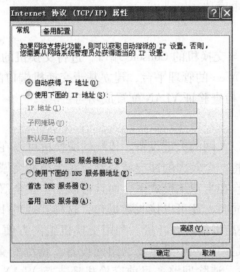

图 1-82 客户端 TCP/IP 属性设置

2）客户端运行"cmd"命令，打开 DOS 窗口，运用"ipconfig/all"命令，查询客户端自动获取的 IP 地址。客户端自动获取 IP 地址成功，即访问 DNS 服务器和 DHCP 服务器成功。

3）在服务器端 ping 客户端查询到的自动获取的 IP 地址，必定成功。

4）将 DNS 服务器设为"禁用"，网关栏为空（即无内容），将本网内的任何一台工作站的 TCP/IP 设置成"自动获得 IP 地址"，运行 winipcfg，观察 IP 地址分配情况。

◀ 思考问题 ▶

1. DNS 服务器有什么功能？

2. Web 服务器有什么功能？

3. FTP 服务器有什么功能？

4. DHCP 服务器有什么功能？

5. 什么是 C/S（客户端/服务器）局域网？

# 任务6　以太网交换机的配置

## 【任务描述】

两台以上计算机通过一台交换机 H3C 互联组成简单局域网，如图 1-83 所示，计算机预装 Windows 操作系统，选取一台作为配置计算机，使用配置串口线连接交换机，通过 Console 口进行交换机的基本配置，利用交换机基于 Web 的管理软件建立两个不同的 VLAN，两台计算机分别连接相同以及不同的 VLAN 端口进行 ping 操作，根据 ping 通与否来验证 VLAN 的建立是否成功。

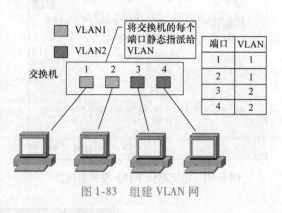

图 1-83　组建 VLAN 网

## 【实操要求】

1. 会连接配置计算机与交换机的 Console 端口，进行交换机的基本配置。
2. 会应用交换机基于 Web 的管理平台，建立基于交换机端口的两个不同的 VLAN。
3. 会应用 ping 命令，检查验证 VLAN 配置成功与否。

## 【知识准备】

交换机是构成交换式以太网的关键设备。传统的交换机可以在很大程度上减少冲突的发生，它可以分割冲突域，将一个较大的冲突域分割成几个小冲突域，让每台主机独占媒体的带宽。交换机不但可以工作在半双工模式下，而且可以工作在全双工模式下。工作于全双工时，主机在发送数据包的同时，还可以接收数据包，这样普通的 100Mbit/s 端口就可以变成 200Mbit/s 端口，进一步提高了信息吞吐量。利用交换机组网方便，网络升级简单，便于管理和结构化布线。交换机是局域网中最重要的组网设备。传统的交换机工作于数据链路层，有地址学习、帧转发/过滤、消除回路；目前交换机还支持 VLAN、链路汇聚等技术，甚至有的还具有防火墙功能。

### 1. 广播域和冲突域

广播域是以太局域网中设备之间发送广播帧的区域，即网络中一台计算机发送广播帧的最远范围。如果一个局域网连接的设备增多，广播的范围将变大，广播流量所占的比例也加大，就有可能引发网络性能问题。

冲突域是网络中所有设备发生数据冲突的最大范围。当局域网中的所有设备都连接在一个共享的物理介质上，有两个连入网络的设备同时向介质发送数据时，就会发生冲突。冲突发生后会极大地延缓数据的发送，降低设备的吞吐量。集线器的所有端口都在同一个广播域、冲突域内。连接到冲突域中的设备越多，冲突发生的可能性就越大，网络的性能下降得越快。交换机的所有端口都在同一个广播域内，而每一个端口就是一个冲突域。局域网中的广播域和冲突域的范围如图 1-84 所示。

### 2. VLAN 技术

VLAN（Virtual Local Area Network）是一组逻辑上的设备或用户，如图 1-85 所示。可以根据功能、部门、应用等因素将这些设备或用户组成群体而无需考虑他们所处的物理网段的位置。同一物理局域网内的不同用户可以逻辑地划分成不同的广播域，每一个 VLAN 都包含一组有着相同需求的计算机工作站，与物理上形成的 LAN 有着相同的属性。由于它是从逻辑上划分，而不是从物理上划分，所以同一个 VLAN 内的各个工作站没有限制在同一个物理范围中，即这些工作站可以在不同物理 LAN 网段。

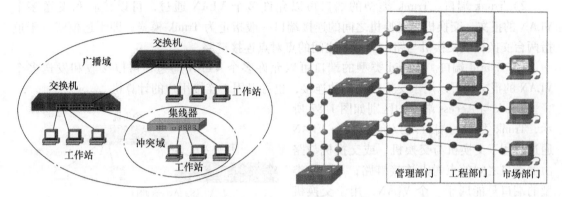

图 1-84　交换机、集线器的广播域和冲突域　　　图 1-85　虚拟网（VLAN）工作方式示意图

（1）VLAN 标准　1999 年 IEEE 制定发布 VLAN 标准 IEEE 802.1Q，如图 1-86 所示，将 VLAN ID 封装在 MAC 数据帧头，使得帧跨越不同设备，也能保留 VLAN 信息。不同厂家的交换机只要支持 802.1Q，VLAN 就可以跨越交换机，进行统一划分管理。

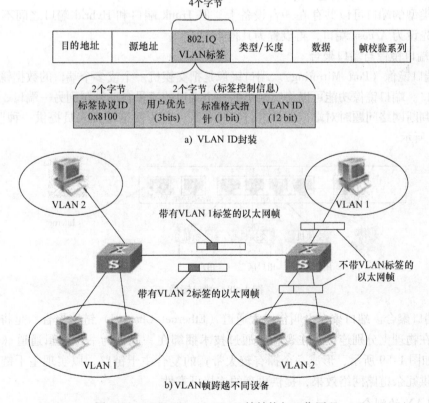

图 1-86　IEEE 802.1Q VLAN 帧结构与工作原理

（2）VLAN 端口类型　VLAN 有三种类型的端口：Access 端口、Trunk 端口和 Hybrid 端口。

1）Access 端口。Access 类型的端口是交换机的默认端口，该端口只能属于一个 VLAN，Access 端口转发的是无 VLAN 标签的帧。如果交换机端口连接的是终端计算机或服务器，则该端口类型一般指定为 Access 模式。

2）Trunk 端口。Trunk 类型的端口可以允许多个 VLAN 通过，可以接收和发送多个 VLAN 的报文。交换机与交换机之间的连接端口一般指定为 Trunk 模式，即干道模式。干道指两台交换机或交换机与路由器端口之间的点对点连接链路。

3）Hybrid 端口。Hybrid 类型的端口可以允许多个 VLAN 通过，可以接收和发送多个 VLAN 的报文，可以用于交换机之间的连接，也可以用于连接用户的计算机。

Trunk 与 Access 端口的区别如图 1-87 所示，Trunk 类型的端口可以允许多个 VLAN 通过，用于交换机与交换机，或交换机与路由器端口之间的点对点连接链路；Access 类型的端口只能属于一个 VLAN，用于交换机与终端计算机或服务器连接链路。

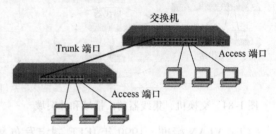

图 1-87　Trunk 与 Access 端口的区别

Hybrid 端口和 Trunk 端口在接收数据时，处理方法是一样的，唯一不同之处在于发送数据时，Hybrid 端口可以允许多个 VLAN 的报文发送时不打标签，而 Trunk 端口只允许默认 VLAN 的报文发送时不打标签。

三种类型的端口可以共存在一台设备上，但 Trunk 端口和 Hybrid 端口之间不能直接切换，只能先设为 Access 端口，再设置为其他类型端口。

（3）端口镜像与端口聚合

1）端口镜像（Port Mirroring）。端口镜像是把交换机一个或多个端口的数据镜像到一个或多个端口。端口镜像功能可以将交换机的一个端口的流量自动复制到另一端口，以供网络管理员在判断网络问题时对端口流量进行实时分析，可为网络管理人员提供一种监测手段，如图 1-88 所示。

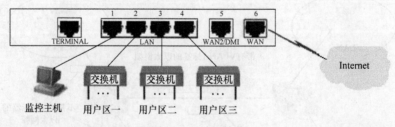

图 1-88　端口镜像

2）端口聚合。端口聚合也叫作以太通道（Ethernet Channel）链路聚合，是将交换机的多个端口在物理上分别连接，在逻辑上通过技术捆绑在一起作为一个逻辑通道（channel - group），如图 1-89 所示，形成一个拥有较大带宽的复合主干链路，以实现主干链路负荷均衡，并提供冗余链路网络效果，提供更高的连接可靠性。

3. VLAN 的划分

一般通过软件在交换机上对 VLAN 进行配置，但需要特定交换机厂商的相应软件的支持。VLAN 的定义方式有物理端口、MAC 地址、协议、IP 地址和用户自定义过滤方式等。

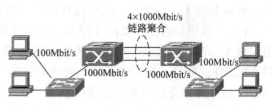

图 1-89 端口聚合

1）根据端口来划分 VLAN。许多 VLAN 厂商都利用交换机的端口来划分 VLAN 成员。被设定的端口都在同一个广播域中。这样做允许各端口之间的通信，并允许共享型网络的升级。但是，这种划分模式将虚拟网限制在了一台交换机上。第二代端口 VLAN 技术允许跨越多个交换机的多个不同端口划分 VLAN，不同交换机上的若干个端口可以组成同一个虚拟网。以交换机端口来划分网络成员，其配置过程简单明了，是目前最常用的一种方式。

2）根据 MAC 地址划分 VLAN。这种划分 VLAN 的方法对每个 MAC 地址的主机都配置它属于哪个组。这种划分 VLAN 方法的最大优点就是当用户物理位置移动时，即从一个交换机换到其他的交换机时，VLAN 不用重新配置。这种方法是基于用户的 VLAN，缺点是初始化时，所有的用户都必须进行配置，如果有几百个甚至上千个用户的话，配置是非常累的。而且这种划分的方法也导致了交换机执行效率的降低，因为在每一个交换机的端口都可能存在很多个 VLAN 组的成员，这样就无法限制广播包了。另外，对于使用便携式计算机的用户来说，他们的网卡可能经常更换，这样，VLAN 就必须不停地配置。

3）根据网络层划分 VLAN。根据每个主机的网络层地址或协议类型（如果支持多协议）划分 VLAN，虽然这种划分方法是根据网络地址，如 IP 地址，但它不是路由，与网络层的路由毫无关系。优点是用户的物理位置改变了，不需要重新配置所属的 VLAN，这对网络管理者来说很重要，另外，这种方法不需要附加的帧标签来识别 VLAN，这样可以减少网络的通信量。

4）根据 IP 组播划分 VLAN。即认为一个组播组就是一个 VLAN，这种划分的方法将 VLAN 扩大到了广域网，具有更大的灵活性，而且也很容易通过路由器进行扩展，但是这种方法不适合局域网，主要是效率不高。

5）基于规则的 VLAN，也称为基于策略的 VLAN。这是最灵活的 VLAN 划分方法，具有自动配置的能力，能够把相关的用户连成一体，在逻辑划分上称为"关系网络"。网络管理员只需在网管软件中确定划分 VLAN 的规则（或属性），那么当一个站点加入网络中时，将会被"感知"，并被自动地包含进正确的 VLAN 中。同时，对站点的移动和改变也可自动识别和跟踪。

采用这种方法，整个网络可以非常方便地通过路由器扩展网络规模。有的产品还支持一个端口上的主机分别属于不同的 VLAN，这在交换机与共享式 Hub 共存的环境中显得尤为重要。自动配置 VLAN 时，交换机中软件自动检查进入交换机端口的广播信息的 IP 源地址，然后软件自动将这个端口分配给一个由 IP 子网映射成的 VLAN。

6）按用户划分 VLAN。基于用户定义、非用户授权来划分 VLAN，是指为了适应特别的 VLAN，根据具体的网络用户的特别要求来定义和设计 VLAN，而且可以让非 VLAN 群体用户访问 VLAN，但是需要提供用户密码，在得到 VLAN 管理的认证后才可以加入一个 VLAN。

4. VLAN 的优点

由 VLAN 的工作原理可知，一个 VLAN 内部的广播和单播流量都不会转发到其他 VLAN

中，从而有助于控制流量、减少设备投资、简化网络管理、提高网络的安全性。

1）广播风暴防范。使用 VLAN，可以将某个交换端口或用户赋予某一个特定的 VLAN组，该 VLAN 组可以在一个交换网中或跨接多个交换机，在一个 VLAN 中的广播不会送到VLAN 之外。同样，相邻的端口不会收到其他 VLAN 产生的广播。VLAN 可以提供建立防火墙的机制，防止交换网络的过量广播。

2）增强局域网的安全性。含有敏感数据的用户组可与网络的其余部分隔离，从而降低泄露机密信息的可能性。不同 VLAN 内的报文在传输时是相互隔离的，如果不同 VLAN 要进行通信，则需要通过路由器或三层交换机等三层设备。

3）成本降低。成本高昂的网络升级需求减少，现有带宽和上行链路的利用率更高，因此可节约成本。

4）提高 IT 员工效率。VLAN 为网络管理带来了方便，因为有相似网络需求的用户将共享同一个 VLAN。

5）应用管理。VLAN 将用户和网络设备聚合到一起，以支持商业需求或地域上的需求。通过职能划分，项目管理或特殊应用的处理都变得十分方便，例如可以轻松管理教师的电子教学开发平台。此外，也很容易确定升级网络服务的影响范围。

6）增加网络连接的灵活性。借助 VLAN 技术，能将不同地点、不同网络、不同用户组合在一起，形成一个虚拟的网络环境，就像使用本地 LAN 一样方便、灵活、有效。

【操作步骤】

步骤一：观察认识交换机外观和端口，认识交换机配置电缆，如图 1-90 所示。

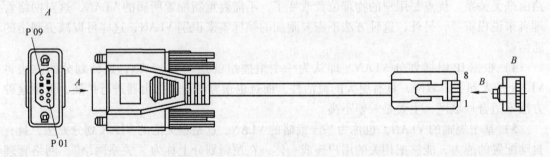

图 1-90　交换机配置电缆

步骤二：设置两台计算机的网络属性，计算机 1：192.168.20.3　255.255.255.0，计算机 2：192.168.20.6　255.255.255.0。

步骤三：选择一台计算机为配置用计算机，通过专用配置线缆按图 1-91 实现与交换机配置口的连接。

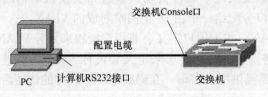

图 1-91　专用配置电缆连接

步骤四：在配置用计算机上通过配置命令对交换机进行基本配置。

1）打开超级终端，建立新的连接。如图1-92所示，键入新连接的名称，单击"确定"。

2）设置终端参数。在"连接时使用"一栏选择连接的串口（注意选择的串口应该与配置电缆实际连接的串口一致），如图1-93所示。

图1-92 新建超级终端      图1-93 超级终端端口选择

3）设置串口参数，如图1-94所示，在串口的属性对话框中设置波特率为9600，数据位为8，奇偶校验为无，停止位为1，流量控制为无，单击"确定"，返回超级终端窗口。

4）打开超级终端，如图1-95所示，保证配置电缆连接正确，直接按"Enter"键，系统开始连接交换机。

图1-94 串口设置      图1-95 超级终端命令输入界面

5）按命令配置交换机。

新建VLAN1，IP地址为192.168.20.1 255.255.255.0。

| | |
|---|---|
| ＜H3C＞ system – view | ＊进入系统配置状态＊ |
| ［H3C］ interface vlan – interface 1 | ＊进入VLAN1接口＊ |
| ［H3C – vlan – interface1］ undo ip address | ＊删除当前IP＊ |
| ［H3C – vlan – interface1］ ip address 192.168.20.1 255.255.255.0 | ＊创建VLAN1的IP＊ |
| ［H3C – vlan – interface1］ quit | ＊退出VLAN1接口＊ |

建立一个账户名和密码都为"admin"，账户类型为"telnet"，权限等级为"3"的管理员用户。

［H3C］ local – user admin

［H3C – luser – admin］ password simple admin
［H3C – luser – admin］ service – type telnet
［H3C – luser – admin］ level 3

步骤五：在配置计算机上通过 H3C 的 Web 管理界面设置交换机的 VLAN。

1）在 IE 浏览器地址栏中输入"http：//192.168.20.1"，即登录界面，如图1-96 所示，在 User Name 栏中输入"admin"，Password 栏中输入"admin"，单击"login"登录系统。

2）设置端口的连接属性，选择"端口"→"管理"，设置端口的连接属性"Access"，如图1-97 所示。

图1-96　交换机管理登录界面

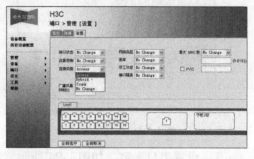

图1-97　交换机端口属性设置

3）新建 VLAN2 和 VLAN3，如图1-98 所示。

4）将端口1 和端口3 划分给 VLAN2，将端口2 和端口4 划分给 VLAN3，如图1-99 和图1-100 所示。

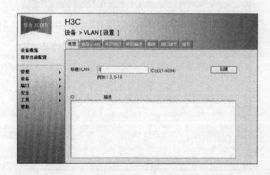

图1-98　新建 VLAN

图1-99　VLAN2 端口划分

图1-100　VLAN3 端口划分

步骤六：分别将两台计算机连至相同及不同的 VLAN 端口，通过 ping 命令验证 VLAN 划分是否成功。

◀◢ 思考问题 ◣▶

1. 以太网交换机的类型有哪些？
2. 以太网交换机的常见端口有哪些？分别有什么功能及特点？
3. 何为 VLAN？划分 VLAN 的意义是什么？

# 任务7　防火墙的操作与配置

## 【任务描述】

准备两台计算机和一台防火墙设备，组成一个小型的应用网络，如图 1-101 所示，选择内网的计算机作为配置计算机，使用操作系统自带的超级终端与防火墙进行连接，在超级终端中对防火墙进行基本的命令配置，然后启用 Web 管理，按表 1-9 网络地址规划创建访问地址列表（ACL），配置地址转换（NAT），建立内网和外网相互访问的通道，使用 ping 命令测试验证成功。

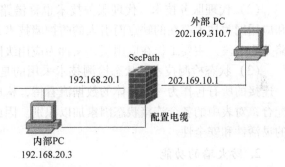

图 1-101　防火墙配置与应用网络

表 1-9　网络地址规划

| 序号 | 设备名称 | 属性 | IP 地址 | 子网掩码 | 网关 |
| --- | --- | --- | --- | --- | --- |
| 1 | 内部计算机 | 内网 | 192. 168. 20. 3 | 255. 255. 255. 0 | 192. 168. 20. 1 |
| 2 | 防火墙 LAN0 | 接内网 | 192. 168. 20. 1 | 255. 255. 255. 0 | 无 |
| 3 | 防火墙 WAN0 | 接外网 | 202. 169. 10. 1 | 255. 0. 0. 0 | 无 |
| 4 | 外部计算机 | 外网 | 202. 169. 310. 7 | 255. 0. 0. 0 | 202. 169. 10. 1 |
| 5 | NAT 地址池 | 起始地址：202. 169. 10. 2；结束地址：202. 169. 10. 5 | | | |

## 【实操要求】

1. 会连接配置计算机与防火墙的 Console 口，进行防火墙的基本配置。
2. 会应用防火墙基于 Web 的管理平台，通过 Web 登录管理界面，对防火墙进行地址转换 NAT 和访问控制 ACL 管理设置。
3. 会应用 ping 命令，检查验证防火墙 NAT 和 ACL 配置成功与否。

## 【知识准备】

防火墙是一种用来增强内部网络安全性的系统，它将网络隔离为内部网络和外部网络。从某种程度来说，防火墙是位于内部网络和外部网络的桥梁和检查站，它由一台或多台计算机构成，对内部网络和外部网络之间的数据流量进行分析、检测、管理和控制，通过对数据的筛选和过滤来防止未经授权的访问进出内部计算机网络，从而达到保护内部网络资源和信息的目的。防火墙有以下几方面作用：防火墙可以保护网络中脆弱的服务；防火墙允许网络管理员定义中心"扼制点"抵抗非法访问；防火墙可以增强保密性，强化私有权；采用地址转换技术的防火墙可以缓解地址空间的短缺问题；防火墙可以方便地进行审计和告警。

虽然防火墙可以提高内部网络安全性，是网络安全体系中极为重要的一环，但防火墙本身也有一些缺陷和不足：防火墙有时会限制有用的网络应用；防火墙无法防护内部用户的攻击；防火墙无法防护病毒；防火墙不能防范通过防火墙以外的途径攻击；防火墙不能防备新的网络安全问题。

1. 防火墙常用的技术

（1）包过滤技术　采用包过滤技术的防火墙称为包过滤型防火墙，工作在网络层，又叫网络级防火墙。它一般通过检查单个包的地址、协议、端口等信息来决定是否允许此数据包通过。路由器便是一个"传统"的网络级防火墙。

（2）代理服务技术　代理服务技术也称链路级网关或 TCP 通道，它是针对数据包过滤和应用网关技术存在的缺点而引入的防护墙技术，其特点是将所有跨越防火墙的网络通信链路分为两段，主要工作在应用层，又称为应用级防火墙。

（3）状态检测技术　状态检测技术采用的是一种基于连接的状态检测机制，将属于同一连接的所有包作为一个整体的数据流看待，构成连接状态表，通过规则表与状态表的共同配合，对表中的各个连接状态因素加以识别。因此，与传统的包过滤技术相比，它具有更好的灵活性和安全性。

2. 防火墙的功能

衡量防火墙的功能指标包括防火墙提供的接入方式、基本访问控制功能和是否支持NAT 与服务器负载均衡等。

（1）防火墙的接入方式　防火墙提供透明接入、路由或 NAT 接入和混合接入三种接入方式，如图 1-102 所示。

（2）基本的访问控制——访问控制列表（Access Control List，ACL）。防火墙必须能够提供控制网络数据流的能力，以用于安全性、QoS 需求和各种策略制定等方面。实现数据流控制的方法之一是使用 ACL。

基本的访问控制包括基于源 IP 地址的访问控制，基于目的 IP 地址的访问控制，基于源端口的访问控制，基于目的端口的访问控制，基于时间的访问控制，基于用户的访问控制，基于流量的访问控制，基于邮件的访问控制，基于网址的访问控制和基于 MAC 地址的访问控制。

（3）网络地址转换（NAT）　网络地址转换（Network Address Translation，NAT）实现了私有网络访问外部网络的功能。地址转换的机制就是将私有网络内主机的 IP 地址和端口替换为防火墙的外部网络地址和端口，以及从防火墙的端口转换为私有网络主机的 IP 地址和端口，即 <私有地址 + 端口> 与 <公有地址 + 端口> 之间的转换。

如图 1-103 所示，防火墙的一个基本功能就是可以实现 NAT，实现时有两种选择：第一种选择是内部地址可以被转换成一个指定的全局地址，称为静态地址转换；第二种选择是在数据穿越防火墙时，将内部地址转换到一个全局地址池中的某个地址，称为动态地址转换。

私有地址是指内部网络或主机地址，公有地址是指在因特网上全球唯一的 IP 地址。Internet 地址分配组织规定将下列 IP 地址保留用作私有地址：

10. 0. 0. 0 ~ 10. 255. 255. 255；

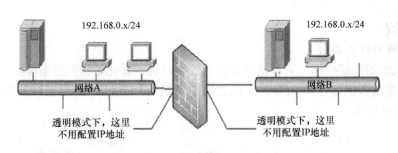

a) 透明接入

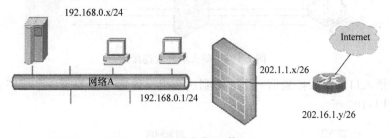

b) 路由或NAT接入

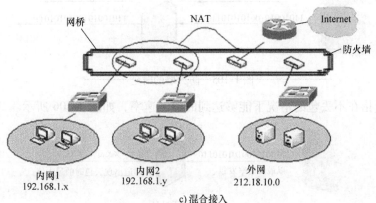

c) 混合接入

图 1-102　防火墙提供的接入方式

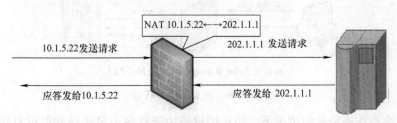

图 1-103　防火墙的 NAT 功能

172. 16. 0. 0 ~ 172. 31. 255. 255；

192. 168. 0. 0 ~ 192. 168. 255. 255。

这三个范围内的地址不会在因特网上被路由，可在一个单位或公司内部使用。各企业在预见未来内部主机和网络的数量后，选择合适的内部网络地址，不同企业的内部网络地址可以相同。如果一个公司选择上述三个范围之外的其他网段作为内部网络地址，则有可能会引起混乱。地址转换在允许内部网络的主机访问外部资源的同时，为内部主机提供"隐私

（Privacy）”保护。

3. 防火墙的性能指标

衡量防火墙的性能指标主要包括并发连接数、时延、吞吐量和丢包率等。

1）并发连接数指穿越防火墙的主机之间或主机与防火墙之间能同时建立的最大连接数，如图 1-104 所示。

客户机
服务器

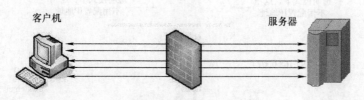

图 1-104 防火墙并发连接数

2）时延指入口处输入帧最后一个比特到达至出口处输出帧的第一个比特输出所用的时间间隔，如图 1-105 所示。

时间间隔
最后一个比特到达
第一个比特输出
11010010100101010110
11010010100101010110

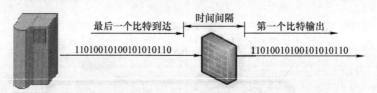

图 1-105 防火墙的时延

3）吞吐量指在不丢包的情况下能够达到的最大速率，如图 1-106 所示。

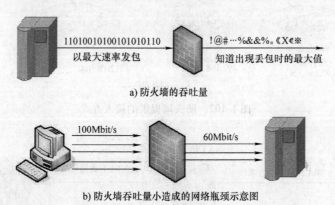

11010010100101010110
以最大速率发包
!@#…%&&%。《X€※
知道出现丢包时的最大值
a) 防火墙的吞吐量
100Mbit/s
60Mbit/s
b) 防火墙吞吐量小造成的网络瓶颈示意图

图 1-106 防火墙的吞吐量

4）丢包率指在连负载的情况下，防火墙设备由于资源不足应转发但没有转发的帧百分比，如图 1-107 所示。

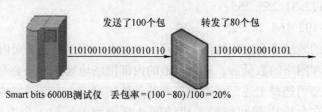

发送了100个包
转发了80个包
11010010100101010110
1101001010010101
Smart bits 6000B测试仪 丢包率=(100−80)/100=20%

图 1-107 防火墙的丢包率

#### 4. 防火墙的配置步骤

一般情况下配置防火墙的基本思路：首先，将组网需求具体化、详细化，包括组网目的、防火墙在网络互连中的角色、传输介质的选择、网络的安全策略和网络可靠性需求等，并根据具体化的组网需求绘出一个清晰完整的组网图；然后，配置防火墙各接口的 IP 地址，如果需要启动动态路由协议，还需配置相关动态路由协议的工作参数；再者，如果有特殊的安全需求，则需进行防火墙的安全性配置；最后，如果有特殊的可靠性需求，则需进行防火墙的可靠性配置。

#### 5. H3C SecPath F100-A 防火墙

H3C SecPath F100-A 防火墙是面向企业用户的新一代专业防火墙设备，外观如图 1-108 所示，可以作为中小企业的出口防火墙设备，也可以作为中型企业的内部防火墙设备。防火墙配置见表 1-10。

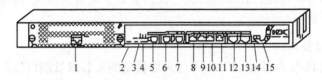

图 1-108  防火墙外观

1—MIM 接口卡插槽  2—固定广域网口 0 的两个指示灯  3—固定广域网口 1 的两个指示灯
4—固定广域网口 2 的两个指示灯  5—固定广域网接口 0（WAN0）  6—固定广域网接口 1（WAN1）
7—固定广域网接口 2（WAN2）  8—固定以太网口 0（LAN0）  9—固定以太网口 1（LAN1）
10—固定以太网口 2（LAN2）  11—固定以太网口 3（LAN3）  12—备份口（AUX）  13—配置口（Console）
14—系统指示灯（SYS）  15—电源指示灯（PWR）

表 1-10  防火墙配置

| 项目 | 防火墙描述 |
| --- | --- |
| MIM 插槽 | 1 |
| 固定接口 | 4 个 10/100Mbit/s LAN 以太网交换口，3 个 10/100Mbit/s WAN 以太网口<br>1 个 AUX 口（备份口）<br>1 个 Console 口（配置口） |
| Boot ROM | 512KB |
| DDR SDRAM | 256MB |
| Flash | 16MB |
| 外型尺寸（$W \times D \times H$） | 436mm × 330mm × 44mm（不含脚垫） |
| 重量 | 4kg |
| 电源输入 | 额定电压范围：AC100～240V；50/60Hz<br>额定电流：1.5A |
| 最大功率 | 54W |
| 工作环境温度 | 0～40℃ |
| 环境相对湿度 | 10%～90%（非凝露） |

#### 6. H3C SecPath F100-A 功能

1）支持外部攻击防范、内网安全、流量监控、网页过滤、邮件过滤等功能，能够有效地保证网络的安全。

2）采用 ASPF 状态检测技术，可对连接过程和有害命令进行监测，并协同 ACL 完成动态包过滤。

3）提供多种智能分析和管理功能，支持邮件告警、多种日志，提供网络管理监控，协助网络管理员完成网络的安全管理。

4）防火墙支持 AAA、NAT 等技术，可以确保在开放的 Internet 上实现满足可靠质量要求的、安全的网络。

5）防火墙支持多种 VPN 业务，如 L2TP VPN、IPsec VPN、GRE VPN、动态 VPN（暂不支持 Web 配置）等，可以针对客户需求通过拨号、租用线、VLAN 或隧道等方式接入远端用户，构建 Internet、Intranet、Remote Access 等多种形式的 VPN。

6）为用户提供基本的路由能力，支持 RIP/OSPF/BGP 路由策略及策略路由。

7）支持丰富的 QoS 特性，提供流分类、流量监管、流量整形及多种队列调度策略。

【操作步骤】

步骤一：观察认识设备。

1）观察和熟悉 H3C SecPath F100-A 防火墙设备的安装以及端口位置。

2）H3C SecPath F100-A 防火墙端口配置和电源要求，见表 1-10。检查防火墙工作电源，确保电源安全正常。

步骤二：组建防火墙应用网。选择 2 条平行网线，连接 2 台计算机和防火墙组建应用网，按照表 1-9 网络地址规划，配置 2 台计算机的网络属性，外网计算机的 IP 地址配置如图 1-109 所示。

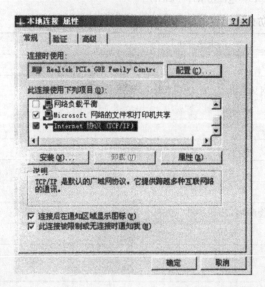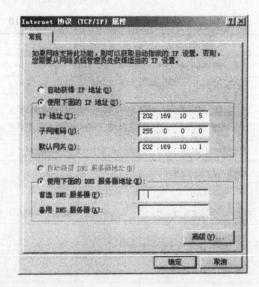

图 1-109　外网计算机的 IP 地址配置

步骤三：关闭防火墙电源，选定内网 PC 作为配置终端，使用配置电缆，将内网 PC 的 RS232 串口与防火墙上的 Console 口相连，如图 1-110 所示，经检查后加电。

步骤四：用内网 PC，通过超级终端对防火墙进行基本参数配置。超级终端通信的建立与交换机配置类似。防火墙基本参数配置命令如下：

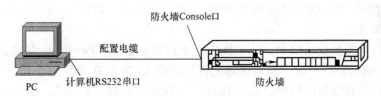

图1-110　配置电缆连接

1）配置防火墙内网端口 LAN0，IP 地址 192. 168. 20. 1　255. 255. 255. 0。

＜H3C＞　system – view

［H3C］　firewall　packet – filter　default　permit

［H3C］　interface　Ethernet0/0

［H3C – Ethernet0/0］　ip address 192. 168. 20. 1　255. 255. 255. 0

［H3C – Ethernet0/0］　quit

［H3C］　firewall　zone　trust

［H3C – zone – trust］　add　interface　Ethernet0/0

［H3C – zone – trust］　quit

2）配置防火墙外网端口 WAN0，IP 地址 202. 169. 10. 1　255. 0. 0. 0。

＜H3C＞　system – view

［H3C］　firewall　packet – filter　default　permit

［H3C］　interface　Ethernet1/0

［H3C – Ethernet1/0］　ip address 202. 169. 10. 1 255. 0. 0. 0

［H3C – Ethernet1/0］　quit

［H3C］　firewall　zone　trust

［H3C – zone – trust］　add　interface　Ethernet1/0

3）建立一个用户名和密码都为"admin"，账户类型为"telnet"，权限等级为"3"的管理员用户。

［H3C］　local – user　admin

［H3C – luser – admin］　password　simple　admin

［H3C – luser – admin］　service – type　telnet

［H3C – luser – admin］　level　3

步骤五：登录防火墙 Web 管理界面。

打开 IE 浏览器，在地址栏中输入 http：//192. 168. 20. 1，打开防火墙 Web 登录界面，如图1-111 所示，在 User　Name 栏中输入"admin"，Password 栏中输入"admin"，单击"login"登录系统。

步骤六：配置管理防火墙，ACL 及 NAT 配置。

1）单击"防火墙管理"→"域间管理"→"ACL"，在右边的 ACL 配置区域中单击"ACL 配置信息"。

2）在"ACL 编号"中输入基本 ACL

图1-111　防火墙管理登录界面

的编号2001（基本 ACL 的编号范围为 2000～2999），单击"创建"。在下面的列表中选择此 ACL，单击"配置"。

3）在 ACL 配置参数区域中，从"操作"下拉框中选择"Permit"，在"源 IP 地址"栏中输入"192. 168. 20. 0"，在"源地址通配符"中输入"0. 0. 0. 255"，单击"应用"。

4）在 ACL 配置参数区域中，从"操作"下拉框中选择"Deny"，在"源 IP 地址"栏中输入"192. 168. 0. 0"，在"源地址通配符"中输入"0. 0. 255. 255"，单击"应用"。

5）单击"防火墙管理"→"域间管理"→"NAT"，进入配置界面，单击"地址池管理"，在右边的配置区域中单击"创建"。在"地址池索引号"栏中输入"1"，在"起始地址"栏中输入"202. 169. 10. 1"，在"结束地址"栏中输入"202. 169. 10. 5"，单击"应用"。

6）单击"地址转换管理"，进入"NAT 地址转换管理配置"区域中，在"接口名称"栏中选择"Ethernet1/0"，在"接口类型"栏中选择"NAPT"（由于地址池的地址数量有限且内部主机较多，选择 NAPT 以启用 NAT 地址复用），在"地址池"栏中输入"1"，选中"ACL 编号"单选框，输入"2001"（已创建好的基本 ACL 编号），单击"应用"。

步骤七：测试连通内网和外网。

1）在内网计算机上，单击"开始"→"运行"，输入"cmd"，打开 DOS 命令窗，使用 ping 命令连接外部计算机，如 ping 202. 169. 10. 6（外网计算机 IP 地址），如果有信息返回，则表示配置通过。

2）在外网计算机上，使用 ping 命令连接内部计算机，应该无法连通。

## 思考问题

1. 简述防火墙的作用、防火墙的配置方式和防火墙的接入方式。
2. 什么是网络访问控制列表（ACL）和地址转换（NAT）？
3. 本应用防火墙的网络地址规划调整见表 1-11，试根据防火墙配置经验，总结防火墙配置应注意的关键事项。

表1-11 网络地址规划

| 序号 | 设备名称 | 属性 | IP 地址 | 子网掩码 | 网关 |
|---|---|---|---|---|---|
| 1 | 内部计算机 | 内网 | 192. 168. 20. 3 | 255. 255. 255. 0 | 192. 168. 20. 1 |
| 2 | 防火墙 LAN0 | 接内网 | 192. 168. 20. 1 | 255. 255. 255. 0 | 无 |
| 3 | 防火墙 WAN0 | 接外网 | 202. 169. 10. 1 | 255. 0. 0. 0 | 无 |
| 4 | 外部计算机 | 外网 | 202. 169. 10. 7 | 255. 0. 0. 0 | 202. 169. 10. 1 |
| 5 | NAT 地址池 | 起始地址：202. 169. 10. 2；结束地址：202. 169. 10. 6 | | | |

# 第2篇

# 综合布线系统施工任务

智能建筑通信、控制与计算机网络的安装是从布线开始的，综合布线系统是智能建筑整个弱电系统的基础，是信息传递的神经系统，它为信号传输提供高速通道。据统计，一半以上的通信、网络故障与线缆有关，线缆本身的质量及安装水平都直接影响到网络能否健康稳定地运行。在新建大楼中综合布线系统的安装是伴随建筑施工进行的，配线系统一经完成，尤其是大楼内装修之后，想要改变和修复已布放的水平线缆是非常困难的，即使能，也需要付出破坏内装修的昂贵代价。因此综合布线一般应遵循"随装随测"的原则，及时发现和纠正安装中所出现的问题，所以新安装的布线系统必须按标准进行测试验收，检验电缆是否合格，检验施工是否合格，是否支持高速应用，保护用户的利益。

在一座智能大厦的建设施工中，有众多的单位、部门为各个系统的建设而忙碌，综合布线系统的施工只是众多施工项目中的一小部分。在大厦内的施工单位大致有土建施工、建筑供配电、消防、中央空调、电梯、给水排水、装修、综合布线等，这么多的项目同时开工，那么工地现场的冲突是可想而知的。

因此，在大楼综合布线施工过程中，与其他建设施工单位的相互配合，对于确保综合布线的成功和整个大厦的质量就显得非常重要了。其中最重要的是要处理好下述工程施工之间的配合。

1）综合布线与土建施工的配合。根据综合布线设计图样，在土建施工中将应该预埋的管道进行预埋，并在土建施工基本完成时，对所有预埋管道的导通情况进行全面的清查，发现问题及时反映，提出解决方案，配合土建解决问题。

2）综合布线与中央空调施工的配合。综合布线施工与空调施工的配合主要集中在走廊的吊顶内有限空间的分配与利用，综合布线在走廊吊顶内有金属线槽，中央空调在走廊吊顶内有占吊顶面积2/3的空调风管，当风管在吊顶内安装完毕后，综合布线的金属线槽就很难安装，甚至无法安装，使综合布线无法进行下去，因此，综合布线的金属线槽安装一定要在空调风管安装之前完成，还应考虑金属线槽安装完毕后应留有一定的空间进行布线操作，为后续的工作提供方便。

3）综合布线与装修施工的配合。装修施工是美化建筑物的工作，它将绝大多数不美观的管线包装上漂亮的外衣，也使大楼的工作环境变得温馨、优雅，由此，很明显应该在吊顶装修之前完成综合布线的放线工作，对通过石膏板、扣板吊顶的走线更要进行简单的测试，以保证基本的通过性。

本篇依据综合布线工程施工与验收国家标准及其工作过程特征，结合教学时间单位特点，将综合布线工程施工与验收划分为水平配线系统端接、大对数铜缆端接、语音点跳线管理、数据点跳线管理、铜缆系统测试、光纤熔接、同轴电缆系统测试、光纤连接器制作、光纤系统测试九个训练项目。重点训练学员铜缆、光纤综合布线施工、测试及工程验收能力，瞄准综合布线现场工程师能力目标。完成训练的学员应学会上述九项综合布线工程施工与验收技术、工艺技能，并养成本职业的基本职业道德素养。

# 任务1 水平配线系统端接

## 【任务描述】

在实训操作台上，如图 2-1 所示，按 T568B 标准完成水平配线系统端接，包括水平电缆一端与信息插座模块端接，另一端与配线架的端接，水平电缆为 5 类及以上非屏蔽双绞线（UTP5e）。

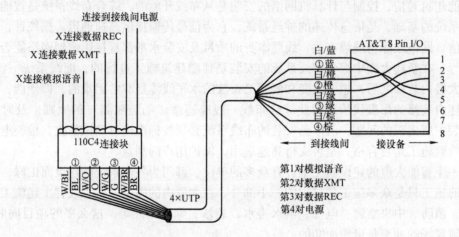

图 2-1　水平配线系统端接

## 【实操要求】

1. 学会水平电缆与信息插座模块的端接。
2. 学会水平布线电缆与配线架的端接。
3. 熟悉信息插座、配线架的标识。
4. 用综合布线通断测试仪检测水平布线电缆各线对连接的正确性和导通性。

## 【知识准备】

### 1. 插座模块制作标准

综合布线国际标准 4 线对双绞线的色序见表 2-1。RJ45 插座模块端接 4 线对双绞线国际标准有 T568A 和 T568B 之分，T568A 和 T568B 标准插座模块前视图及颜色编码分别如图 2-2a、b 所示。当前布线施工，一般建议执行 T568B 标准。

表 2-1　4 线对双绞线的色序

| 线对 | 1 | 2 | 3 | 4 |
|------|------|------|------|------|
| 颜色 | 白/蓝，蓝 | 白/橙，橙 | 白/绿，绿 | 白/棕，棕 |

### 2. 配线架端接线序

综合布线水平布线的 4 线对双绞线在 110 IDC 配线架上的打线色序，从左至右为白蓝、蓝、白橙、橙、白绿、绿、白棕、棕，如图 2-3a 所示，不区分布线标准。4 线对双绞线在插接式（模块）配线架上的打线色序按照配线架色标指示打线。T568A 和 T568B 标准的不

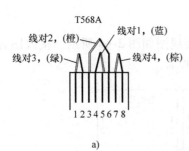

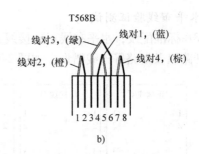

图 2-2　插座模块布线色序标准

同规定：T568A 标准，从左至右打线顺序为蓝、橙、绿、棕，如图 2-3b 所示；而 T568B 标准打线顺序为蓝、绿、橙、棕。

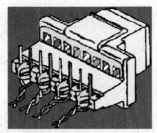

a) 110 IDC配线架上打线色序

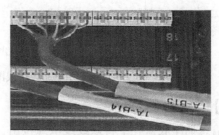

b) 模块配线架上T568A标准打线色序

图 2-3　配线架上 4 对 UTP 打线色序

### 3. 信息插座与线缆标识

信息插座与线缆标识参考结构如图 2-4 所示。楼层用数字编号（floor #），通信间用字母编号（TR alpha #），端接区域用字母编号（panel alpha #），配线架端口用数字编号（port #）。信息插座与线缆标识示例如图 2-5 所示。

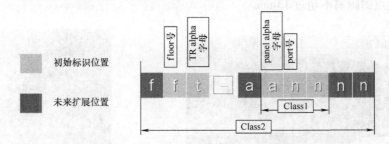

图 2-4　信息插座与线缆标识参考结构

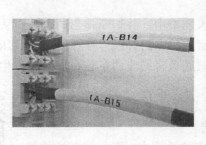

图 2-5　信息插座与线缆标识示例

### 4. 水平布线验证测试

T568B 标准配线，水平布线正确接线并导通的接线图如图 2-6a 所示。接线图容易出现交叉、开路以及短路等连线错误，如图 2-6b、c、d 所示。

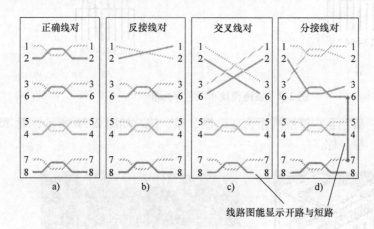

管槽安装

图 2-6 水平布线接线图

【操作步骤】

线缆敷设

步骤一：从信息插座底盒孔中将双绞线电缆拉出，长度合理。

步骤二：将双绞线电缆护套剥除，从端部 30mm 处剥除，如图 2-7 所示。注意：护套内的双绞线的绝缘层不能被划破。

步骤三：旋转线缆使最后两对线位于正确的位置，将棕、橙和绿线对弯曲，只留下蓝线对向前，让线缆护套接触到模块，如图 2-8 所示，并将蓝线对压入 T568B 模块最后端蓝色色标指示的 110 槽内。然后根据模块的色标指示，再依次将 4 对双绞线其余线对压入相应色标指示的 110 槽内。双绞线与模块夹线槽簧片的接触点至最近的双绞线绞接点的距离不超过 13mm。

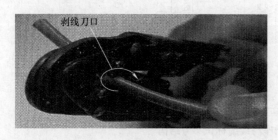

图 2-7 剥除双绞线电缆护套

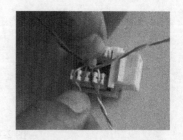

图 2-8 双绞线与模块位置

步骤四：使用单对打线工具把线缆压入插槽中，并切断伸出的余缆，从第一对线（蓝色线对）开始，从模块的后端开始从后往前打线。推荐使用 IDC 压线工具刀与模块底座呈 90℃垂直打线，使用安装底板将底座固定住可以防止发生意外并且可以将残留线缆头切掉，如图 2-9 所示。

步骤五：将 4 对 UTP 绑扎到配线架上，剥除电缆护套，从端部 30mm 处剥除，不要伤及导线。

步骤六：将双绞线的 4 对线缆压到对应的插槽中，双绞线与插槽簧

水平配线系统端接–信息模块端接

片的接触点至最近的双绞线绞接点的距离不超过 13mm；使用单对打线工具把线缆压入插槽中，并切断伸出的余缆，如图 2-10 所示。

 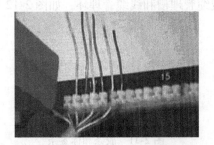

图 2-9 模块打线方法                   图 2-10 配线架打线方法

步骤七：用综合布线通断测试仪检测水平布线各线对的导通性。

水平配线系统端接–配线架端接

思考问题

1. 信息模块的接线标准有哪些？我国通常采用哪种？
2. 信息插座的安装空间位置通常有什么要求？
3. 完成综合布线的电缆标记、场标记和插入标记规划设计，并用于本次实训水平线缆、信息插座和配线架 110 模块的标识。
4. 4 对 UTP 线缆端接时，综合布线标准对线缆拆分的规定是什么？
5. 4 对 UTP 在 110 配线架上的安装线序是怎样的？

# 任务 2 大对数铜缆端接

## 【任务描述】

采用专业打线工具，按照大对数铜缆线序标准，在 110 配线架上完成 1 根大对数铜缆两端的端接，安装标签条，并检测端接连通的正确性。

## 【实操要求】

1. 在配线架上完成 1 根大对数铜缆的端接任务。
2. 测试大对数铜缆端接的连通性。

## 【知识准备】

### 1. 大对数铜缆的色标

25 对大对数双绞线通常分为 5 个组，国际标准色组色标为白红黑黄紫；每组有五对双绞线，国际标准色对色标为蓝橙绿棕灰。25 对线的色标是，白组线对 1 – 5；红组线对 6 – 10；黑组线对 11 – 15；黄组线对 16 – 20；紫组线对 21 – 25，在色组色的基础上，再加上对色，不是混合，而是叠加，因此为花线。一个组线的 5 个线对的颜色编码如下：蓝色：第一个线对；橙色：第二个线对；绿色：第三个线对；棕色：第四个线对；蓝灰色：第五个线对。

### 2. 110 配线系统的构成

IBDN 110 配线系统主要由配线架、连接块、线缆管理槽、标签及胶条等组成。100 对或

300 对 110 配线架, 见主教材图 5-16a; 4 线对连接块、5 线对连接块, 见主教材图 5-16b; 用于标注各连接块信息的胶条和标签条, 如图 2-11 所示。安装在配线架上用于整理和固定的线缆管理槽和线缆管理环, 如图 2-12 所示。

a) 胶条    b) 标签条          a) 线缆管理环    b) 线缆管理槽

图 2-11　胶条和标签条          图 2-12　线缆管理环和线缆管理槽

【操作步骤】

大对数铜缆端接

使用 110 配线系统构建 25 对 UTP 电缆交叉连接管理系统的步骤。

步骤一: 在墙上标记好 110 配线架安装的水平和垂直位置, 如图 2-13 所示。

步骤二: 对于 300 线对配线架, 沿垂直方向安装线缆管理槽, 并用螺钉固定在墙上, 如图 2-14 所示。对于 100 线对配线架, 沿水平方向安装线缆管理槽, 配线架安装在线缆管理槽下方, 如图 2-15 所示。

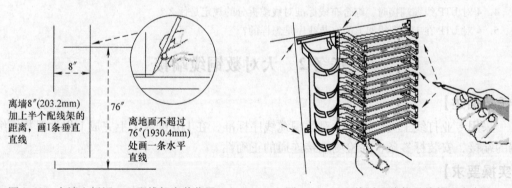

离墙8″(203.2mm)
加上半个配线架的
距离, 画1条垂直
直线

离地面不超过
76″(1930.4mm)
处画一条水平
直线

图 2-13　在墙上标记 110 配线架安装位置          图 2-14　300 线对配线架及线槽固定方法

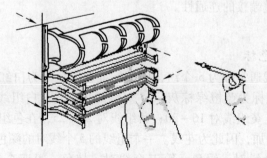

图 2-15　100 线对配线架及线槽固定方法

步骤三: 将要安装的 25 对大对数线缆固定在配线架两侧, 4 线对 UTP 固定在配线架中间, 缆束整齐且无松弛, 如图 2-16 所示。

步骤四：确定线缆安装在配线架上各接线块的位置，用笔在胶条上做标记，如图2-17所示。

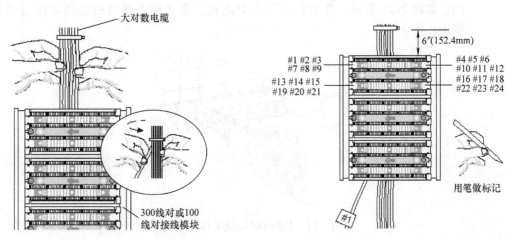

图2-16　大对数电缆引入配线架　　　　　　图2-17　在配线架上标注各线缆连接位置

步骤五：根据25对大对数线缆国际标准的色序及线缆的编号，按顺序整理线缆以靠近配线
　　　　架的对应接线块位置，如图2-18所示。

步骤六：按电缆的编号顺序剥除电缆的外皮，如图2-19所示。

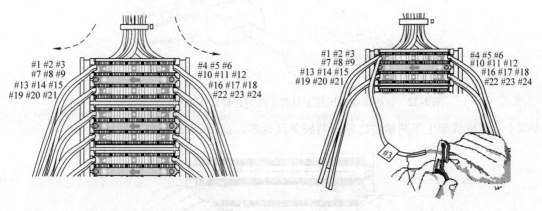

图2-18　按连接接线块的位置整理线缆　　　　　　图2-19　剥除电缆外皮

步骤七：按照规定的线序将线对逐一压入连接块的槽位内，如图2-20所示。

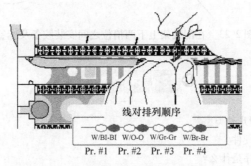

图2-20　按线序将线对压入槽内

步骤八：使用专用的 110 压线工具，将线对冲压入线槽内，确保将每个线对可靠地压入槽内，如图 2-21 所示。注意在冲压线对之前，重新检查线对的排列顺序是否符合要求。

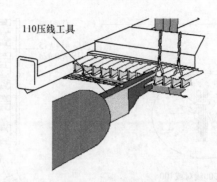

110压线工具

图 2-21　使用 110 压线工具冲压线对

步骤九：使用多线对压接工具，将 5 线对连接块冲压到 110 配线架线槽上，如图 2-22 所示。

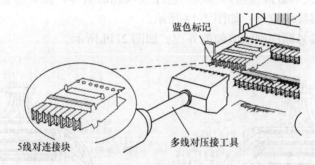

蓝色标记

5线对连接块　　　　多线对压接工具

图 2-22　使用多线对压接工具将 5 线对连接块压接到配线架线槽上

步骤十：在配线架上下两槽位之间安装胶条及标签，如图 2-23 所示。

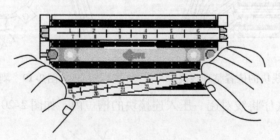

图 2-23　在配线架上下两槽位之间安装胶条及标签

思考问题

1. 110 配线架连接块有哪几种类型？
2. 干线子系统包含哪些硬件？
3. 25 对大对数的线缆色序是什么？

# 任务3 语音点跳线管理

## 【任务描述】

在图 2-24 所示已有双点管理二次交连语音综合布线系统（实训操作台）上，通过跳线连通指定语音信息点与指定进线（或小型程控电话交换机）。

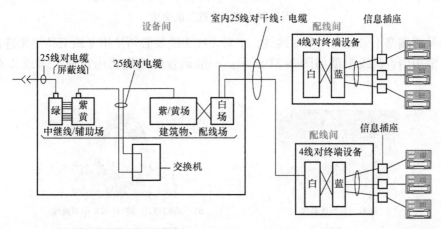

图 2-24 语音综合布线系统

## 【实操要求】

1. 用跳线连通指定水平布线与空闲的主干线。
2. 用跳线连通主干线与进线（或小型程控电话交换机）。
3. 测试验收指定语音信息点与指定进线之间的连通性。

## 【知识准备】

### 1. 语音布线系统管理结构

综合布线系统中，语音布线系统主要为单点管理二次交接结构（见图 2-25）及双点管理二次交接结构（见图 2-26），一般不应超过 4 次交连，分别在电信间和设备间通过跳线实现路由管理。

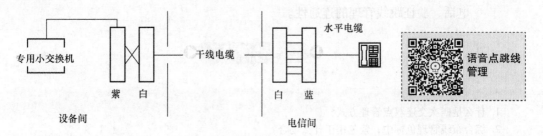

图 2-25 单点管理二次交接

### 2. 语音布线系统跳线

室内三类语音跳线用于 110 型交叉连接系统终端块之间的连接管理。双绞线跳线由于大多使用在活动场合，采用多芯式线缆，它比较软，耐弯折。110 跳线有两端均为 110 型接头，有 1 对、2 对、3 对、4 对四种；此外，还有一端为 110 IDC 接头、另一端为 RJ45 接头

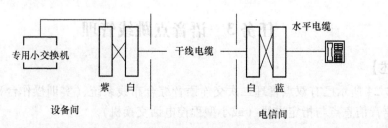

图 2-26 双点管理二次交接

跳线，以及两端都不带接头的单对跳线，单对无接头跳线必须使用专用工具才能进行路由管理操作。常用语音跳线类型如图 2-27 所示，一般语音跳线宜选用每根 1 对或 2 对双绞线铜缆。

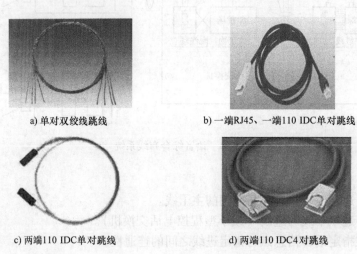

a) 单对双绞线跳线      b) 一端RJ45、一端110 IDC单对跳线

c) 两端110 IDC单对跳线      d) 两端110 IDC4对跳线

图 2-27 常用语音跳线类型

【操作步骤】

步骤一：查找指定语音信息点的端接位置，跳线连通主干线。

步骤二：识别大对数铜缆，跳线连通主干线与进线。

步骤三：用综合布线验证测试仪测试跳线管理的连通性，或连接小型程控电话交换机和用户电话，验证跳线管理的连通性。

◀ 思考问题 ▶

1. 什么是四次交连双点管理方式？

2. 综合布线管理色标中，紫色用于什么场合？

3. 管理跳线有哪些类型？

## 任务4　数据点跳线管理

【任务描述】

在已有数据综合布线系统（实训操作台）上，如图 2-28 所示，通过对铜跳线、光纤跳线的管理，连通不同楼层的 2 个指定数据信息点，实现网络的分配，满足用户对网络的实际要求。

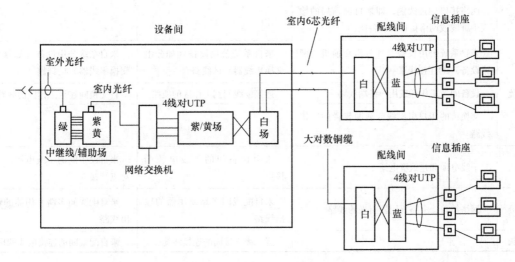

图 2-28　数据综合布线系统

**【实操要求】**

1. 在综合布线系统跳接连通一个光纤、铜缆跳线综合布线。

2. 验证网络并封闭配线架。

3. 根据所用配置更新记录。

数据点跳线管理

**【知识准备】**

1. 数据综合布线系统管理结构

综合布线系统中，数据布线系统有双点管理三次交接结构（见图 2-28）及双点管理四次交接结构。对于特大型、重要的智能建筑或由多幢建筑组成的园区式、有建筑群主干布线子系统，且有二级交接间的综合布线系统（通信业务种类和用户信息点较多），采用双点管理四次交连的方式，一般不应超过四次交连。大多数建筑应用二次交连双点管理，针对同一建筑物内多个电信间的系统，分别在电信间和设备间通过跳线实现路由管理。

2. 管理跳线色标

大多数机柜式配线架用于各种不同的功能，如果标上某个功能，则会引起混淆，或限制综合布线系统的灵活性，为了更有效地识别服务，建议使用彩色跳线，这样可以迅速精确地识别服务，最大限度地减少移动和改动管理中的错误，特别是应为不同应用指明彩色跳线。

目前在设备间、配线间、二级交接间里常用的色标国家标准见表 2-2。在一个工程中应根据具体情况统一色标规定，以便于维护管理。依据表 2-2、ANSI/TIA/EIA – 606 所规定的色谱表和综合布线用线缆色标的含义（国家标准），建议指定的接插电缆色码如下：

灰色：语音；

蓝色：局域网（计算机、打印机）；

绿色：调制解调器；

红色：重要电话设备或为将来预留，关键（不能拆卸）；

黄色：辅助计算机服务（AS400，RS232，ISDN）。

表2-2　设备间、配线间、二级交接间里常用的色标国家标准

| 色别 | 设 备 间 | 配 线 间 | 二级交接间 |
|---|---|---|---|
| 绿 | 网络接口的进线侧，即来自电信局的输入中继线或网络接口的设备侧 | — | — |
| 紫 | 来自系统公用设备（如分组交换机或网络设备）的连接线路 | 来自系统公用设备（如分组交换集线器）的线路 | 来自系统公用设备（如分组交换集线器）的线路 |
| 蓝 | 设备间至工作区或用户终端线路 | 连接配线间到工作区的线路 | 自交换间连至工作区的线路 |
| 黄 | 交换机的用户引出线或辅助装置的连接线路 | — | — |
| 白 | 干线电缆和建筑群电缆 | 来自设备间的干线电缆端接点 | 来自设备间的干线电缆的点对点端接 |
| 橙 | 网络接口、多路复用器引来的线路 | 来自配线间多路复用器的输出线路 | 来自配线间多路复用器的输出线路 |
| 灰 | — | 至二级交接间的连接线缆 | 来自配线间的连接电缆端接 |

【操作步骤】

步骤一：在通信间，查找指定数据信息点的配线端接位置，用一根 RJ45 标准的铜缆跳线连通一个信息点的水平配线与光电转换器，并用光纤跳线连接光电转换器和光纤主干；注意光纤跳线插接操作的清洁和规范。

步骤二：在通信间，查找指定数据信息点配线的端接位置，用铜缆跳线连通另一个信息点的水平配线与大对数铜缆的指定线对。

步骤三：在设备间，分别用光纤跳线、RJ45 跳线将 2 个指定信息点从光纤主干和大对数铜缆主干连接至同一台交换机。

步骤四：在工作区，将 2 台工作站分别连接到指定信息插座上。

步骤五：配置 2 台工作站 TCP/IP，使其在同一个网段，使用 ping 命令，验证数据信息点跳线管理操作的正确性。

◀▶ 思考问题 ◀▶

1. 在彩色线路中，灰色、蓝色、绿色分别代表什么意思？
2. 使用光纤跳线进行综合布线系统管理连接有哪些主要注意事项？
3. 试述电缆标记、场标记和摘入标记的特点与用途。

# 任务5　铜缆系统测试

【任务描述】

在已安装完成的 5e 以上综合布线系统上，采用综合布线认证测试仪（如 Fluke DTX – 1800），测试配线子系统指定信道电气性能测试，保存测试数据，借助 PC，应用测试仪随附的线缆测试管理软件（Link Ware™ Cable Test Management）导出测试数据，打印测试报告，并分析测试报告，汇总填写测试记录。

【实操要求】

1. 会使用综合布线认证测试仪，测试指定铜缆配线子系统性能。

2. 把测试数据导入计算机，生成 PDF 文件，打印测试报告。

3. 分析测试数据，按照 GB/T 50312—2016《综合布线系统工程验收规范》，填写铜缆布线测试记录表。

【知识准备】

1. 电缆的验证测试与认证测试

（1）电缆的验证测试　电缆的验证测试是对电缆的基本安装情况的测试：电缆无开路或短路，UTP 电缆的两端是否按照有关规定正确连接，同轴电缆的终端匹配电阻是否连接良好，电缆的走向如何等。5e 类、6 类、7 类布线系统，按照永久链路（Permanent Link）和信道进行测试。

（2）电缆的认证测试　电缆的认证测试是对信道（Channel）的测试，除了测试电缆正确的连接外，还要满足有关标准，即安装好了的电缆回路（包括跳线、适配器）的传输性能，例如衰减、NEXT 等是否达到相关规定所要求的电气性能指标。

电缆信道测试连接如图 2-29 所示，通过信道回路测试，可以验证端到端回路（包括跳线、适配器）的传输性能。信道回路通常包括水平线缆、工作区子系统跳线、信息插座、靠近工作区的集合点（转接点）及配线区的两个连接点。其中 $B + C \leqslant 90\text{m}$、$A + D + E \leqslant 10\text{m}$。连接到测试仪上的适配接头不包括在信道回路中。

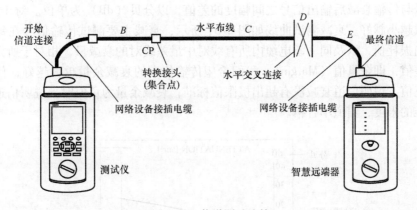

图 2-29　信道测试连接

2. 测试条件

为了保证布线系统测试数据准确可靠，对测试环境等有着严格规定：

（1）测试环境　综合布线最小模式带宽测试现场应无产生严重电火花的电焊、电钻和产生强磁干扰的设备作业，被测综合布线系统必须是无源网络、无源通信设备。

（2）测试温度　综合布线测试现场温度在 20～30℃ 之间，湿度宜在 30%～80%，由于衰减指标的测试受测试环境温度影响较大，当测试环境温度超出上述范围时，需要按有关规定对测试标准和测试数据进行修正。

3. 系统指标

如前所述，5e 类、6 类、7 类布线系统认证测试按照信道连接进行测试，应考虑指标项目包括链路长度（Length）、插入损耗（IL）、近端串音（NEXT）、近端串音功率和

（PS NEXT）、衰减串音比（ACR）、衰减串音比功率和（PS ACR）、等电平远端串音（ELFEXT）、等电平远端串音功率和（PS ELFEXT）、回波损耗（RL）、时延、时延偏差等。

（1）链路长度　综合布线配线系统链路长度标准规定铜缆布线永久链路长度不超过 90m，信道长度不超过 100m。链路长度测试基于链路的传输延迟和电缆的额定传输速率（Normal Velocity Propagation，NVP）值来估计测量。NVP 是信号在电缆中传输的速度相对于光速的比值。在真空中电信号以光速 $3 \times 10^8$ m/s 传播，如图 2-30 所示，在电缆中，信号传输将慢于光速，介于光速的 60% ~ 80% 之间。

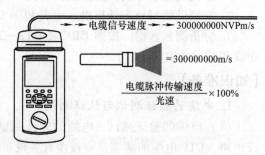

图 2-30　电缆信号速度

$$NVP = \frac{信号在电缆中的传播速度}{光在真空中的传播速度} \times 100\% \tag{2-1}$$

传输延迟和 NVP 值大多由绝缘材料和绞合率来决定。由于 NVP 值有 10% 的误差，所以在测量电缆长度时要考虑到该项误差的影响。增加测量的准确性的方法是对一根已知长度的 UTP 电缆进行测量，找出测量长度与实际的差值，并调整 NVP 值，使得到的测量值与实际情况相同，这时的测量误差最小。一般 5e UTP 的 NVP 在 60% ~ 80% 之间，NVP 可设置为 69% 开始试测。

（2）插入损耗（IL）　在综合布线中插入损耗指衰减，即测量信号在电缆中的损耗，该值是信号与传输衰减后输出信号之间幅度的差值，以分贝（dB）为单位。对于传输信道，希望其衰减越小越好。衰减测试曲线如图 2-31 所示，衰减主要测试传输信号在每个线对两端间的传输损耗值，以及同一条电缆内所有线对中最差线对的衰减量，相对于所允许的最大衰减值的差值，即余量值（Margin）。我们希望传输信道的衰减余量越大越好，信道测试衰减余量为正值，说明信道衰减没有超出极限值标准；衰减余量为负值时，说明信道衰减超出极限值标准的限度，信道不合格。

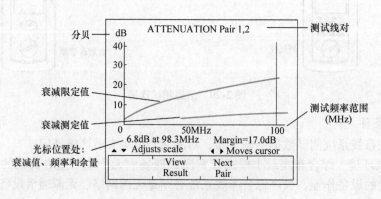

图 2-31　衰减测试曲线

（3）近端串音（NEXT）　它是信号与近端串音之间幅度的差别，以分贝（dB）表示；FEXT 是信号与远端串音之间幅度的差别，由智能远端测量，并将结果传至主机。近端串音测试曲线如图 2-32 所示，近端串音是以系统可接受的数值为标准值，超过此标准值越多，也就是 NEXT 实测值越大，信号传输时出错的可能性便越小，因而系统可靠性更高。

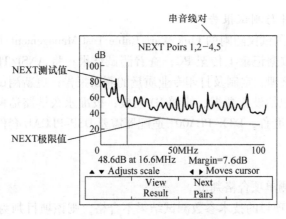

图2-32　NEXT测试曲线

（4）衰减串音比（ACR）　　ACR是指在受相邻发送信号线对串扰的线对上，其串扰损耗（NEXT）与本线对传输信号衰减值（A）的差值，三者之间的关系如图2-33所示，ACR测试曲线如图2-34所示。

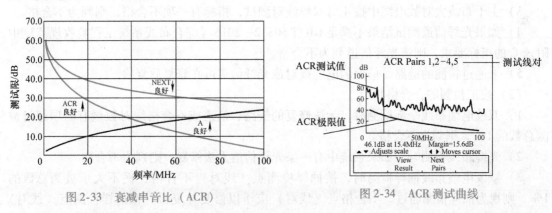

图2-33　衰减串音比（ACR）　　　　　　　　　　图2-34　ACR测试曲线

（5）回波损耗（RL）　　RL是测试信号幅度和电缆反射信号幅度的差，以分贝为单位。回波损耗（RL）是由于链路或信道特性阻抗偏离标准值导致功率反射（布线系统中阻抗不匹配产生的反射能量）而引起的。RL测试结果表示在某频率范围电缆额定特性阻抗与特性阻抗匹配的好坏程度，回波损耗测试曲线如图2-35所示。

（6）近端串音功率和（PS NEXT）　　它是在4对双绞电缆一侧测量3个相邻线对对某线对近端串扰总和（所有近端干扰信号同时工作时，在接收线对上形成的组合串扰）。

（7）等电平远端串音（ELFEXT）　　等电平远端串音（ELFEXT）指某线对上远端串扰损耗与该线路传输信号衰减的差值。

（8）传播时延与时延偏差　　传播时延（Propagation Delay）是测试脉冲沿每对电缆传输的时间（ns）。时延偏差（Delay Skew）是线对最小传输时延（以0ns表示）和其他线对传输时延的差别。

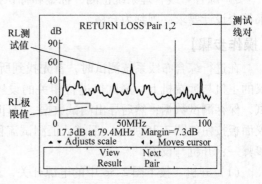

图2-35　RL测试曲线

#### 4. Link Ware 软件与测试报告

Fluke 电缆的认证测试仪随附的 Link Ware Cable Test Management（线缆测试管理）软件有如下功能：将测试数据记录上传至 PC；查看测试结果；将 ANSI/TIA/EIA-606-A 管理信息添加至数据记录；整理、定制及打印专业质量的测试报告；更新测试仪软件；创建数据并将数据下载到 DTX，包括设置数据、线缆 ID 列表；校准永久链路适配器，DTX-PLA002 适配器需要 DTX-PLCAL 套件，DTX-PLA001 适配器需要 DSP-PLCAL 套件；在测试仪之间传送自定义极限值。

#### 5. 系统合格判定

（1）系统性能检测单项合格判定

1）如果一个被测项目的技术参数测试结果不合格，则该项目判为不合格。如果某一被测项目的检测结果与相应规定的差值在仪表准确度范围内，则该被测项目应判为合格。

2）按 GB/T 50312—2016《综合布线系统工程验收规范》中附录 B 的指标要求，采用 4 对双绞电缆作为水平电缆或主干电缆，所组成的链路或信道有一项指标测试结果不合格，则该水平链路、信道或主干链路判为不合格。

3）主干布线大对数电缆中按 4 对双绞线对测试，指标有一项不合格，则判为不合格。

4）如果光纤信道测试结果不满足 GB/T 50312—2016《综合布线系统工程验收规范》中附录 C 的指标要求，则该光纤信道判为不合格。

5）未通过检测的链路、信道的电缆线对或光纤信道可在修复后复检。

（2）竣工检测综合合格判定

1）双绞电缆布线全部检测时，无法修复的链路、信道或不合格线对数量有一项超过被测总数的 1%，则判为不合格。

2）光缆布线检测时，如果系统中有一条光纤信道无法修复，则判为不合格。

3）双绞电缆布线抽样检测时，被抽样检测点（线对）不合格比例不大于被测总数的 1%，则视为抽样检测通过，不合格点（线对）应予以修复并复检。被抽样检测点（线对）不合格比例如果大于 1%，则视为一次抽样检测未通过，应进行加倍抽样，加倍抽样不合格比例不大于 1%，则视为抽样检测通过。若不合格比例仍大于 1%，则视为抽样检测不通过，应进行全部检测，并按全部检测要求进行判定。

4）全部检测或抽样检测的结论为合格，则竣工检测的最后结论为合格；全部检测的结论为不合格，则竣工检测的最后结论为不合格。

5）综合布线管理系统检测，标签和标识按 10% 抽检，系统软件功能全部检测。检测结果符合设计要求，则判为合格。

### 【操作步骤】

在进行综合布线系统测试时，首先找到所需要测试铜缆链路的两端，然后分别接在测试仪的主机与远端机上，测试仪进行相关的设置，利用测试仪对给定的铜缆布线系统进行测试，保存测试数据；然后导出测试数据，打印测试报告。Fluke DTX-1800 综合布线认证测试仪面板按钮如图 2-36 所示，铜缆认证测试流程如图 2-37 所示。

步骤一：开机与设置。

（1）开机 按下图 2-36 中的电源开关，开机，测试仪将自动进行测试前自检，以确认仪表是否正常。

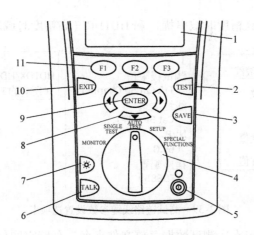

图2-36　DTX-1800主机面板按钮

1—显示屏　2—TEST键　3—SAVE键　4—功能选择旋钮　5—电源开关　6—TALK键
7—对讲指示灯　8—方向选择键　9—回车键　10—返回键　11—功能指示键

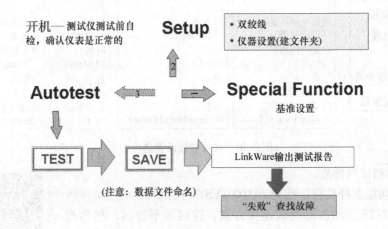

图2-37　铜缆认证测试流程

（2）设置基准　连接永久链路适配器及通道
适配器，如图2-38所示；旋转图2-36中的功能选
择旋钮，转至SPECIAL FUNCTIONS，开启智能远
端；选择"设置基准"，按下ENTER键；再按图
2-36中的TEST键，完成基准测试。

（3）设置测试参数　旋转图2-36中的功能选
择旋钮，指向SETUP档位，测试仪显示参数设置
界面。

1）双绞线参数设置。选择测试线缆类型、测
试模式、极限值、NVP参数以及施工标准，双绞
线参数设置选项卡如图2-39所示。本次认证测试
的综合布线系统，使用的是5e类UTP双绞线，按

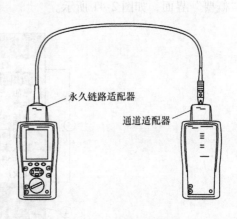

图2-38　基准测试连接

568B标准施工，测试信道的电气性能指标，额定传输速率NVP设定为69.0，设置所有链路

测试自动进行 HDTDX（高精度时域串扰）和 HDTDR（高精度时域反射）故障诊断分析。

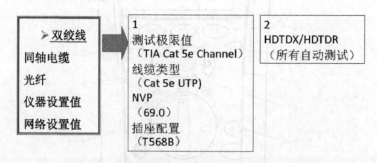

图 2-39　测试链路线缆参数设置选项卡

2）仪器设置值。设定本次测试数据存放文件夹名、存储空间位置、操作员、测试项目地点、公司、数据格式、链路长度单位以及仪器连接电源线频率等。仪器参数设置选项卡如图 2-40 所示。

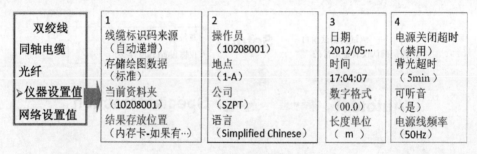

图 2-40　仪器参数设置选项卡

步骤二：自动测试与排故。

1）旋转功能选择旋钮，指向 AUTO TEST 档位。

2）按图 2-29 所示信道测试连接方式，连接水平布线；然后按下图 2-36 中的 TEST 键，测试仪器开始自动测试，完成测试后显示"概要"界面，如图 2-41 所示。

铜缆系统
测试—信
道测试

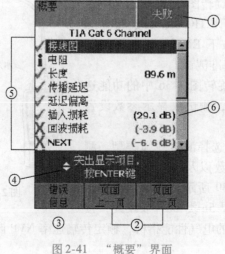

图 2-41　"概要"界面

3）使用图 2-36 中的方向选择键，选择"概要"界面显示的测试指标如 NEXT，然后按下图 2-36 中的 ENTER 键，即可显示 NEXT 参数测试曲线及其测试值，如图 2-42 所示。

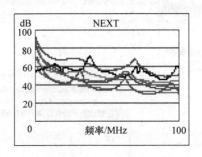

| Worst Case Margin | | |
|---|---|---|
| FAIL | MAIN | SR |
| Worst Pair | 12−78 | 12−78 |
| NEXT(dB) | −5.9F | −6.6F |
| Freq−(MHz) | 1.0 | 1.0 |
| Limit(dB) | 60.0 | 60.0 |

图 2-42　NEXT 测试曲线与测试值

4）按图 2-36 中的 SAVE 键，测试数据将存储到"仪器设置值"定义好的文件夹中。

5）测试中出现"失败"，查找故障；修复后复测，直至仪器"概要"界面指示链路测试合格。

步骤三：测试数据导出。

Link Ware 电缆测试管理软件是 Windows 应用程序，支持 ANSI/TIA/EIA 606-A 标准。采用 Link Ware 电缆测试管理软件进行布线管理的主要步骤如下：

铜缆系统测试—永久链路测试

1）安装 Link Ware 电缆测试管理软件。将 Fluke DTX-1800 分析仪随机 Link Ware 光盘置于 PC 光驱，按照 PC 提示操作，即可完成 Link Ware 软件的安装。

2）安装 DTX-1800 驱动程序。连接测试仪与 PC，Fluke DTX-1800 可以通过 USB 口与计算机进行连接。

3）设置环境。从"Options"菜单中选择"Language"项，然后单击"Chinese（simplified）"。

4）输入测试数据。打开 Link Ware 软件程序界面，单击"File"→"Import from"，在其弹出的菜单中选择相应的测试仪型号后，选择导入全部记录数据或选定导入记录数据，测试数据会自动导入计算机，如图 2-43 所示。

步骤四：输出测试报告。

Link Ware 软件导出测试数据，以 *.flw 为扩展名，保存在 PC 中，也可以以硬复制的形式，打印出测试报告。测试报告有两种文件夹格式：ASCII 文本文件格式和 PDF 格式；在报告内容上也分为三种，如图 2-44 所示。

1）自动测试报告。按页显示每根电缆的详细测试参数数据、图形、检测结论、测试日期和时间等，如图 2-45 和图 2-46 所示。

2）自动测试概要。只输出测试数据中的电缆识别名（ID）、总结果、测试标准、长度、余量和日期/时间项目。

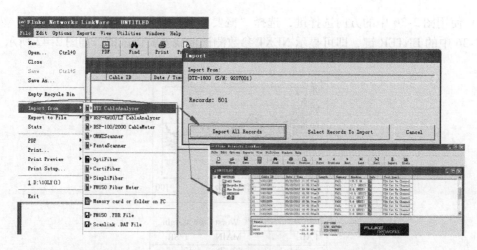

图2-43 测试数据导入PC

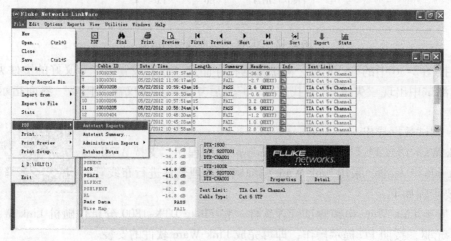

图2-44 生成PDF文件格式测试报告

3）管理报告。按"水平链路""主干链路""电信区""TGB记录""TMGB记录""防火系统定位""建筑物记录""驻地记录"分类输出报告（PDF格式）。

**步骤五：填写测试记录。**

测试完成后，分析测试数据，填写表2-3超5类铜缆基本指标测试记录表，以便查阅。

表2-3 超5类铜缆基本指标测试记录表

| 序号 | 通道编号 | 铜缆电气性能 | | | | | | | | 结论 |
|---|---|---|---|---|---|---|---|---|---|---|
| | | 长度/m | 接线图 | 衰减 /dB | NEXT /dB | ACR /dB | PSNEXT /dB | ELFEXT /dB | RL /dB | 时延偏差 /ns | |
| 1 | | | | | | | | | | | |
| 2 | | | | | | | | | | | |
| 3 | | | | | | | | | | | |
| 4 | | | | | | | | | | | |

NBA

| | |
|---|---|
| 电缆识别名：0058 | 测试总结果：通过 |
| 项目：DEFAULT | 余量：9.0dB(NEXT45-78) |
| 日期/时间：07/18/2021 04:45:24pm | 测试限：TIA Cat 5e Channel |
| 操作人员：0054 | 电缆类型：Cat 5e UTP |
| 软件版本：1.3100 | DTX-1800 S/N：9207001 DTX-CHA001 |
| NVP：69.0% | DTX-1800R S/N：9207002 DTX-CHA001 |
| | 测试限版本：1.0200 |

接线图：通过　　　　　　　　　　结果　　RJ45 PIN：　1 2 3 4 5 6 7 8

　　　　　　　　　　　　　　　　　　　　　　| | | | | | | |

　　　　　　　　　　　　　　　　RJ45 PIN：　1 2 3 4 5 6 7 8

| 线对 | 长度 (ft) | 极限值 | 传输时延 ns | 极限值 ns | 时延偏离 ns | 极限值 | 电阻值 欧姆 | 极限值 欧姆 | 特性阻抗 | 衰减结果 (dB) | 频率 MHz | 极限值 (dB) |
|---|---|---|---|---|---|---|---|---|---|---|---|---|
| 12 | 27 | 328 | 39 | 555 | 0 | 50 | 1.6 | | | 22.1 | 100.0 | 24.0 |
| 36 | 27 | 328 | 39 | 555 | 0 | 50 | 1.7 | | | 22.2 | 100.0 | 24.0 |
| 45 | 28 | 328 | 41 | 555 | 2 | 50 | 1.6 | | | 22.2 | 100.0 | 24.0 |
| 78 | 27 | 328 | 40 | 555 | 1 | 50 | 1.7 | | | 22.2 | 100.0 | 24.0 |

| 线对 | 主机结果 最差余量 余量 (dB) | 频率 MHz | 极限值 (dB) | 最差值 余量 (dB) | 频率 MHz | 极限值 (dB) | 远端结果 最差余量 余量 (dB) | 频率 MHz | 极限值 (dB) | 最差值 余量 (dB) | 频率 MHz | 极限值 (dB) |
|---|---|---|---|---|---|---|---|---|---|---|---|---|
| **RL** | | | | | | | | | | | | |
| 12 | 2.9 | 82.3 | 10.9 | 2.9 | 82.8 | 10.8 | 4.1 | 17.9 | 17.0 | 4.9 | 82.5 | 10.8 |
| 36 | 7.0 | 4.4 | 17.0 | 8.0 | 82.5 | 10.8 | 5.7 | 4.4 | 17.0 | 8.3 | 80.3 | 11.0 |
| 45 | 4.8 | 45.0 | 13.5 | 6.7 | 81.5 | 10.9 | 5.0 | 4.0 | 17.0 | 8.2 | 100.0 | 10.0 |
| 78 | 3.2 | 91.0 | 10.4 | 3.2 | 91.0 | 10.4 | 3.1 | 19.8 | 17.0 | 5.1 | 86.3 | 10.7 |
| **PSNEXT** | | | | | | | | | | | | |
| 12 | 18.8 | 69.0 | 29.9 | 19.0 | 92.0 | 27.7 | 17.4 | 48.3 | 32.5 | 19.0 | 92.0 | 27.7 |
| 36 | 15.3 | 83.3 | 28.5 | 15.3 | 84.8 | 28.3 | 14.8 | 86.0 | 28.2 | 14.8 | 87.5 | 28.1 |
| 45 | 11.6 | 86.0 | 28.2 | 11.6 | 87.0 | 28.1 | 11.7 | 86.3 | 28.2 | 11.7 | 87.0 | 28.1 |
| 78 | 10.5 | 85.5 | 28.3 | 10.5 | 86.8 | 28.1 | 10.7 | 86.3 | 28.2 | 10.7 | 86.3 | 28.2 |
| **PSACR** | | | | | | | | | | | | |
| 12 | 29.5 | 20.9 | 28.3 | 40.2 | 92.0 | 4.8 | 27.8 | 10.4 | 36.5 | 40.2 | 92.0 | 4.8 |
| 36 | 22.0 | 1.8 | 53.4 | 35.6 | 84.8 | 6.4 | 21.1 | 1.8 | 53.4 | 35.5 | 87.5 | 5.8 |
| 45 | 24.0 | 1.6 | 53.9 | 32.1 | 87.0 | 5.9 | 22.5 | 1.8 | 53.4 | 32.2 | 87.0 | 5.9 |
| 78 | 24.5 | 3.9 | 46.4 | 31.1 | 86.8 | 5.9 | 23.7 | 3.9 | 46.4 | 31.4 | 87.5 | 5.8 |
| **NEXT** | | | | | | | | | | | | |
| 12-36 | 19.5 | 46.0 | 35.9 | 21.6 | 82.8 | 31.5 | 17.7 | 46.0 | 35.9 | 18.6 | 80.0 | 31.7 |
| 12-45 | 17.2 | 92.0 | 30.7 | 17.2 | 92.0 | 30.7 | 17.4 | 92.0 | 30.7 | 17.4 | 92.8 | 30.6 |
| 12-78 | 16.9 | 70.5 | 32.7 | 16.9 | 70.5 | 32.7 | 17.2 | 20.9 | 41.7 | 17.7 | 70.5 | 32.7 |
| 36-45 | 18.3 | 1.8 | 59.4 | 23.3 | 96.3 | 30.4 | 17.1 | 2.3 | 57.6 | 22.6 | 93.5 | 30.6 |
| 36-78 | 12.8 | 84.8 | 31.3 | 12.8 | 84.8 | 31.3 | 12.9 | 86.0 | 31.2 | 12.9 | 87.3 | 31.1 |
| 45-78 | 9.0 | 85.5 | 31.3 | 9.0 | 87.0 | 31.1 | 9.3 | 86.3 | 31.2 | 9.3 | 86.3 | 31.2 |

图 2-45　表格式自动测试报告

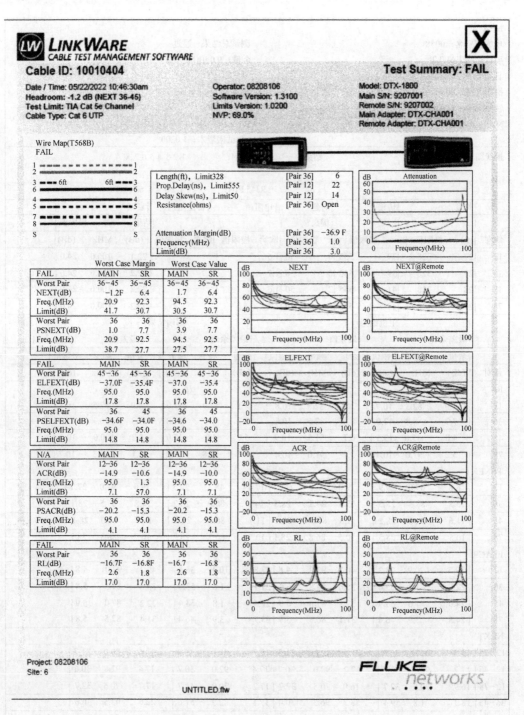

图 2-46 图解式自动测试报告

◆▶ 思考问题 ◀◆

1. 信道测试与永久链路测试的区别是什么？
2. 什么是 NVP 值？
3. 接线错误有哪些？
4. 什么叫近端串扰，频率如何影响近端串扰值？
5. 信道测试与永久链路测试对长度的要求分别是怎样的？
6. 什么是衰减？频率如何影响衰减值？

# 任务6　同轴电缆系统测试

## 【任务描述】

利用综合布线认证测试仪（如 Fluke DTX-1800），安装同轴电缆测试头（同轴电缆模块），对给定同轴电缆系统进行测试，完成测试，并填写测试记录。

## 【实操要求】

1. 测试指定链路或通道测试的同轴电缆的电气性能。
2. 分析测试数据，按照 GB/T 50312—2016《综合布线系统工程验收规范》，填写测试记录。

## 【知识准备】

### 1. 同轴电缆

同轴电缆以硬铜线为芯，外包一层绝缘材料，如图 2-47 所示，绝缘材料外用密织的网状导体或铝箔环绕，网状导体或铝箔外又覆盖一层保护性材料。

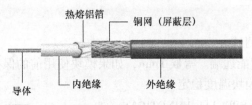

图 2-47　同轴电缆结构

目前有两种广泛使用的同轴电缆：一种是 50Ω 电缆，由于多用于数字基带传输，也叫基带同轴电缆；另一种是 75Ω 电缆，用于模拟传输，即宽带同轴电缆。

1）基带同轴电缆，特征阻抗为 50Ω，如 RG-8 或 RG-11（粗缆）、RG-58（细缆），它们被用于早期的计算机网络数字传输，目前已经逐渐被双绞线和光纤所替代。

2）宽带同轴电缆，特征阻抗为 75Ω，如 RG-59、RG-6，主要用于视频和有线电视（Community Antenna Television，CATV）系统，此外还有一种特征阻抗为 93Ω 的 RG-62 电缆，主要用于 ARCnet 网络和 IBM3270 网络。

同轴电缆的线缆结构，使它具有高带宽和极好的噪声抑制特性。同轴电缆的带宽取决于电缆长度。1km 的电缆可以达到 1~2Gbit/s 的数据传输速率。还可以使用更长的电缆，但是传输速率要降低或使用中间放大器。目前，同轴电缆大量被光纤取代，但仍广泛应用于有线电视和某些局域网。同轴电缆的类型及应用见表 2-4。

表 2-4　同轴电缆的类型及应用

| 电缆类型 | 网络类型 | 电缆电阻/端接器/Ω |
| --- | --- | --- |
| RG-8 | 10Base-5 以太网 | 50 |
| RG-11 | 10Base-5 以太网 | 50 |
| RG-58A/U | 10Base-2 以太网 | 50 |
| RG-59/U | ARCnet 网，有线电视网 | 75 |
| RG-62A/U | ARCnet 网 | 93 |

### 2. 宽带同轴电缆

使用有线电视电缆进行模拟信号传输的同轴电缆系统称为宽带同轴电缆。"宽带"这个词来源于电话业，指比 4kHz 宽的频带。然而在计算机网络中，"宽带电缆"却指任何使用模拟信号进行传输的电缆网。

由于宽带网使用标准的有线电视技术，可使用的频带高达 300MHz（常常到 450MHz）；由于使用模拟信号，需要在接口处安放一个电子设备，用以把进入网络的比特流转换为模拟信号，并把网络输出的信号再转换成比特流。

宽带系统又分为多个信道，电视广播通常占用 6MHz 信道。每个信道可用于模拟电视、CD 质量声音（1.4Mbit/s）或 3Mbit/s 的数字比特流。电视和数据可在一条电缆上混合传输。

宽带系统和基带系统的一个主要区别是宽带系统覆盖的区域广，因此，需要模拟放大器周期性地加强信号。这些放大器仅能单向传输信号，因此，如果计算机间有放大器，则报文分组就不能在计算机间逆向传输。为了解决这个问题，人们已经开发了两种类型的宽带系统：双缆系统和单缆系统。

【操作步骤】

步骤一：同轴电缆基准测试。

1）开启测试仪及智能远端。等候 1min，如果模块使用前的保存温度高于或低于环境温度，则等待更长时间使模块温度稳定。

2）将旋转开关转至 SPECIAL FUNCTIONS，选择"设置基准"。

将同轴电缆适配器安装到测试仪主机和远端，再将同轴电缆跳线的 F 接头拧入测试仪的 BNC 适配器，选择同轴电缆，建立"基准测试"连接，如图 2-48 所示；将旋转开关转至 SPECIAL FUNC-TIONS，选择"设置基准"，然后按 ENTER 键，再按 TEST 键，测试仪自动进行基准测试。

3）将旋转开关转至 SETUP 档位，选择"同轴电缆"。设置同轴电缆测试参数设置选项卡，如图 2-49 所示。

步骤二：将旋转开关转至 AUTOTEST 档位，自动

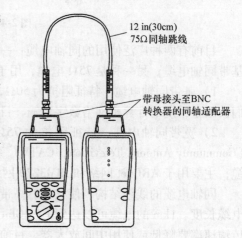

12 in(30cm)
75Ω同轴跳线

带母接头至BNC
转换器的同轴适配器

图 2-48　同轴电缆"基准测试"连接

测试同轴电缆线路。

按图 2-50 所示铜缆测试连接方式，连接同轴电缆布线；然后按下 TEST 键，测试仪器开始自动测试，完成测试后显示"概要"界面，如图 2-51 所示。要查看特定参数的测试结果，用主机↑↓按键选中参数，然后按 ENTER 键，查看特定参数测试数据。

保存结果，按 SAVE 键。选择或创建电缆 ID，然后再按 SAVE 键。

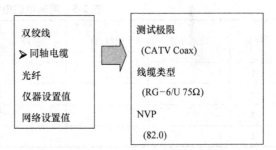

图 2-49　同轴电缆测试参数设置选项卡

图 2-50　铜缆测试连接方式

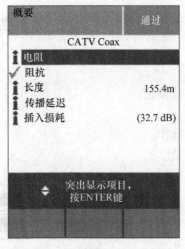

图 2-51　同轴电缆"概要"界面

步骤三：填写测试记录。

测试完成后，分析测试数据，填写同轴电缆电气性能测试记录表 2-5。

表 2-5 同轴电缆电气性能测试记录表

| 序号 | 信道编号 | 阻抗/Ω | 长度/m | 同轴电缆电气性能 | | 结论 |
| --- | --- | --- | --- | --- | --- | --- |
| | | | | 传输延迟/μs | 插入损耗/dB | |
| 1 | | | | | | |
| 2 | | | | | | |
| 3 | | | | | | |
| 4 | | | | | | |

1）测试结果记录。

√：测试结果通过，所有参数均在极限范围内。

×：测试结果失败，有一个或一个以上的参数超出极限值。

i：参数已被测量，但选定的测试极限内没有通过/失败极限值。

通过*/失败*：有一个或一个以上的参数在测试仪准确度的不确定性范围内，且特定的测试标准要求"*"注记。

2）测试中找到最差余量。

▶◀ 思考问题 ◀▶

1. 铜缆布线系统各段线缆的长度是怎样限值的？
2. 同轴电缆有哪些类型？

# 任务7 光纤熔接

【任务描述】

应用光纤熔接机，熔接两条光纤尾纤（对续接部位补强），用测试仪测试熔接光纤的性能。

【实操要求】

1. 对光纤熔接机进行熔接前设置。
2. 对光纤进行预处理。
3. 完成光纤尾纤熔接连接操作。
4. 按标准评价光纤熔接质量。

【知识准备】

1. 对熔接质量的评价

出现图 2-52 所示的接续外观或测定损耗值偏高时，请重新接续。

2. 放电试验

光纤熔接出现下列情况，必须在作业前进行放电试验。

1）刚接通电源后至接续作业开始前。

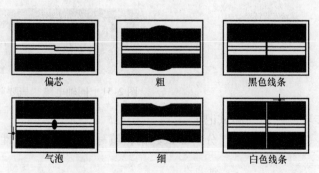

偏芯　　　粗　　　黑色线条

气泡　　　细　　　白色线条

图 2-52　光纤熔接缺陷

2）改变光纤种类时。

3）温度、湿度、高原等气压有较大变化时。

4）接续状态不佳时。

5）电极已久用或弄脏以及更换电极后。

【操作步骤】

光纤熔接操作

62.5/125μm 光纤尾纤熔接过程如图 2-53 所示。

步骤一：光纤的预处理。

1. 光纤涂覆层剥离与清洁

1）剥除光纤线缆护套，如图 2-54 所示。

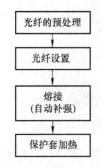

图 2-53　光纤尾纤熔接过程

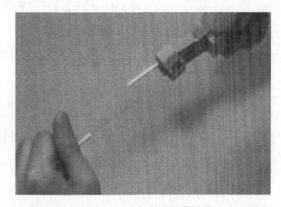

图 2-54　剥除光纤线缆护套

2）使用剥线钳（JR-25）剥去光纤涂覆层。涂覆层要剥去的长度为 40mm（长度不对会直接影响熔接结果）如图 2-55 所示，用同样方式剥去另一根光纤的涂覆层。

3）用浸满高纯度酒精的纱布，自涂覆层与裸光纤的交界面开始，朝裸光纤方向，一边按圆周方向旋转，一边清扫涂覆层的碎屑。

2. 光纤的切割

1）使用光纤切割刀的型号为 FC-6S，把裸光纤放在光纤板上，合上光纤盖板，移动光纤切割刀开始切割光纤，如图 2-56 所示。

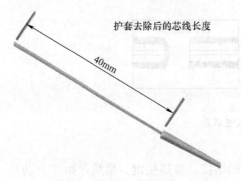

护套去除后的芯线长度

40mm

图 2-55　剥去光纤涂覆层

图 2-56　光纤的切割

2）打开光纤盖板，取出已经切好的光纤，并把光纤碎屑倒入碎屑盒中。

3）把光纤放置到 TYPE-39 熔接机中（为防止弄脏断切面，需马上把光纤放到熔接机中）。

步骤二：光纤的设置。

1. 放置光纤

1）打开熔接机的光纤芯压板和光纤线缆压板，放置光纤裸芯于 V 形槽中，如图 2-57 所示。光纤安放好后，先合上光纤线缆压板，再合上光纤芯压板。

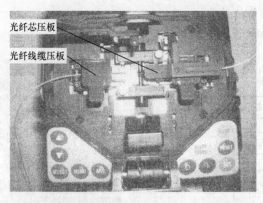

图 2-57　光纤放置

2）按照同样方法切断并安置好另一根光纤，合上防风盖，然后进行放电试验或正式续接。

2. 放电试验

按下条件设定键，选择放电试验。放电试验结果分析如图 2-58 所示。只有出现图中 A 结果时才进行正式的光纤接续作业，否则继续进行放电试验，直到出现 A 结果。

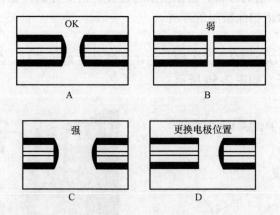

图 2-58　放电试验

步骤三：光纤的熔接补强。

1）完成上述工作后，就可以正式开始光纤的熔接。按熔接键，熔续开始（自动）。

2）熔接后，熔接机自动进行光纤熔接点的外观检查，张力试验，自动补强。观察液晶屏上的补强指示，如图 2-59 所示，等到机器发出报警时，补强结束。注意补强刚结束时，保护套管有高温，小心烫伤。

步骤四：加热稳固接续部位。

图 2-59　自动补强

1）轻拉光纤的两端，放入图 2-60 中的加热槽中，并把光纤保护套管放在加热槽的中央位置，同时注意不要把光纤拧转，也不要把光纤卷曲。

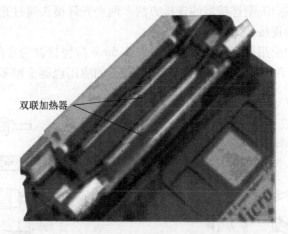

图 2-60　熔接光纤加热

2）合上夹具（2 个）及加热槽透明盖板，按加热键开始加热。

思考问题

1. 光纤接续的流程是怎样的？
2. 接续后观察，出现哪些情况需要重新接续？
3. 试说明在哪些情况下，熔接光纤必须在作业前进行放电试验？

## 任务 8　光纤连接器制作

【任务描述】

采用专用光纤端接工具，制作一个 62.5/125μm 多模光纤 ST 或 SC 或 FC 型光纤连接器，并通过测试仪测试其损耗。

【实操要求】

1. 首先对光纤进行预处理。
2. 用光纤显微镜观察其切割端面。
3. 完成光纤连接器的制作。
4. 检查连接器质量并验证其导通性。

【知识准备】

1. 光缆端接技术

光纤具有高带宽、传输性能优良、保密性好等优点，广泛应用于综合布线系统中。建筑群子系统、干线子系统等经常采用光缆作为传输介质，因此在综合布线工程中往往会遇到光缆端接的场合。光缆端接的形式主要有光缆与光缆的续接（熔接）、光缆与连接器的连接两种形式。

2. 光纤连接器简介

光纤连接器可分为单工、双工、多通道连接器，单工连接器只连接单根光纤，双工连接器连接两根光纤，多通道连接器可以连接多根光纤。光纤连接器包含光纤接头和光纤耦合器。图 2-61 所示为双芯 ST 型连接器的连接方法，两个光纤接头通过光纤耦合器实现对准连接，以实现光纤通道的连接。

在综合布线系统中应用最多的光纤接头是以 2.5mm 陶瓷插针为主的 FC、ST 和 SC 型接头，以 LC、VF-45、MT-RJ 为代表的超小型光纤接头的应用也逐步增多。各种常见的光纤接头外观如图 2-62 所示。

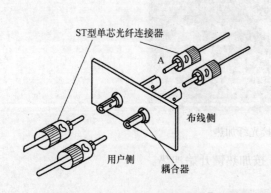

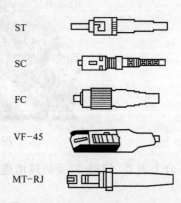

图 2-61　双芯 ST 型连接器的连接方法　　　　图 2-62　常见各种光纤连接器

ST 型连接器是综合布线系统经常使用的光纤连接器，它的代表性产品是由美国贝尔实验室开发研制的 ST II 型光纤连接器，其光纤接头和光纤耦合器的连接方式如图 2-61 所示。ST II 型光纤接头的部件如图 2-63 所示，包含①连接器体；②用于 2.4mm 和 3.0mm 直径的单光纤缆的套管；③缓冲器光纤缆支撑器；④带螺母的扩展器。

SC 型光纤接头的部件如图 2-64 所示，主要包含①连接器主体；②束线器；③挤压套管；④松套管等。

FC 型光纤连接器由日本 NTT 研制，其外部加强方式是采用金属套，紧固方式是采用螺钉扣。最早的 FC 型连接器采用陶瓷插针的对接端面是平面接触方式。FC 型连接器结构简

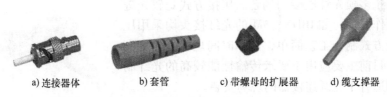

a) 连接器体　　　b) 套管　　　c) 带螺母的扩展器　　　d) 缆支撑器

图 2-63　ST Ⅱ型光纤接头的部件

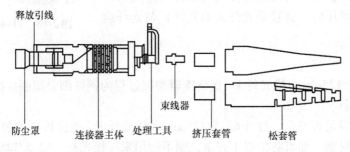

释放引线

束线器

防尘罩　　连接器主体　处理工具　挤压套管　　松套管

图 2-64　SC 型光纤接头的部件

单，操作方便，制作容易，但光纤端面对微尘较为敏感，FC 型光纤连接器如图 2-65 所示。

　　LC 型连接器是由美国贝尔研究室开发出来的，采用操作方便的模块化插孔闩锁机理制成。它所采用的插针和套筒的尺寸是普通 SC 型连接器尺寸的一半，为 1.25mm。目前在单模光纤连接方面，LC 型连接器实际已经占据了主导地位，在多模光纤连接方面的应用也迅速增长。LC 型光纤连接器如图 2-66 所示。

图 2-65　FC 型光纤连接器　　　　　　　　图 2-66　LC 型光纤连接器

　　MT-RJ 光纤连接器是一种超小型的光纤连接器，主要用于数据传输的高密度光纤连接场合。它起步于 NTT 开发的 MT 连接器，成形产品由美国 AMP 公司首先设计出来。它通过安装于小型套管两侧的导向销对准光纤，为便于与光收发装置相连，连接器端面光纤为双芯排列设计。MT-RJ 光纤连接器如图 2-67 所示。

　　VF-45 光纤连接器是由 3M 公司推出的小型光纤连接器，主要用于全光纤局域网络，如图 2-68 所示。VF-45 连接器的优势是价格较低，制作简易，快速安装，只需要 2min 即可制作完成。

图 2-67　MT-RJ 光纤连接器

　　3. 光纤连接器制作工艺

　　光纤连接器有陶瓷和塑料两种材质，它的制作工艺主要有磨接和压接两种方式。磨接方式是光纤接头传统的制作工艺，它的制作工艺较为复杂，制作时间较长，但制作成本较低，目前主要应用于多模光纤连接的场合。压接方式是较先进的光纤接头制作工艺，如 IBDN、3M 的光纤接头均采用压接方式。压接方式制作工艺简单，制作时间短，但成本高于磨接方式，目前主要应用于要求传输性能较高的光纤制作场合，特别适合于光纤连接器的现场安装。

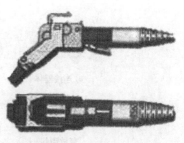

图 2-68　VF-45 光纤连接器

对于光纤连接工程量较大且要求连接性能较高的场合，经常使用熔纤技术来实现光纤接头的制作。使用熔纤设备可以快速地将尾纤（连接单光纤头的光纤）与光纤续接起来。

【操作步骤】

以安装 62.5/125μm 多模光纤 FC 型连接器磨接过程为例详细介绍磨接技术的实施过程。

步骤一：器材准备。

检查安装材料是否齐全。打开 62.5/125μm 多模光纤 FC 型连接器的包装袋，检查连接器的防尘罩是否完整。如果防尘罩不齐全，则不能用来压接光纤。62.5/125μm 多模光纤 FC 型连接器主要由连接器主体、带尾柄的陶瓷插芯、弹簧、后罩壳及保护套组成，如图 2-69 所示。

图 2-69　62.5/125μm 多模光纤 FC 型连接器的组成部件

步骤二：光纤处理。

1）剥除光纤线缆护套。

光纤连接器制作

2）使用剥线钳（JR-25），从 250μm 缓冲层光纤的末端剥除缓冲层，为了确保不折断光纤可按每次 5mm 逐段剥离，如图 2-70a 所示；然后，剥去光纤涂覆层，剥去长度为 20mm（否则会直接影响光纤插入 62.5μm 的插芯孔），如图 2-70b 所示。

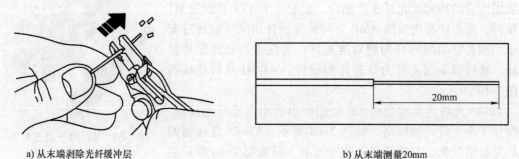

a）从末端剥除光纤缓冲层　　　　　　　　　　b）从末端测量20mm

图 2-70　剥除光纤缓冲层和涂覆层

3）用一块折叠的浸满高纯度乙醇的擦拭布，自涂覆与裸光纤的交界面开始，朝裸光纤方向，一边按圆周方向旋转，一边清扫涂覆层的碎屑；清洁裸露的光纤 2～3 次，不要触摸清洁后的裸露光纤，如图 2-71 所示。

步骤三：点胶固化。

1）将光纤插入陶瓷插芯，如图 2-72 所示。

图 2-71 用乙醇擦拭布清洁光纤纤芯 　　图 2-72 光纤插入陶瓷插芯

2）用注射器自尾柄端注入粘胶（AB 胶），粘接光纤与陶瓷插芯，如图 2-73 所示。

3）用加热炉加热固化粘胶，100℃ 时加热约 15min（140℃ 时加热约 5min），如图 2-74 所示。

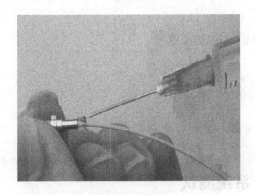 

图 2-73 点胶 　　　　　　　　　　　　图 2-74 加热固化

步骤四：磨接。

1）用光纤切刀切除伸出陶瓷插芯的裸纤。

2）按照图 2-69 所示 FC 型连接器组件排列顺序，装配 FC 型光纤连接头组件。

3）研磨光纤头，如图 2-75 所示。

图 2-75 磨接光纤

4）用显微镜检查光纤磨接质量，直至磨接合格，如图 2-76 所示。

图 2-76 显微镜检查光纤磨接质量

5）加装光纤头塑料护套，如图 2-77 所示，完成 FC 型光纤连接器的磨接制作。

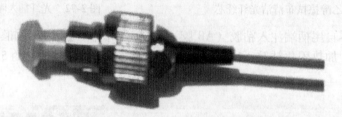

图 2-77 制作完成的 FC 型光纤连接器

## 思考问题

1. 常见的光纤接头有哪些类型？试举三例。
2. SC 接头的主要部件有哪些？

# 任务9　光纤系统测试

【任务描述】

利用综合布线认证测试仪（如 Fluke DTX-1800），安装光纤测试头（光纤模块），对给定综合布线光纤链路进行测试，并导出测试报告。

【实操要求】

1. 使用综合布线认证测试仪，测试指定光纤布线系统性能。

2. 分析测试数据，按照 GB/T 50312—2016《综合布线系统工程验收规范》，分析测试报告，填写光纤布线测试记录表。

【知识准备】

1. 光纤信道

（1）光缆支持传输距离　光纤信道分为 OF-300、OF-500 和 OF-2000 三个等级，各等级光纤信道应支持的应用长度不应小于 300m、500m 及 2000m。光纤在 100M、1G、10G 以太网中支持的传输距离，分别见主教材表 5-15 和表 5-16。

（2）光纤信道指标　布线系统所采用光纤标称的波长，每千米的最大衰减值应符合主教材表 5-36 的规定。光纤布线信道在规定的传输窗口测量出的最大光衰减（插入损耗）应不超过主教材表 5-37 的规定，该指标已包括接头与连接插座的衰减在内。多模光纤的最小模式带宽应符合表 2-6 的规定。

表 2-6　多模光纤的最小模式带宽

| 光纤类型 | 光纤直径 /μm | 最小模式带宽/(MHz·min) | | |
| --- | --- | --- | --- | --- |
| | | 过量发射带宽 | | 有效光发射带宽 |
| | | 波长 | | |
| | | 850nm | 1300nm | 850nm |
| OM1 | 50 或 62.5 | 200 | 500 | |
| OM2 | 50 或 62.5 | 500 | 500 | |
| OM3 | 50 | 1500 | 500 | 2000 |

### 2. 光纤链路测试方法与连接

（1）光纤链路测试 A-C 方法　综合布线光纤链路测试方法指损耗测试结果所包含的光纤链路中端点的连接数。测试方法分为 A、B、C 三种。

方法 A：光纤链路测试损耗结果包含链路一端的一个连接。

方法 B：光纤链路测试损耗结果包含链路两端的连接。

方法 C：光纤链路测试损耗结果不包含链路各端的连接，仅测量光纤损耗。

光纤链路损耗结果包含设置基准后添加的连接，基准及测试连接可决定哪个连接包含于结果中。模式测试方法 B：先按图 2-78 方式测出 $P_0$，并将其归零，即完成基准测试；然后将被测光纤按图 2-79 所示的方式接

图 2-78　基准测试

入测试链路，测得接收光功率 $P_i$（损耗值）。这样测试后，光纤链路测试损耗值中即包含链路两端的连接损耗。

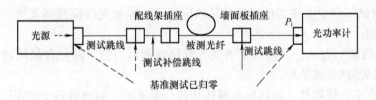

图 2-79　测试方法 B 光纤链路连接

重要提示：方法 B 包含被测光纤本身及其两端连接器的等效衰减值。方法 B 测试误差最小，综合布线工程上推荐使用这种测试模式。各种标准/应用要求的测试方法见表 2-7。

表 2-7　各种标准/应用要求的测试方法

| 标准或应用 | 测试方法 | 标准或应用 | 测试方法 |
| --- | --- | --- | --- |
| TIA-568-B | B | 100BASE-S | B |
| ISO 11801 | B | 100BASE-L | B |
| EN50173 | B | 100BASE-LX | B |

（续）

| 标准或应用 | 测试方法 | 标准或应用 | 测试方法 |
|---|---|---|---|
| 100BASE-FB | A | 100BASE-E | B |
| 100BASE-FP | A | 光纤通道 | B |
| 100BASE-FL | A | ATMI | B |
| 10/100BASE-SX | B | FDDI | B |
| 100BASE-FX | B | 令牌环 | B |
| 100BASE-LX | B | FLUKE Networks | |
| 100BASE-SX | B | 通用光纤 | B |

GB/T 50312—2016《综合布线系统工程验收规范》中指出，对光纤链路（包括光纤、连接器件和熔接点）的衰减进行测试；光纤链路中不包括光跳线在内；光缆可以为水平光缆、建筑物主干光缆和建筑群主干光缆；在光纤两端对光纤逐根进行双向（收与发）测试。因此，图2-79所示方法B光纤链路测试中，补偿跳线（一般为0.3m）的衰减可忽略不计。

（2）"一类测试"与"二类测试"

1）"一类测试"方法：测试参数包含损耗和长度两个指标，并对测试结果进行"通过/失败"的判断。在ISO 11801、T 568B和GB/T 50312—2016等常用标准中都倾向于使用这种被称为"一类测试"的测试方法。

在施工前进行器材检验时，一般检查光纤的连通性，必要时采用光纤损耗测试仪（稳定光源和光功率计组合）对光纤链路的插入损耗和光纤长度进行测试。

在现场进行光纤链路验收测试时，大家也都习惯使用"衰减值"或者"损耗"来判断被测链路的安装质量。

"一类测试"只关心光纤链路的总衰减值是否符合要求，并不关心链路中可能影响误码率的连接点（连接器、熔接点、跳线等）的质量，测试的对象主要是低速光纤布线链路（千兆及以下）。"一类测试"通常分为"通用型测试"和"应用型测试"。

"通用型测试"关注光纤本身的安装质量，通常不对光纤的长度做出精确规定。

"应用型测试"则更关注当前选择的某项应用是否能被光纤链路所支持，通常都有光纤链路长度的限制。

2）"二类测试"方法：又称为扩展的光纤链路测试，测试除包含损耗和长度两个参数指标外，还包括链路组成结构。

当链路中有不合格器件，而链路总损耗却符合要求时，高速链路中的误码率就很有可能达不到要求，甚至完全无法开通链路。光纤安装调试完成后，有的用户希望了解光纤链路的衰减值和真实准确的链路结构（如：链路的总损耗值是多少，链路中有几根跳线、几个交叉连接、几个熔接点、几段光纤，各段真实长度是多少等），在向高速光纤链路升级的过程中，为评估连接点、熔接点的质量，也提出了对于"二类测试"的更高需求。

3．测试条件

（1）测试光源　综合布线系统采用光纤类型分为多模OM1、OM2（光纤直径50或62.5μm）和OM3（光纤直径50μm），传输光波标称波长为850nm和1300nm；OSI单模光纤，传输光波标称波长为1310nm和1550nm。

基于综合布线采用光纤类型及其传输光波的标称波长，光纤链路测试光源这样选择：一般单模光纤使用典型的 1310/1550nm 激光光源；多模光纤使用典型的 850/1300nm LED 光源；应用型测试则选择应用型光源，如 1G 和 10G 以太网大量使用 850nm 波长的 VECSEL 准激光光源来进行测试。

（2）测试环境　综合布线最小模式带宽测试现场应无产生严重电火花的电焊、电钻和产生强磁干扰的设备作业，被测综合布线系统必须是无源网络、无源通信设备。

（3）测试温度　综合布线测试现场温度在 20～30℃之间，湿度宜在 30%～80%，由于衰减指标的测试受测试环境温度影响较大，当测试环境温度超出上述范围时，需要按有关规定对测试标准和测试数据进行修正。

【操作步骤】

首先需要确定所测试光纤的类型（多模或单模），然后根据要求确定光纤测试模式。本测试采用光纤链路测试方法 B，利用自动测试功能认证光纤布线是否符合特定的标准。自动测试可以以"智能远端""环回"或"远端信号源"模式来运行（取决于所进行的是双工布线、光缆绕线盘、基准测试线或单一光纤布线测试）。

步骤一：以"智能远端"模式进行自动测试。

用"智能远端"模式来测试与验证双重光纤布线，在此模式中，测试仪以单向或双向测量两根光纤上两个波长的损耗、长度及传播延迟。

光纤系统测试

1）开启测试仪及智能远端。等候 5min，如果模块使用前的保存温度高于或低于环境温度，则等待更长时间使模块温度稳定。

2）将旋转开关转至 SETUP 档，选择光纤。光纤测试参数设置选项卡如图 2-80 所示。

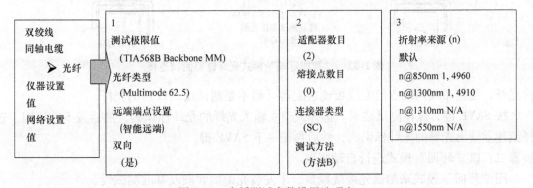

图 2-80　光纤测试参数设置选项卡

3）将旋转开关转至 SPECIAL FUNCTIONS，选择"设置基准"。

选择光缆模块，屏幕界面会显示用于所选的测试方法的基准连接如图 2-81 所示，显示用于"方法 B"的连接。清洁测试仪及基准测试线上的连接器，连接测试仪及智能远端，然后按 TEST 键，测试仪自动进行"基准测试"。

4）将旋转开关转至 AUTOTEST 档，自动测试光纤链路性能参数。

首先，清洁待测布线上的连接器；然后按图 2-82 所示，"智能远端"模式光纤链路测试连接测试仪和被测试光纤，测试仪将显示用于所选测试方法 B 的测试连接。

然后，按测试仪或智能远端的 TEST 键，自动测试。如果显示为开路或未知，确认所有连接是否良好，另一端的测试仪已开启。如果启用了双向测试，测试仪提示要在测试中途切

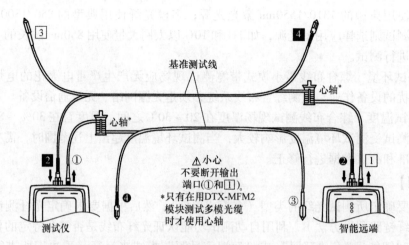

图 2-81 "智能远端"模式光纤"基准测试"连接

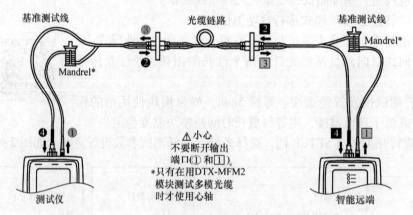

图 2-82 "智能远端"模式光纤链路测试连接

换光纤,切换布线两端点的配线板或适配器(而不是测试仪端口)的光纤。

按 SAVE 键,保存测试结果。选择或建立输入光纤的光纤标识码,然后按 SAVE 键。选择或建立输出光纤的光纤标识码,然后再按一下 SAVE 键。

步骤二:以"环回"模式进行自动测试。

用"环回"模式来测试光缆绕线盘、未安装光缆的线段及基准测试线。

1)开启测试仪及智能远端。等候 5min,如果模块使用前的保存温度高于或低于环境温度,则等待更长时间使模块温度稳定。

2)将旋转开关转至 SETUP 档位,选择光纤,设置光纤选项卡。

3)将旋转开关转至 SPECIAL FUNCTIONS,选择"设置基准"。

选择光缆模块,"设置基准"屏幕画面会显示用于所选的测试方法的基准连接如图 2-83 所示,显示用于"方法 B"的连接。清洁测试仪及基准测试线上的连接器,连接测试仪及智能远端,然后按 TEST 键,测试仪自动进行"基准测试"。

4)将旋转开关转至 AUTOTEST 档,自动测试光纤链路性能参数。

首先,清洁待测布线上的连接器,然后按环回模式进行光纤链路测试,如图 2-84 所示,连接测试仪和被测光纤,测试仪将显示用于所选测试方法 B 的测试连接。

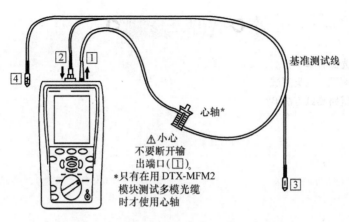

图2-83　"环回"模式光纤"基准测试"连接

然后，按测试仪或智能远端的 TEST 键，自动测试。

按 SAVE 键，保存测试结果。选择或建立输入光纤的光纤标识码，然后按 SAVE 键。选择或建立输出光纤的光纤标识码，然后再按一下 SAVE 键。

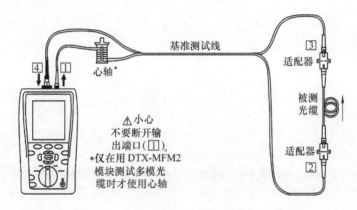

图2-84　"环回"模式光纤链路的测试连接

步骤三：填写测试记录。

测试完成后，分析测试数据，填写表2-8多模光纤方法 B 测试记录表，以便查阅。

表2-8　多模光纤方法 B 测试记录表

| 序号 | 信道编号 | 接头/熔接点（数） | 长度/m | 衰减（余量）/dB | | 结论 |
| --- | --- | --- | --- | --- | --- | --- |
| | | | | 850nm 波长 | 1300nm 波长 | |
| 1 | | | | | | |
| 2 | | | | | | |
| 3 | | | | | | |
| 4 | | | | | | |

▶ 思考问题 ◀

1. 常用的测试光源有哪些?
2. 什么是一类测试、二类测试?
3. 什么是光纤链路测试方法 B?

# 第3篇

# 卫星电视系统施工任务

在智能建筑通信系统施工中，需要安装与调试卫星及有线电视系统，在智能建筑的日常管理与维护中，需要对卫星接收天线、接收设备及有线电视用户分配网进行调试或定期检测，所以本篇围绕卫星电视系统安装调试技术特点，规划三个实训子项目：卫星接收天线和接收设备的安装、调试与维护，有线电视线路放大器的安装与调试和卫星电视及有线电视用户分配网故障诊断与排除。通过项目训练以期培养学生卫星电视及有线电视系统的安装调试能力。

## 任务1  卫星接收天线和接收设备的安装、调试与维护

### 【任务描述】

卫星接收天线和接收设备的安装是有线电视系统连接的重要部分，为保证卫星及有线电视系统能够正常通信的情况下，首先要做好的就是卫星接收天线和接收设备的安装与调试。

卫星接收机连接示意图如图 3-1 所示。

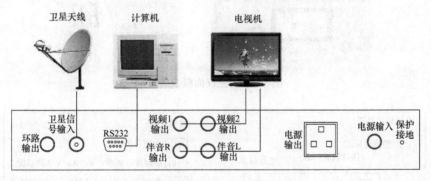

图 3-1  卫星接收机连接示意图

### 【实操要求】

1. 学会选择卫星天线和接收机。
2. 能根据地形合理选址，安装天线。
3. 会制作仰角测量器，能找到卫星所在方位。
4. 会安装和调试卫星接收机。

### 【知识准备】

卫星接收天线和接收设备的安装常用仪器有场强仪和光功率计，下面分别予以介绍。

1. 场强仪

场强是电场强度的简称，它是天线在空间某点处感应电信号的大小，以表征该点的电场

强度。场强的单位是微伏/米（μV/m），为方便起见，也可以用 dBμV/m（0dB = 1μV）。

场强仪是测量场强的仪器。场强仪可用于测量/调试卫星电视干线放大器的参数、测量任意频道间的电平差及相邻频道间的电平差，可同时测量两个频道的电平值。从原理上来说，电平表（或电压表）量度的电压值是在仪表的输入端口，而场强仪所量度的电压（或叫电动势）是天线在空中某一点感应的电压。严格来说，场强仪是由电平表和天线组成的，它体积小，重量轻，坚固耐用，操作简单，误差小，测量准确，全数字显示，可测量 CATV 系统的主要指标、图像载波、伴音电平 A/V 比，同时可测量干线交直流电压；并具有存储功能、节电系统设计、自动关机保护等功能。

场强仪的型号很多，如图 3-2 所示，可以用指针式电表指示测量数据，也可以用数字方式显示测量数据。有的还具有屏幕显示和伴音监听，可在测量电平大小的同时，直接了解图像和伴音质量。场强仪面板及表头如图 3-3 所示，场强仪基本功能键如图 3-4 所示。

图 3-2　场强仪实物图

图 3-3　场强仪面板及表头

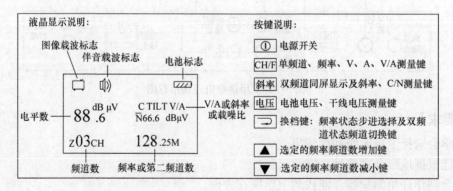

图 3-4　场强仪基本功能键

（1）场强仪单频道测量　按下 CH/F 键，仪器进入单频道测量模式，液晶显示界面如图 3-5 所示。此时屏幕左下方显示当前的频道号，右下方显示当前频道的图像载波频率值，屏幕中部左方显示当前频道的图像载波电平，右方显示当前频道的 V/A 值（图像载波电平与伴音载波电平差），按上下键可加减频道数。

（2）场强仪双频道测量/斜率测量　首次按下斜率键，仪器进入双频道测量模式，液晶显示界面如图 3-6 所示。此时屏幕的左下方显示第一个频道的频道号，右下方显示第二个频道的频道号，屏幕中部左侧显示第一个频道的图像载波电平值，右侧显示第二个频道的图像载波电平值。

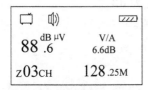

图 3-5　单频道测量界面

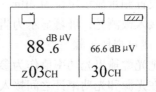

图 3-6　双频道测量界面

在双频道测量模式下再次按下斜率键，仪器进入斜率测量模式，液晶显示界面如图 3-7 所示。此时屏幕左下方显示第一个频道的频道号，右下方显示第二个频道的频道号，屏幕中部左侧显示第一个频道的图像载波电平，右侧显示斜率值（第一个频道的图像载波电平减去第二个频道的图像载波电平的差值）按上下键可以加减频道数，按换档键可以控制在第一个频道和第二个频道之间切换。

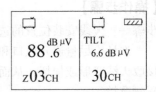

图 3-7　斜率测量模式

2. 光功率计

光功率计如图 3-8 所示，用于测量绝对光功率或通过一段光纤的光功率相对损耗。在光纤系统中，测量光功率是最基本的，非常像电子学中的万用表。在光纤测量中，光功率计是重负荷常用表。通过测量发射端机或光网络的绝对功率，一台光功率计就能够评价光端设备的性能。用光功率计与稳定光源组合使用，则能够测量连接损耗、检验连续性，并帮助评估光纤链路传输质量。

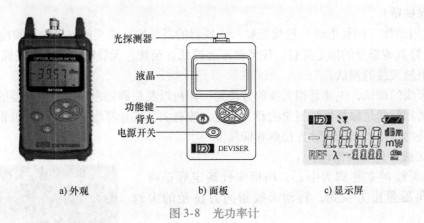

a) 外观　　　　　b) 面板　　　　　c) 显示屏

图 3-8　光功率计

（1）绝对光功率测量步骤

1）设置测量波长。使用波长键进行切换，开机后默认为 1310nm。

2）如果当前显示测量单位为 dB，按 dBm/W 键，使显示单位变为 dBm。

3）接入被测光纤，屏幕显示为当前测量值。

4）按 dBm/W 键，可使显示单位在 dBm 和 mW 间切换。

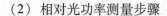

（2）相对光功率测量步骤

1）设置测量波长。

2）设置参考功率 REF 值。在绝对光功率测量模式下，按 REF 键一次，即可将当前测量的光功率值存储，作为当前参考功率 REF 值。

3）设置测量显示单位为 dBm，按 dB 键，显示单位变为 dB。

4）接入被测光，屏幕显示为当前测量的相对光功率值。

（3）测量损耗步骤

1）把光源输出光功率值作为参考 REF 值。

2）在光源和光功率计之间接入待测光纤或无源器件。

3）用相对测量方式测量，显示值为损耗值。

【操作步骤】

步骤一：天线安装位置的选择。

选址应尽量避开风口和多雷区。如果必须在雷雨地区架设，则应采取避雷措施，以防止接收天线变形或损坏，从而保证卫星接收天线的精度。接收天线的前方应该视野空旷，无障碍物遮挡。

步骤二：卫星天线的安装。

1）安装基座立柱，必须保证水平和垂直，可使用水平尺等进行调整。

2）安装天线的锅体四脚支撑，注意螺杆、螺母的正反方向，不要把螺钉拧死。

3）安装天线的方向轴，方向轴与天线的四脚支撑进行连接。注意方向轴的方向，使天线低噪声降频器支撑杆，中间的那只保持在锅体下方即可。旋紧与之连接的固定螺钉。

4）把天线抬起，安装到天线基座的立柱上。

5）安装低噪声降频器支撑杆，不要把螺钉拧死。

6）把低噪声降频器置于低噪声降频器固定盘上（可能需要专用螺钉旋具，拆开低噪声降频器的保护罩）。

7）使用馈线（同轴电缆）连接低噪声降频器的高频输出端至接收机的高频输入端。

8）上好其他部分的固定螺钉。注意都不要拧死。至此，天线的安装已经完成。

步骤三：卫星天线的调试。

接收天线的调试，主要是指天线的方位角、仰角以及馈源焦距和极化变换器的调整。天线的方位角和仰角是根据接收卫星的经、纬度，按有关公式计算出来的，也可以根据有关资料或软件获得该接收点的大致方位角和仰角。

（1）天线方位角的粗调

1）以天线的立柱脚为中心，用指南针确定好正南方向，用量角器量出方位角，转动天线指向方位角的大致位置。

2）使用量角器和有重锤的细长线制作仰角测量仪，如图 3-9 所示，然后用一根长绳将天线口径分成两个半圆，把制作的仰角测量仪的始边靠在天线口径的绳上，或者直接将仰角测量仪靠在与天线口面平行的支杆上，调整天线的仰角，使重锤线所指示的角度等于天线的仰角，如图 3-10 所示。

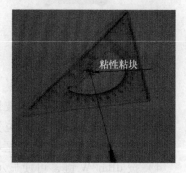

图 3-9　制作仰角测量仪

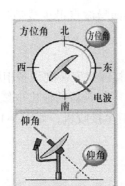
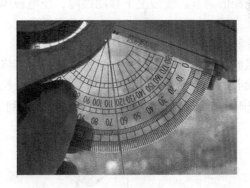

图 3-10 用仰角测量仪测天线仰角

（2）通过接收设备调节天线方位

1）将低噪声降频器输出电缆接上卫星接收机，用视频、音频线将卫星接收机的视、音频输出与监视器相连接，开启两机的电源。

2）根据所要接收的卫星上的频道参数（鑫诺三号卫星接收参数设置见表3-1）调节接收机所接收的频道频率，同时观察电视屏幕反应，如无信号，调节天线方位角，直到出现节目为止。

表 3-1 鑫诺三号卫星接收参数设置表

| 下行频率 | 极化 | 符号率 | V-PID（视频频率） | A-PID（音频频率） | 频道名称 |
|---|---|---|---|---|---|
| 3827 | 水平（H） | 5720 | 255 | 256 | 广西卫视 |
| 3845 | 水平（H） | 17778 | 160 | 80 | 广东卫视 |
| | | | 200 | 299 | 南方电视台卫星频道 |
| | | | 300 | 399 | 深圳卫视 |
| 3893 | 水平（H） | 6880 | 1110 | 1211 | 黑龙江卫视 |
| 3909 | 水平（H） | 8394 | 111 | 112 | 吉林卫视 |
| 3922 | 水平（H） | 7250 | 32 | 33 | 云南卫视 |
| 3933 | 水平（H） | 6590 | 3260 | 2284 | 旅游卫视 |
| 3989 | 水平（H） | 9070 | 160 | 80 | 西藏卫视 |
| 4006 | 水平（H） | 4420 | 255 | 256 | 辽宁卫视 |

3）极化角的调节。接收水平极化的卫星电视信号时，使馈源的矩形波导口的宽边与地面垂直；接收垂直极化的卫星电视信号时，矩形波导口的宽边与地面平行，如图3-11所示。

图 3-11 馈源极化角

4）馈源焦距的调节。缓慢上下移动馈源，使电视画面噪波点最少或消失为止，然后用螺钉紧固。

步骤四：卫星接收机的安装。

1）卫星接收机的两侧有安装孔位，可以使用螺钉将接收机安装到设备柜中。

2）卫星接收机放在实训室的设备柜中，需要将低噪声降频器的输出电缆通过桥架从楼顶引到实训室中，再通过功率分配器（功分器）连接到卫星接收机，如图3-12所示。

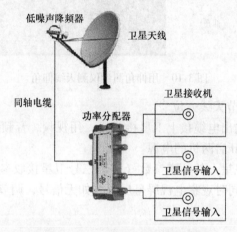

图3-12　接收天线与接收设备的接线

3）卫星接收机通过音视频接口连接到调制器，调制器通过RF接口连接到混合器等设备再连接到终端设备，如图3-13所示。

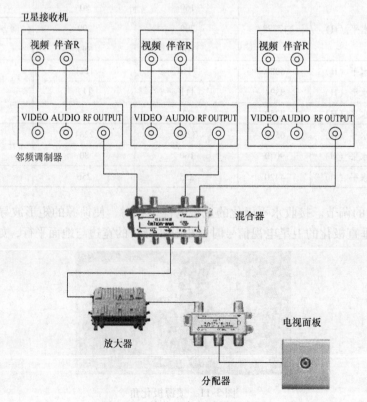

图3-13　接收设备的接线示意图

步骤五：卫星接收机的调试（参照设备说明书）。

（1）设置天线 选择主菜单中的设置天线项，按确认键进入。在安装天线项，按◁▷可选择想要安装卫星的位置。接收机可提供 16 个天线空间供安装能够覆盖所在区域的卫星，然后按确认键进入安装天线菜单。

备注：一般情况下，必须先安装卫星，方能进行其他各项操作。

（2）安装天线

1）卫星。按△▽键将光标移至卫星，机器出厂时已经预置了部分卫星，可按◁▷选择想要的卫星名。

2）当需要修改一个卫星的名字时，直接按 P + /P － 可输入英文大小写字母，按▷键指向下一格，按◁可删除前一个字符。修改完成后，按确认键确认，按菜单或退出键取消。

3）双本振通用（UNIVERSAL）LNB。LNB 有两种选择：开/关，按◁▷可实现。当选择开时，LNB 低频段为 9750MHz，高频段为 10600MHz，二者同时成为 LNB 的本振频率；并由 22K 开关根据转发器的下行频率自动切换。当选择关时，只有 LNB 低频段值成为 LNB 本振频率，高频段值变灰而无法设置。默认值为关。

4）若想改变 LNB 本振频率的值，可直接按数字键或◁▷进行更改。

警告：此项设置一旦出错，将可能无法收到卫星信号。可根据天线上的 LNB 类型及本振频率正确设置。

5）22K 开关，按◁▷选择开/关，默认值为关。在通用 LNB 开关打开时，此项不可设置。

6）Diseqc 开关，按◁▷选择开/关，默认值为关。A、B、C、D 分别对应 Diseqc 开关的四个输入口。

7）Tone Burst，按◁▷选择开/关，默认值为关。

8）12V 输出，按◁▷选择开/关，默认值为关。

9）LNB 电源，按◁▷选择开/关，默认值为开。轻易不要改变此项设置，除非确认 LNB 已有其他机器供电。

10）FTA 开关，对此项进行设置，可以接收或滤除加密节目，默认值为关。

（3）自动搜索卫星 设置了卫星参数后，可按退出键退回到上一级菜单，选择自动搜索卫星进入下一级菜单后，系统提示选择要搜索的卫星名称，按确认键。在该菜单中，系统提示正在搜索的相关信息，菜单下方的红色彩条提示搜索节目的信号强度，蓝色彩条提示搜索进程情况。菜单右边的方框将会显示搜索到的电视及广播节目的个数。

如果搜索完全部卫星都显示无信号，那么请检查安装的卫星参数，如 LNB 本振频率是否正确，天线是否接好等。在搜索过程中，可以按确认键中断当前转发器的搜索，或按菜单键退出顶层彩电，将看到系统正在存储参数的信息，待 2s 后，系统播放搜索到的最后一个转发器上的节目内容。

（4）设置转发器 在主菜单中，选择设置转发器，按确认键进入，在这级菜单中，可以随意对转发器进行添加、修改、删除和搜索。将光标移至卫星一栏上，按◁▷选择将要操作的转发器所属的卫星名称。选定之后，移动光条进行相应操作。

1）添加转发器，在设置转发器中选择添加转发器，按确认键后弹出界面。

频率：该项可设定转发器的下行频率。按数字键 0 ~ 9 直接输入转发器的下行频率或按

▷进入右侧数字键盘选择数值，按确认键确认。

符号率：请用数字键 0～9 直接键入转发器的符号率或按▷进入右侧数字键盘选择数值，按确认键确认。

极化方式：按◁▷选择所添加的转发器的水平或垂直极化方式。

搜索：按◁▷选择是否搜索所添加的转发器。如果选择"是"，将进入搜索节目菜单。

2）删除转发器，在设置转发器中，选择删除转发器，按确认键进入。

用△▽或 P+/P－选择要删除的转发器，按确认键选中，再按一下则取消，每个选中的转发器栏中将出现"X"标记。

按退出键后出现一个提示，根据提示按确认键完成删除，否则按菜单或退出键取消。

3）修改转发器，在设置转发器状态下，移动光条选择修改转发器，按确认键。按△▽或 P+/P－移动光条选择将修改的转发器，按 OK 键弹出修改转发器菜单。修改转发器的频率、符号率、极化方式，重新进入搜索节目菜单。

备注：在安装天线时，此功能可完成对星功能，在正确输入卫星下某个转发器的频率和符合率等参数后，左右移动天线，直到红色彩条提示的信号幅度最强为止。

4）搜索转发器，在设置转发器中选择搜索转发器，按确认键进入。

移动光条按△▽或 P+/P－选择要搜索的转发器，按确认进入搜索节目界面。

菜单左边方框将显示正在搜索的转发器相关信息，右边方框将显示在转发器下搜索到的电视/广播节目个数，下面红色彩条将指示搜索信号的强度。在搜索过程中，可随时按菜单键或退出键退出。当搜索完成之后，在节目表中将自动增加相应的节目列表。

步骤六：卫星电视天线的维护。

卫星电视天线的维护主要有以下三个方面：

1）定期检查天线的俯仰角、方位角是否正确，天线调节机构和各部位螺钉是否松动，天线接地、避雷针接地是否良好，低噪声降频器的输出接头是否松动、有无渗水现象。

2）天线的金属构件如有脱漆生锈现象，要及时清锈补漆，天线每 2～3 年要全面补漆一次，南方多雨地区每 1～2 年应补漆一次。

3）在强台风到来之前，应将天线口面摇到仰天位置，以减小天线承受的风力负荷，以防损坏天线。在雷雨来临之前，为了防止雷电通过电缆损坏室内设备，最好把低噪声降频器与室内设备连接部分断开，暂时停止使用。

步骤七：卫星接收机的维护。

因设备调试或者其他各种原因，设备会出现异常现象，相应对策参见表3-2。如果通过表3-2 中的方法，仍然不能正常收看，可将设备交与经销商维修。

表3-2　卫星接收设备故障分析与维修

| 故障现象 | 可能的原因 | 对策 |
|---|---|---|
| 电视无信号 | 卫星天线没有对准卫星 | 重新校正天线 |
| | LNB 本振频率设置不对 | 重新设置 LNB 本振频率 |
| | LNB 没有供电 | 设置 LNB 供电为开 |
| | 调谐器无电缆连接 | 连接好调谐器电缆 |
| | 电视台无信号 | 等电视台有信号再调 |

（续）

| 故障现象 | 可能的原因 | 对策 |
|---|---|---|
| 电视有图无声 | 卫星接收机的音频线没插好 | 重新连接音频线缆 |
| | 接收机处于静音状态 | 使用遥控器取消静音 |
| | 音频参数设置不对 | 进入到音频和视频选项菜单，重新选择伴音通道 |
| | 音量开关调至最小 | 调大音量 |
| 电视有声无图 | 卫星接收机的视频线没插好 | 重新连接视频线缆 |
| | 接收机处于广播状态 | 正常 |
| 电视图像停顿或有马赛克 | 卫星信号太弱 | 检查信号线是否接触良好 |
| | 调制器上 RF 端口没调好 | 调整 RF 的接口连线 |
| | 放大器增益没调好 | 将放大器输出增益调到 102～106dB |
| 出现怪声或电视画面与声音内容不相符 | 左右声道不一致 | 进入到音频和视频选项菜单，重新选择伴音通道 |

◢◣ 思考问题 ◢◣

1. 前端设备由哪些部件组成？
2. 前端设备的作用有哪些？
3. 卫星天线和接收设备的类型有哪些？
4. 试述低噪声降频器（高频头）的作用。

# 任务2　有线电视线路放大器的安装与调试

## 【任务描述】

随着通信网络的迅速发展，有线电视系统的连接成为智能楼宇管理中不可缺少的一部分，而有线电视线路放大器的安装与调试是线路连接中的重要工作任务；在智能楼宇的日常管理与维护中，需要对有线电视放大器进行安装调试或定期检测，也必须掌握放大器的安装与调试。

## 【实操要求】

1. 安装同轴电缆的 F 头。
2. 安装、连接放大器。
3. 会使用场强仪测试放大器的输入、输出信号，根据放大器的用途和应用线路信号放大倍数，正确调试放大器。

## 【知识准备】

### 1. 放大器内部电路

干线放大器由电源、衰减器、均衡器、温度补偿电路、放大模块及自动增益控制等电路组成。

温度补偿电路用来补偿由于环境温度变化引起的电平波动。电缆损耗并不是固定不变的，而是随环境温度变化而改变，从而使放大器的输入与输出电平也随温度变化而改变，导致用户信号电平随温度变化而产生波动。因此，放大器需要加温度补偿电路，原理框图如图 3-14 所示，以抵消温度引起的电缆损耗的改变。

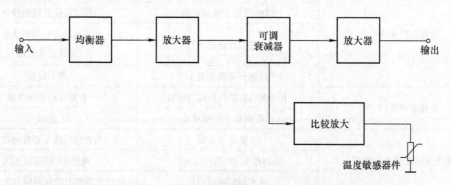

图 3-14　放大器温度补偿电路的原理框图

2. 有线电视图像划分

评分等级通常采用 5 级质量制或 5 级损伤制，质量制是从图像质量主观感觉的综合优劣程度考虑，对受评图像进行评分；损伤制是从图像质量受损程度的主观感受，对受评图像进行评分。对于具有相同等级的质量制与损伤制的说明可以起到互为补充的作用。5 级质量制与 5 级损伤制的评定说明见表 3-3。

表 3-3　有线电视图像划分等级

| 评定等级 | 图像质量 | 图像损伤 |
| --- | --- | --- |
| 5 | 优·质量极佳，十分满意 | 察觉不出有损伤或干扰存在 |
| 4 | 良·质量好，比较满意 | 损伤或干扰稍可察觉，但并不令人讨厌 |
| 3 | 中·质量一般，尚可接收 | 损伤或干扰可察觉，令人感到讨厌 |
| 2 | 差·质量差，勉强能看 | 损伤或干扰比较严重，令人感到相当讨厌 |
| 1 | 劣·质量低劣，无法收看 | 损伤或干扰严重，无法收看 |

3. 放大器的调试

首先应该对用户放大器的工作条件有正确的认识。用户放大器属于中电平放大器，也就是要求输入为中电平，输出为高电平。放大器使用说明书上一般都没有标明输入电平的要求，只标明其最大输出电平。输入电平是从最大输出电平推算出来的，如说明书中标明的最大输出电平为 110 ~ 120dB，其增益为 30dB，将最大输出电平减去增益，便得出输入电平应为 80 ~ 90dB。然而，这个电平并非是放大器的合理使用输入电平，因为实际上放大器不能在最大输出电平情况下工作，特别是当输入电平到了 90dB 后，这时电视图像上往往产生交调及互调干扰，将严重影响收看质量，所以放大器的输入电平不能太高。反过来说，是不是只要电视信号太差，便可以加装放大器来解决呢？当然不是如此简单，如果放大器加装得不合理，往往得不到应有的效果。

我们可能遇到过这种情况，当发现电视屏幕上满幅雪花时，安装一个放大器，接收效果甚至比没有接放大器时还要差，这说明放大器的输入电平有一个最低极限，低于这个最低极限，放大器是起不到良好作用的。用户放大器的输入电平控制在 60 ~ 80dB 是较为理想的，高于或低于这个电平均不合理。因此，当放大器输入电平低于这个电平，就要考虑提升上一级输出的信号电平，或者在上一级的输出安装一台放大器，以提高本级放大器的输入电平；如果放大器输入电平高于这个电平，就应该进行衰减，使输入电平控制在 70 ~ 80dB 之间，输出电平控制在 102 ~ 106dB 之间。可以用工具在放大器内部按图 3-15 进行具体调试，也可以用场强仪测量放大器的输出分贝，方便调试。

图 3-15　放大器实物及内部构造图

### 4. 放大器的常见故障介绍

放大器的工作状态直接影响有线电视网络的质量，尤其是在模拟电视与数字电视混合传输的情况下，因此调试好放大器显得尤为重要。放大器的常见故障可以分为以下几类：

（1）无输出　在输入部分、放大部分和输出部分的整个传输通道中，任何一个零部件损坏或开路，都会造成无输出。电源部分发生故障使放大模块无供电，也会无输出。常见原因是增益调节器、斜率调节器损坏，输出部分的分支器或输出组件开路，无电源电压等。

（2）输出电平低或斜率不好　常见原因有增益调节器、斜率调节器失灵，输出组件插脚松动，输入/输出 F 座接触不良，放大器进水后零部件或参数变劣等。

（3）输出信号中有干扰

1）电源电路稳压滤波不好，三端稳压块 7842 性能变劣，滤波电容虚焊或失容，都会造成电源波纹干扰，反映到用户屏幕上，会有横条滚动。

2）电源变压器中有跳火，电源插头与插座接触不良而打火，使输出信号中产生干扰，表现在用户的电视画面上产生不规则的亮点。

3）输入或输出 F 座严重氧化生锈，使其阻抗发生变化，就会因不匹配而产生反射，反射的后果是电视图像产生重影干扰，一般反射的信号滞后于正常信号时，表现为右重影，反射越严重，重影越明显，反复反射，会产生多层重影。

（4）电源故障　采用集中供电方式的放大器还担负着向后级放大器提供电源的任务，当电源插片松动或输出 F 座氧化生锈接触不牢而增加接触电阻时，就会造成下级放大器电源电压下跌或无电压而不能正常工作，在集中供电的同一条线路中放大器级数过多时，这种故障会明显增多。

【操作步骤】

步骤一：安装同轴电缆的 F 头，如图 3-16 所示。

步骤二：放大器的安装。

此步骤操作前在训练台上找到相关设备，熟悉放大器的组成和放大器的安装方式；找到放大器的安装孔位，使用螺钉旋具将放大器固定到相应的位置。

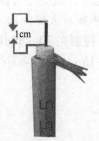  

a) 使用斜口钳剥线，露出铜芯1cm左右　　b) 安装F头，拧紧线箍，并将多余的屏蔽线去掉　　c) 将线缆与设备连接

图3-16　F头的安装操作

步骤三：放大器的接线。

放大器应按照先双向干线放大器后单向干线放大器的顺序进行接线。放大器的接线示意图如图3-17所示。

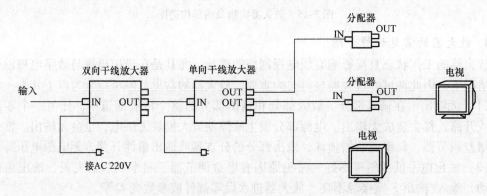

图3-17　放大器的接线示意图

1）使用同轴电缆连接到双向干线放大器的输入端。

2）将双向干线放大器的输出端接到单向干线放大器的输入端。

3）将单向干线放大器的输出端再接到分配网的设备中。

4）连接完成后接通放大器的电源。

步骤四：放大器的调试。

双向干线放大器上有四个旋钮：正向衰减1、正向衰减2、反向衰减、正向均衡。

单向干线放大器上有四个旋钮：正向衰减、反向衰减、反向均衡、增益调节，可用螺钉旋具进行调试。

1）可根据电视的信号接收情况来调试放大器。

2）可使用场强仪测得放大器的输出分贝是否达到正常范围（102～106dB）。

◀◀ 思考问题 ▶▶

1. 有线电视系统常用的放大器有哪些？

2. 有线电视系统中放大器的作用是什么？

3. 调试放大器使电视画面达到什么效果时最好？

## 任务3 卫星电视及有线电视用户分配网故障诊断与排除

【任务描述】

在通信网络系统的连接及信息网络系统的安装与维护中，有线电视系统用户分配网有时会产生故障，从而影响用户信号的接收。选用分配放大器、分配器、分支器、终端电阻等组成图3-18所示有线电视用户分配网，并进行故障排除，保障用户终端接收信号的强度。

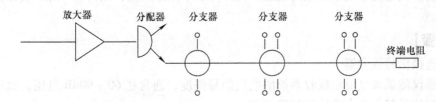

图3-18 分配网接线示意图

【实操要求】

1. 会按图接线，连接有线电视用户分配网。
2. 会使用场强仪测试各支路的信号强度。
3. 选配合适的分支器，保证各分支器到用户端的信号强度为68~72dB。

【知识准备】

分配网的故障很多，包括传输干线的故障和分配网中设备的故障等。传输干线的故障原因有两种可能：一是同轴电缆或接头故障；二是由于放大器、分支器、分配器、供电器的故障或电力线停电造成的。如果传输干线是光缆，那就是由于光缆、光分路器、光放大器和接头故障造成的。分配网的故障因各种环境情况和各种设备连接情况而产生，在此只列举一些常见的故障和排除方法。

1. 信号质量差或中断

1）同轴电缆干线信号中断。常见的是：同轴电缆损坏（气枪击坏、电缆被盗、过路高架电缆被刮断），电缆外护层薄、质量差、日晒雨淋后裂口进水，施工维护中造成的问题（如中间接头不合格，芯线未到位，芯线到位但是与接头卡接不紧，时间长后会因电缆自重拉力使接头芯线慢慢脱离，造成信号中断）。

2）器件造成信号中断。如放大器本身故障、衰减器损坏、放大器输入、输出口紧固件因气温或其他原因使电缆芯线接触不好、分支器损坏、器件内进满水等原因都会导致信号中断。

3）同轴电缆干线因停电造成信号中断。为解决这个问题可采用集中供电，但供电的级数有限。另外，雷雨季节或因意外过电压也容易损坏供电器或放大器，可采取加装避雷器等办法解决。

2. 用户电视图像模糊不清

用户电视图像模糊不清的原因大致包括分支器、分配器、用户终端盒、用户连线和入户电缆损坏。检修时测得用户终端电平能否到达60~80dB；检查线缆在弯曲处时，内导体铜线是否凸出，碰到编织网，使信号传输损耗增大，可更换电缆，排除故障。在安装用户线缆时，转弯处要保持一定半径的弧度。

3. 低端信号弱，有雪花干扰，而高端信号正常

产生这种故障，有可能是由于电缆接头处芯线接触不良造成的。检查用户的分配器，检查输入端接头电缆芯线是否较短，是否生锈发黑，如有此情况，把接头重新做好。做 F 头时，芯线要高出 F 接头外导体 2 ~ 4mm 为宜。

4. 干线带电

对带电故障的维修一般先采用测量电压的方法，即用万用表测电缆对地的电压。根据电压大小，初步判定支干线接触电力线的方位。然后采用断路法，断开某一用户支线来判断带电的线路。

【操作步骤】

步骤一：连接信号放大器。

用场强仪测试来自卫星接收系统的电视信号强度，通常在 60 ~ 90dB 范围。选用同轴电缆，将电视信号接入放大器的信号输入端。

选用同轴电缆，从放大器输出端接出信号，调整放大器增益，输出信号强度调整到 103 ~ 106dB 范围。

步骤二：连接分配器。

选择分配器，并连接分配器，测试和记录分配器输出端的信号强度，确认分配器性能良好。

步骤三：连接分支器。

选择系列分支器，并连接分支器，保障各分支器输出信号强度均在 68 ~ 72dB 范围。

步骤四：连接终端电阻。

选择 75Ω 终端电阻，并将终端电阻连接到用户分配网的末端。

▶◀ 思考问题 ◀▶

1. 卫星接收机输出的信号范围是多少？
2. 用户终端使用的信号强度范围是多少？
3. 分配器信号衰减的范围是多少？
4. 分支器信号衰减的范围是多少？